高等职业教育机电类专业系列教材

# 自动线安装与调试

主　编　盛靖琪　陈永平
参　编　艾光波　李露霞　何　步
　　　　窦爱女　朱九英　王晓栋

机械工业出版社

本书以先进制造行业广泛应用的生产自动线为研究对象,综合了机械、电子、控制、计算机、传感检测等机电一体化先进技术,内容丰富、图文并茂,具有很强的针对性和实用性。

全书由 8 个工作项目组成,分别为自动线的认识、供料单元的安装与调试、加工单元的安装与调试、装配单元的安装与调试、分拣单元的安装与调试、搬运单元的安装与调试、人机界面的应用以及自动线安装与调试的综合应用。

本书可作为高职高专自动化类专业相关课程的教材,也可作为其他相近专业教学用书和教师教辅用书,还可作为制造行业从业人员的培训教材和参考书。

凡选用本书作为教材的教师,均可登录机械工业出版社教育服务网www.cmpedu.com下载本教材配套电子教案,咨询电话:010-88379375。

## 图书在版编目(CIP)数据

自动线安装与调试/盛靖琪,陈永平主编. —北京:机械工业出版社,2011.12(2025.7重印)

高等职业教育机电类专业系列教材

ISBN 978-7-111-34844-3

Ⅰ.①自… Ⅱ.①盛…②陈… Ⅲ.①自动生产线—安装—高等职业教育—教材②自动生产线—调试—高等职业教育—教材 Ⅳ.①TP278

中国版本图书馆 CIP 数据核字(2011)第 241983 号

机械工业出版社(北京市百万庄大街 22 号 邮政编码 100037)
策划编辑:崔占军 边 萌 责任编辑:崔占军 边 萌 王丹凤
版式设计:霍永明 责任校对:刘志文
封面设计:鞠 杨 责任印制:李 昂
涿州市般润文化传播有限公司印刷
2025 年 7 月第 1 版第 13 次印刷
184mm×260mm・14.75 印张・360 千字
标准书号:ISBN 978-7-111-34844-3
定价:45.00 元

电话服务　　　　　　　　　　网络服务
客服电话:010-88361066　　　机　工　官　网:www.cmpbook.com
　　　　　010-88379833　　　机　工　官　博:weibo.com/cmp1952
　　　　　010-68326294　　　金　书　网:www.golden-book.com
封底无防伪标均为盗版　　　　机工教育服务网:www.cmpedu.com

# 前 言

自动化生产线是现代化制造业广泛采用的先进设备,其快速的发展极大地推动了先进制造业水平的提升,促进了国民经济的飞速发展。自动化生产线的广泛使用,急需大量掌握该项先进技术的综合技能型人才。为此,上海电子信息职业技术学院机电教学团队经过广泛深入的调研,从工学结合的需求出发,确定了本书的编写内容。

本书针对高职高专人才培养目标,精心选择教学内容,优化教学方法,力求将教学内容、教学实践平台与生产实际相结合,项目设计与学生个人能力、社会能力及团队协作能力的培养相结合。本书针对自动化生产线在安装、调试、运行、维修与维护等过程中涉及的机械技术、电气技术、传感检测技术、控制技术等核心技术,进行了基于工作过程的课程内容开发,将自动线的机械安装、电气安装、自动控制等单项技术、技能进行综合,形成一个个实际的工作任务。本书内容由浅入深、由点到面、从简到繁、从易到难,可以帮助学生更有效地掌握自动化设备的相关知识和技术,提升学生的综合技能应用能力。

全书由8个工作项目组成,项目1为自动线的认识,主要介绍自动线的组成、特点及主要技术;项目2~项目6针对自动线在安装与调试的过程中必须掌握的知识与技能展开,包括供料单元的安装与调试、加工单元的安装与调试、装配单元的安装与调试、分拣单元的安装与调试、搬运单元的安装与调试;项目7是人机界面的应用,主要介绍组态技术及触摸屏在自动线上的应用;项目8为自动线安装与调试的综合应用,是对各单项项目的综合应用。各个主要项目之间是平行或递进的关系,自动化生产线的核心知识与技能贯穿于所有的项目学习之中。

本书在编写上具有以下几个特点:

1) 课程内容严格按照工作过程进行序化。
2) 以系统调试作为主线,提炼核心技术与技能。
3) 每个教学项目都设有配套的工作任务单。
4) 专业英语知识与自动化生产线的知识有机融合。
5) 突出"所学"即"所用",力求触类旁通。

本书由上海电子信息职业技术学院盛靖琪、陈永平主编,浙江天煌科技实业有限公司艾光波,上海电子信息职业技术学院(以姓氏笔画为序)王晓栋、朱九英、何步、李露霞、窦爱女等分别参加了各个项目的编写工作。

本书在编写的过程中,也得到了多家相关企业人员的技术指导和兄弟院校同行的大力支持和帮助,在此一并表示衷心的感谢!

书中不足之处,恳请广大读者批评指正。

编 者

# 目 录

前言
## 项目1 自动线的认识 …………… 1
### 1.1 工业自动线概述 …………… 1
1.1.1 工业自动线的定义及组成 …………… 1
1.1.2 工业自动线的发展历程 …………… 1
1.1.3 现代工业自动线的特点 …………… 2
1.1.4 自动生产（流水）线的主要技术 …………… 2
### 1.2 自动线安装与调试实训设备简介 …………… 3
1.2.1 THJDAL—2 自动线实训设备的基本组成 …………… 3
1.2.2 THJDAL—2 自动线实训设备的基本功能 …………… 4
### 1.3 项目拓展 …………… 6
1.3.1 柔性制造系统 …………… 6
1.3.2 科技文献阅读——Work Handling for FMS …………… 8

## 项目2 供料单元的安装与调试 …………… 11
### 2.1 供料单元结构及工艺流程 …………… 11
2.1.1 供料单元结构 …………… 11
2.1.2 PLC 原理图和端子接线图 …………… 12
2.1.3 气动控制原理 …………… 13
2.1.4 供料单元单站运行工艺流程 …………… 13
### 2.2 核心知识 …………… 14
2.2.1 三菱 FX 系列 PLC N:N 通信网络 …………… 14
2.2.2 传感器技术 …………… 18
2.2.3 气压传动技术 …………… 24
### 2.3 供料单元安装与调试项目实施 …………… 28
2.3.1 供料单元资讯单 …………… 28
2.3.2 供料单元安装与调试计划单 …………… 29
2.3.3 供料单元各项任务实施单 …………… 30
2.3.4 供料单元安装与调试评价表 …………… 38
### 2.4 项目拓展 …………… 39
2.4.1 西门子 PPI 通信 …………… 39
2.4.2 科技文献阅读——Feeding Units …………… 43

## 项目3 加工单元的安装与调试 …………… 45
### 3.1 加工单元结构及工艺流程 …………… 45
3.1.1 加工单元结构 …………… 45
3.1.2 PLC 原理图和端子接线图 …………… 47
3.1.3 气动控制原理 …………… 47
3.1.4 加工单元单站运行工艺流程 …………… 47
### 3.2 核心知识 …………… 49
3.2.1 步进电动机驱动技术 …………… 49
3.2.2 机械传动技术 …………… 53
### 3.3 加工单元安装与调试项目实施 …………… 60
3.3.1 加工单元资讯单 …………… 60
3.3.2 加工单元安装与调试计划单 …………… 61
3.3.3 加工单元各项任务实施单 …………… 62
3.3.4 加工单元安装与调试评价表 …………… 70
### 3.4 项目拓展 …………… 70
3.4.1 机电控制系统 …………… 70
3.4.2 科技文献阅读——Work Cells …………… 78

## 项目4 装配单元的安装与调试 …………… 80
### 4.1 装配单元结构及工艺流程 …………… 80
4.1.1 装配单元结构 …………… 80
4.1.2 PLC 原理图和端子接线图 …………… 83
4.1.3 气动控制原理 …………… 83
4.1.4 装配单元单站运行工艺流程 …………… 85
### 4.2 核心知识——伺服控制技术 …………… 85
### 4.3 装配单元安装与调试项目实施 …………… 94
4.3.1 装配单元资讯单 …………… 94
4.3.2 装配单元安装与调试计划单 …………… 95
4.3.3 装配单元各项任务实施单 …………… 96
4.3.4 装配单元安装与调试评价表 …………… 104
### 4.4 项目拓展 …………… 105
4.4.1 编码器 …………… 105
4.4.2 科技文献阅读——Assembly Lines …………… 111

## 项目5 分拣单元的安装与调试 …………… 114
### 5.1 分拣单元结构及工艺流程 …………… 114
5.1.1 分拣单元结构 …………… 114
5.1.2 PLC 原理图和端子接线图 …………… 116

5.1.3 气动控制原理 …………… 117
　　5.1.4 光纤传感器 ……………… 118
　　5.1.5 传动机构 ………………… 119
　　5.1.6 分拣单元单站运行工艺流程 …… 120
5.2 核心知识——变频器技术 ……… 120
5.3 分拣单元安装与调试项目实施 …… 134
　　5.3.1 分拣单元资讯单 ………… 134
　　5.3.2 分拣单元安装与调试计划单 …… 135
　　5.3.3 分拣单元各项任务实施单 …… 136
　　5.3.4 分拣单元安装与调试评价表 …… 144
5.4 项目拓展 ……………………… 144
　　5.4.1 A-D 转换模块应用 ……… 144
　　5.4.2 科技文献阅读——Sorting …… 148

项目 6　搬运单元的安装与调试 …… 151
6.1 搬运单元结构及工艺流程 …… 152
　　6.1.1 搬运单元结构 ………… 152
　　6.1.2 气动控制原理 ………… 155
　　6.1.3 搬运单元的 PLC 控制系统 …… 155
　　6.1.4 搬运单元单站运行工艺流程 …… 158
6.2 核心知识 …………………… 158
　　6.2.1 搬运单元的步进电动机及其驱动器 ………………… 158
　　6.2.2 THJDAL—2 系统联调 …… 160
6.3 搬运单元安装与调试项目实施 …… 162
　　6.3.1 搬运单元资讯单 ……… 162
　　6.3.2 搬运单元安装与调试计划单 …… 163
　　6.3.3 搬运单元各项任务实施单 …… 164
　　6.3.4 搬运单元安装与调试评价表 …… 172
6.4 拓展项目 …………………… 172
　　6.4.1 步进电动机和交流伺服电动机

　　　　性能比较 ……………… 172
　　6.4.2 科技文献阅读——Transfer
　　　　Units …………………… 174

项目 7　人机界面的应用 …………… 175
7.1 人机界面简介 ………………… 175
　　7.1.1 人机界面定义 ………… 175
　　7.1.2 人机界面（HMI）产品的组成及工作原理 …………… 176
7.2 核心知识——触摸屏的使用及组态 …… 176
7.3 人机界面项目实施 …………… 181
　　7.3.1 人机界面应用任务单 …… 181
　　7.3.2 人机界面应用资讯单 …… 183
　　7.3.3 人机界面应用计划单 …… 184
　　7.3.4 人机界面应用各项任务实施单 …… 185
　　7.3.5 人机界面应用评价表 …… 188
7.4 知识拓展 …………………… 188
　　7.4.1 MCGS 工控组态软件的应用 …… 188
　　7.4.2 科技文献阅读——Operation
　　　　Instructions for EVManager …… 197

项目 8　自动线安装与调试的综合
　　　　应用 ……………………… 202
　任务 1　自动线安装与调试综合应用 1 …… 202
　任务 2　自动线安装与调试综合应用 2 …… 213

附录　注意事项 ……………………… 225
　1. 安全须知 …………………… 225
　2. 实训模块 …………………… 225
　3. 自动生产线安装与调试实训装置
　　　运行及操作 ………………… 226

参考文献 ……………………………… 228

# 项目 1  自动线的认识

## 【项目要点】

工业自动化生产（流水）线，简称工业自动线，是按工艺路线排列的若干自动机械，它们用自动输送装置连成一个整体，并用控制系统按要求控制，是具有自动操纵产品输送、加工、检测等综合能力的生产线。

天煌 THJDAL—2 自动线实训装备由安装在铝合金导轨式实训台上的供料单元、加工单元、装配单元、搬运单元和分拣单元 5 个单元组成，真实再现工业自动生产线中的供料、切削加工、装配、搬运、分拣过程。

## 1.1  工业自动线概述

### 1.1.1  工业自动线的定义及组成

工业自动化生产（流水）线，简称工业自动线，是按工艺路线排列的若干自动机械，这些机械用自动输送装置连成一个整体，并用控制系统按要求进行控制。工业自动线是具有自动操纵产品输送、加工、检测等综合能力的生产线，通常用于大批量自动或半自动连续加工一种工业产品。

工业自动线主要由基本设备、运输存储装置、控制系统三大部分组成，如图 1-1 所示。其中，运输存储装置、控制系统是区别一般生产流水线和自动生产线的重要标志，即所谓自动生产线就是在一般生产流水线的基础上配以必要的自动检测、控制、调整补偿装置及自动供、送料装置，自动完成操作及送料全过程。

### 1.1.2  工业自动线的发展历程

20 世纪初，美国汽车制造业兴起，成批生产汽车急需新的生产方式。美国人福特提出

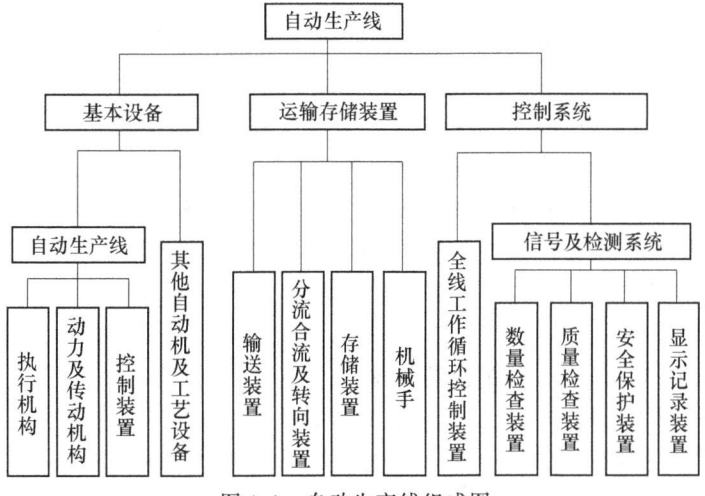

图 1-1  自动生产线组成图

的新技术——大量生产方式,使汽车制造乃至机械制造业发生了革命性的变化,并推动了流水线作业法的蓬勃发展。在流水线上,工人固定在每个工位上,让循环的传送带将零部件依次移送到工人面前,采用专用工具或专用设备,就能以简单的动作完成相关的加工或装配。例如,在汽车组装车间里,工人被安排在组装线两侧的各个工位上,每位工人只负责加工或组装一个或几个零件。本工位上加工或组装好的部件被传送装置送到下一个工位上,再由该下一个工位的工人继续加工或组装,直到整部汽车组装完成。

生产（流水）线生产方式的优点,是它能使复杂的加工或装配工作变得简单,岗位技能要求低,工人只要经过短期、简单的培训就可以上岗了,这样就免去了 3~5 年学徒时间；简单的工艺动作还可以少出差错、易熟练操作,从而有效提高质量和生产率。由于它的优势明显,具有很强的竞争力,所以,流水线生产方式在电视机生产、冰箱制造、啤酒灌装等其他加工行业中普及开来。

之后,大量生产方式又孕育出了自动控制技术,并在生产（流水）线上推广应用,到 20 世纪 50 年代,生产（流水）线的自动化程度已达到很高的水平。现在的自动生产线是由自动机械、自动输送装置、控制系统及检查、装卸等设备构成的生产系统。它具有更高的劳动生产率,并能稳定和提高产品质量,改善劳动条件,缩减生产占地面积,降低生产成本,缩短生产周期,保证生产均衡性,有显著的经济效益,因而在许多行业得到应用,如机械制造、冶金、电子、仪表、化工、造纸、航空、家电、食品、医药等。可以说,目前工业产品都是在普通生产（流水）线或自动生产线上生产的。

随着社会财富的积累,单一的产品不再能使消费者满足,同时,市场全球化使生产企业间的竞争不断加剧,这些都对自动生产线的柔性提出了挑战。目前,工业自动线正向柔性自动化、集成化和灵活化的方向发展。

### 1.1.3 现代工业自动线的特点

1）复杂化。产品的复杂程度在提高,规模也越来越大,每个产品由成千上万个零件组成,因而工业自动线的复杂程度也在提高,如美国福特、德国大众、日本丰田等汽车生产线。

2）高速化。提高自动线速度是提高劳动生产率的主要途径。例如,国内卷烟自动线已可达到 10000 支/min,而且有进一步提高的趋势。

3）自动化程度进一步提高。由于机、电、气、液技术的高度结合,以及工业机械手与工业机器人的广泛应用,自动线不仅能自动完成加工工艺操作和辅助操作,而且能自动检测、自动判断记忆、自动发现和排除故障、自动分选和剔除废品。

4）生产线的柔性程度提高,可编程化,适应性强,改产容易。

5）生产线控制方式更人性化,如可视化、友好化、简约化、统计化。

总之,现代生产（流水）线生产方式朝着生产结构国际化、产品技术电子化、生产方式经营化的方向发展。此外,还具有生产集约化、专业化、自动化、连续化等发展趋势。

### 1.1.4 自动生产（流水）线的主要技术

自动线涉及的技术领域非常广泛,通过综合应用机械技术、控制技术、传感技术、驱动技术、网络技术等,完成预定的生产加工任务。目前在自动线领域应用的主要技术包括：

1）可编程序控制器应用技术。可编程序控制器（Programmable Logic Controller, PLC）

已经成为完成自动线顺序控制功能的首选控制器，并在进一步完善自身功能以适应自动线上的过程控制、数据处理、网络通信等更高的控制要求。

2) 传感技术。传感器在自动线的生产过程中监视各种复杂的自动控制数据，成为自动线的"眼睛"和"耳朵"，发挥着极其重要的作用。

3) 机械手、机器人技术。自动线越来越依赖于机械手与机器人来完成复杂的加工操作以及工件输送，从而实现更高程度的自动化。

4) 网络技术。无论是现场总线还是工业以太网，网络技术使得自动线中的各个控制单元构成一个协调运转的整体。

## 1.2 自动线安装与调试实训设备简介

### 1.2.1 THJDAL—2 自动线实训设备的基本组成

天煌 THJDAL—2 自动线实训装备由安装在铝合金导轨式实训台上的供料单元、加工单元、装配单元、搬运单元和分拣单元五个单元组成，每一工作单元都可自成一个独立的机电一体化系统，真实再现工业自动生产线中的供料、切削加工、装配、搬运、分拣过程。其外观如图1-2所示。

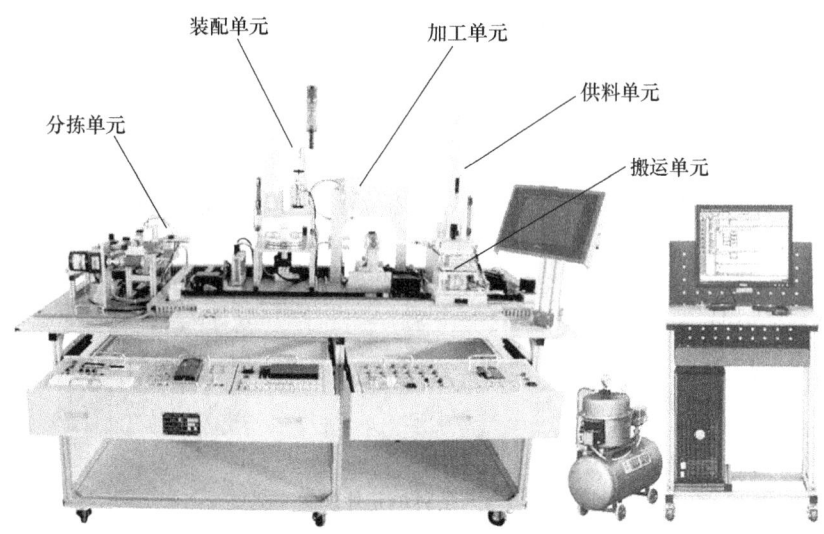

图 1-2 天煌 THJDAL—2 自动线实训设备

各个单元的执行机构基本上以气动执行机构为主，但加工单元的工作台移动以及搬运单元的机械手装置整体运动均由步进电动机驱动，实现精确定位。装配单元工作台分度装置采用了伺服电动机进行三工位分度。分拣单元的传送带驱动则采用了通用变频器驱动三相感应电动机的变频传动装置。位置控制和变频驱动技术是现代工业企业应用最为广泛的电气控制技术。

在 THJDAL—2 设备上应用了多种类型的传感器，分别用于判断物体的运动位置、物体的当前状态、物体的颜色及材质等。传感器技术是机电一体化技术中的关键技术之一，是现代工业实现高度自动化的前提之一。

在控制方面，THJDAL—2 设备采用了基于 RS-485 串行通信的 PLC 网络控制方案，即每一工作单元由一台 PLC 承担其控制任务，各 PLC 之间通过 RS-485 串行通信实现互连的分布式控制方式。

### 1.2.2 THJDAL—2 自动线实训设备的基本功能

各个单元的基本功能如下。

(1) 供料单元的基本功能　供料单元是 THJDAL—2 中的起始单元，在整个系统中，起着向系统中的其他单元提供原料的作用。具体的功能：是按照需要将放置在料仓中的待加工工件（原料）自动地推出到物料台上，以便搬运单元的机械手将其抓取，搬运到其他单元上。图 1-3 所示为供料单元实物的全貌。

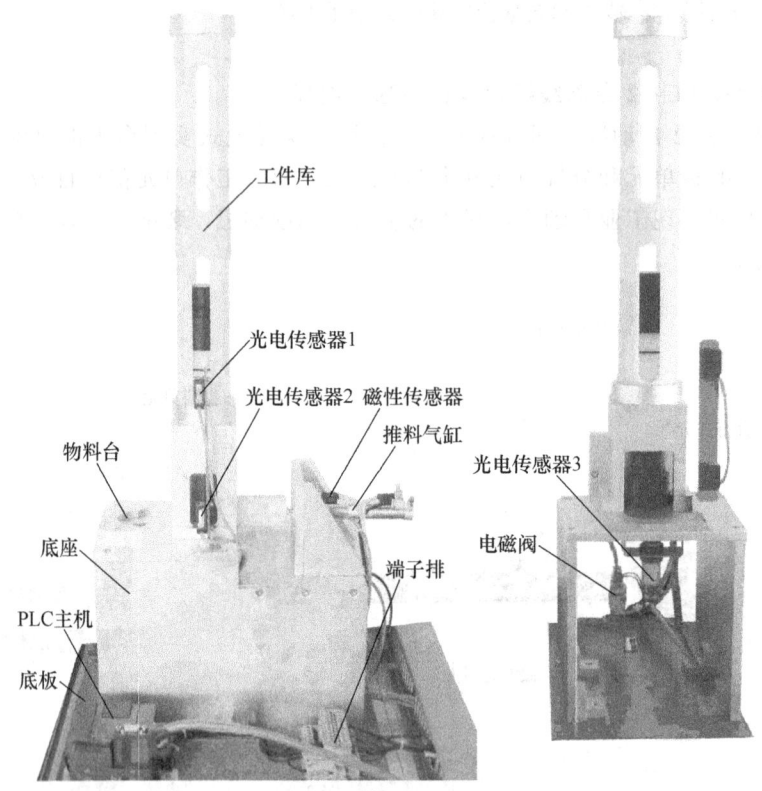

图 1-3　供料单元外观图

(2) 加工单元的基本功能　把该单元物料台上的工件（工件由搬运单元的机械手上料）送到铣削加工工作台，完成一次铣削加工动作，然后工作台再返回到机械手取料处，待搬运单元的机械手取料。其中，物料台的移动和铣削刀具的移动均由两相步进电动机驱动，从而形成二维运动控制装置。图 1-4 所示为加工单元实物的全貌。

(3) 装配单元的基本功能　装配单元旋转工作台的传感器检测到工件后，旋转工作台顺时针旋转，将工件旋转到井式供料单元下方，井式供料单元顶料气缸伸出并顶住倒数第二个工件；挡料气缸缩回，工件库中底层的工件落到待装配工件上，挡料气缸伸出到位，顶料气缸缩回，物料落到工件库底层，同时旋转工作台顺时针旋转，将工件旋转到冲压装配单元下方，冲压气缸下压，完成工件紧合装配后，气缸回到原位，旋转工作台顺时针旋转到待搬运位置，向系统发出加工完成信号。待搬运机械手将工件搬运走以后，操作结束，等待下一

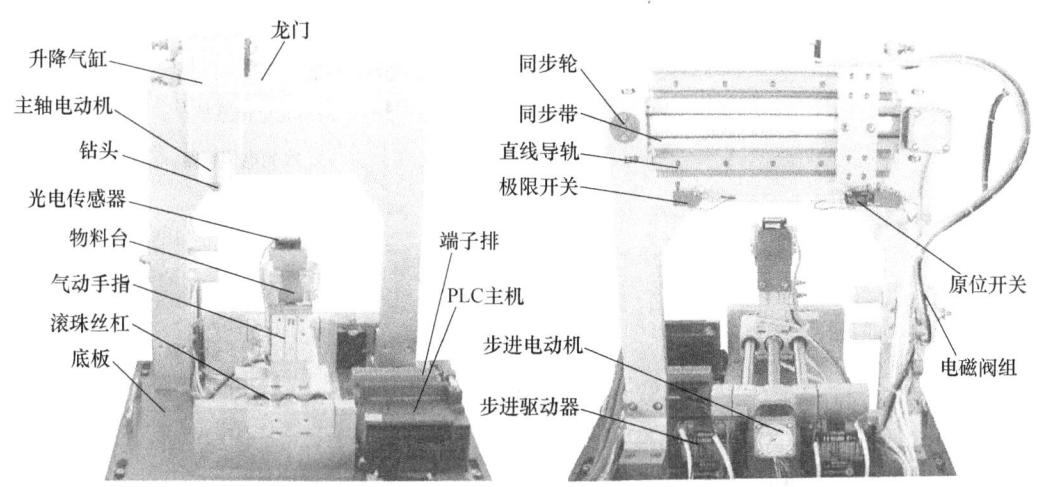

图 1-4 加工单元外观图

次待加工工件。图 1-5 所示为装配单元实物的全貌。

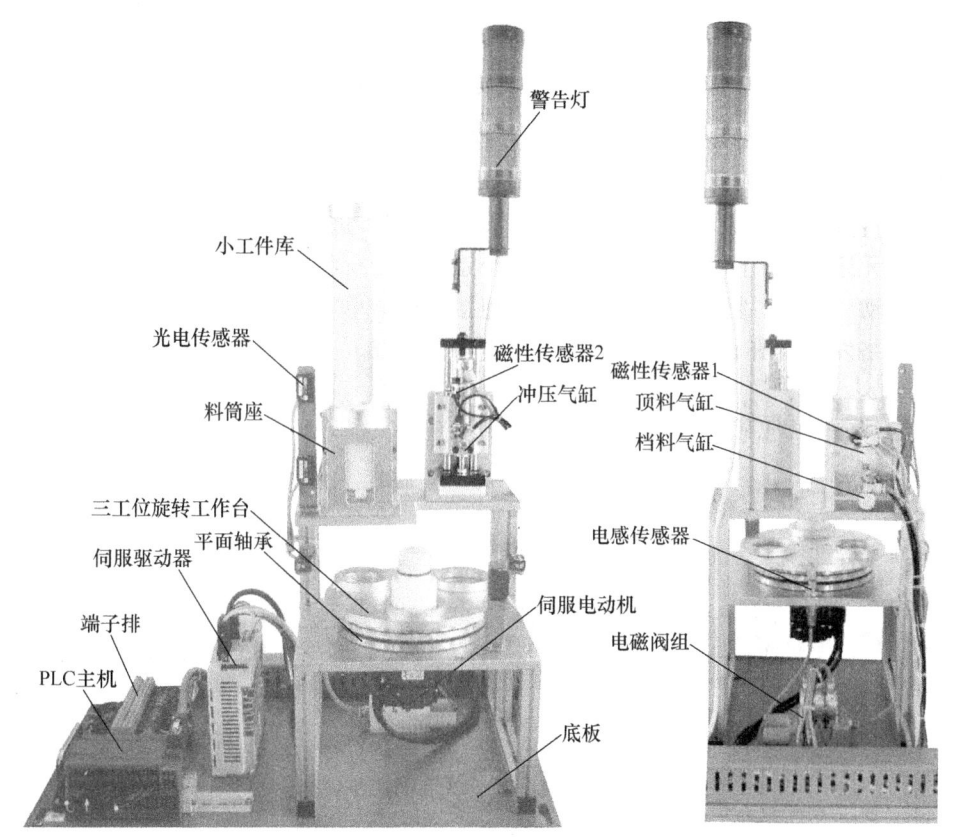

图 1-5 装配单元外观图

（4）分拣单元的基本功能 完成将上一单元送来的已加工、装配的工件进行分拣，使不同颜色的工件从不同的料槽进行分流。传送带由变频器控制三相感应电动机进行驱动。图 1-6 所示分拣单元实物的全貌。

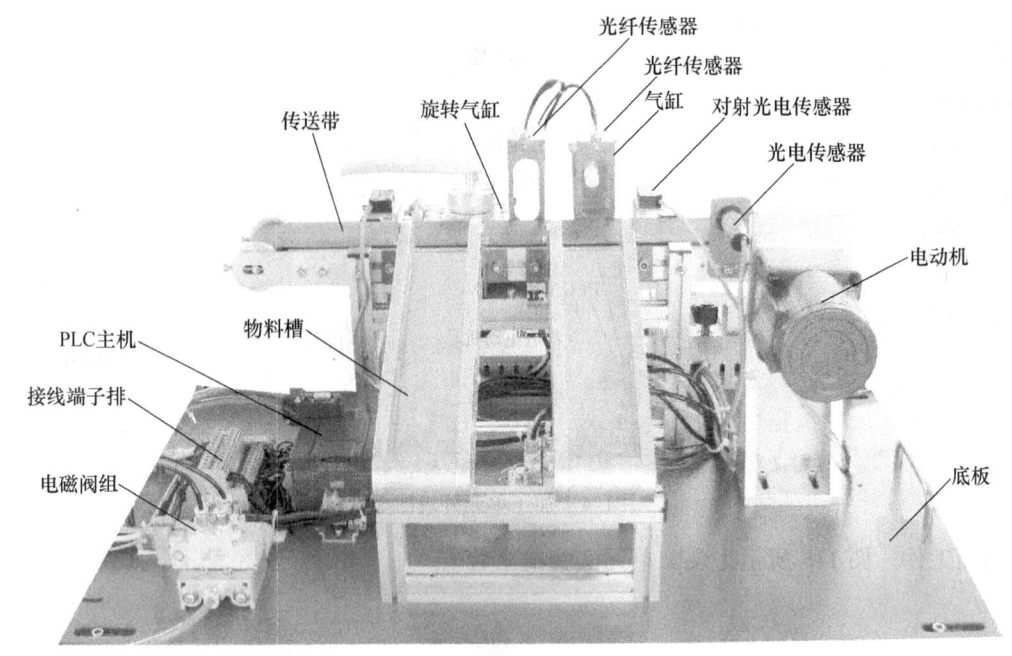

图 1-6 分拣单元外观图

（5）搬运单元的基本功能　该单元通过直线运动传动机构驱动抓取机械手装置精确定位到指定单元的物料台上，并在该物料台上抓取工件，把抓取到的工件搬运到指定地点然后放下，实现传送工件的功能。其机械手的移动由三相步进电动机以及同步带装置驱动。同时，搬运单元还是整个网络中的总站，对整个系统的运行状态进行监控和协调，而且，按钮模块上的启动、停止、复位、急停等按钮均连接到搬运单元 PLC，由搬运单元将四个主令信号向整个网络发布。图 1-7 所示为搬运单元实物的全貌。

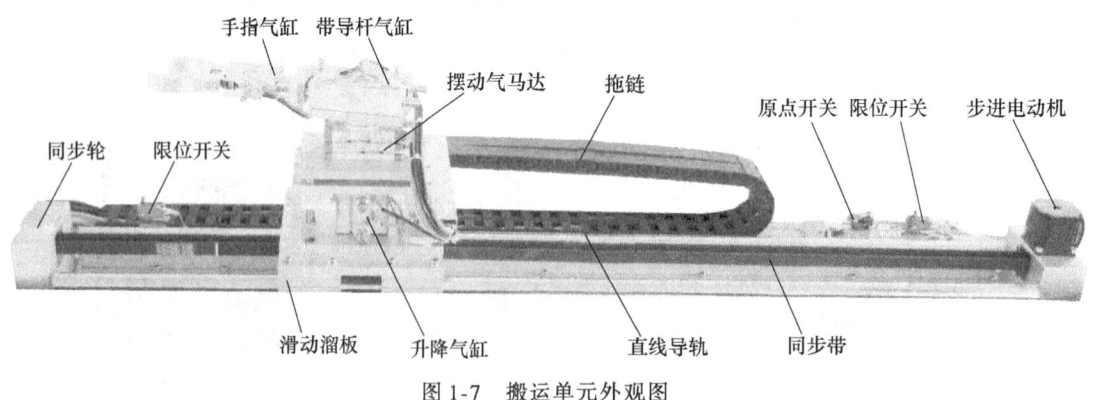

图 1-7 搬运单元外观图

## 1.3　项目拓展

### 1.3.1　柔性制造系统

1. 柔性制造系统（Flexible Manufacturing System）的组成

柔性制造系统（FMS）是一种由计算机集中管理和控制的灵活多变的高度自动化的加工系统，它由3个基本部分组成（图1-8）。

（1）加工单元　通常以加工中心或数控机床为核心，辅之以托盘自动交换装置或工业机器人下料机构及托盘（工件）暂存台架等，能完成多种工件及多种工序的自动加工、自动检测、自动下料、自动排屑，能与物流系统设备衔接，并能实现与上级管理系统的通信。除加工单元外，还可根据需要设置独立的清洗单元、检测单元等。

（2）物料储运系统　物料储运系统一般由装卸站、运输设备和存储设备组成。装卸站的主要功能是为工件（毛坯）及工夹具的装卸提供场所和方便。运输系统负责工件、工夹具、切屑等的物料运输，常用的运输设备有有轨运输车、无轨运输车、辊道及地链拖车等。物料存储设备的功用是存储一定数量的工件（毛坯）及工夹具，以缓冲装卸时间与加工时间的差异，减少或消除机床的等待时间。由于立体仓库具有占地面积小、容量大的特点，目前应用较多。

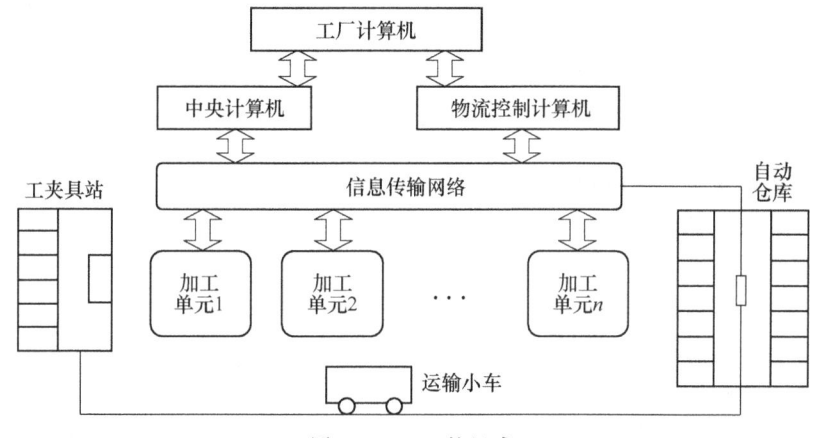

图1-8　FMS的组成

（3）计算机控制系统　计算机控制系统是FMS的核心，典型的FMS控制系统常采用多级分布式控制结构，包括中央计算机、物流控制计算机和单元控制计算机。中央计算机接受来自工厂主计算机的指令，对整个FMS实行管理和监控，为每个单元分配任务和数据，并协调各单元控制器之间的动作，以及单元控制器与物流控制器之间的关系。物流控制计算机接收中央计算机的指令，对自动仓库和运输设备进行监视和控制，运输控制多采用分区方法。单元控制器接收中央计算机的指令，对单元内的机床及下料装置进行控制，并对加工状态和加工质量进行监测和控制，同时将检测信息传送给中央计算机。

2. 柔性制造系统的特点与应用

柔性制造系统具有以下特点。

（1）柔性制造系统以成组技术为基础　目前，实际运行的FMS加工对象大多数为具有一定相似性的零件，例如，轴类零件FMS、箱体类零件FMS等。加工零件的品种一般在4～100种之间，其中以20～30种为最多；加工零件的批量一般在40～2000件之间，其中以50～200件为最多。

（2）柔性制造系统具有高度的柔性和高度自动化水平　FMS运行几乎不需要人的干预，通常白天时只需要少数几个人进行系统维护、毛坯准备等工作，夜间时系统可以完全在无人的情况下运行。FMS没有固定的生产节拍,并可在不停机的条件下实现加工零件的自动转换。

(3)柔性制造系统实现了制造与管理的结合 系统可与工厂主计算机进行通信,并可按全厂生产计划自动在FMS系统内进行计划调度。通常在每个工作日开始时,系统的中央计算机将按照工厂主计算机下达的生产命令,通过仿真和优化,确定系统当日的最优作业计划。当系统内某台设备出现故障时,系统会灵活地将该设备的工作转移到其他设备上进行,实现"故障旁路"。

柔性制造系统应用范围很广,如图1-9所示。其中柔性制造单元(Flexible Manufacturing Cell, FMC)、柔性制造系统(FMS)和柔性生产线(Flexible Manufacturing Line, FML)都属于柔性制造系统的范畴,但其规模和加工对象略有差异。

柔性制造单元通常由1~2台加工中心或数控机床、托盘自动交换装置及托盘存储库或上下料机器人及料仓、单元计算机组成。

柔性制造单元实际上是一种小型化的柔性制造系统,可以单独使用,也可以作为柔性制造系统其中的基本组成单元。

柔性生产线是一种可变加工生产线,具有柔性制造系统的基本功能和特点,通常用于生产批

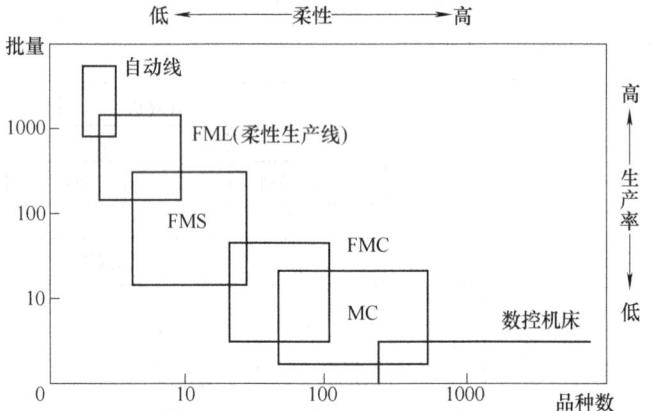

图1-9 几种自动化生产系统适用范围

量较大的场合。柔性生产线的设备一般按工艺过程布局,并可以有生产节拍,这一点与传统自动生产线有相似之处。

### 1.3.2 科技文献阅读——Work Handling for FMS

1. 设备词汇(图1-10)

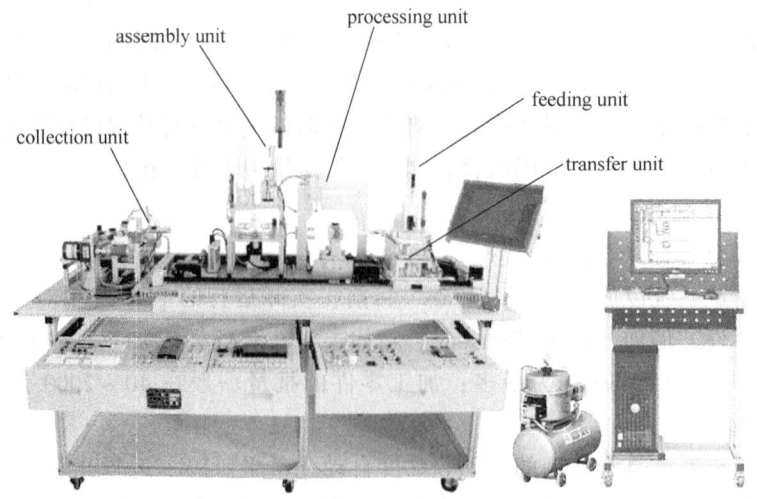

Fig. 1-10 Tian Huang THJDAL—2 automatic production equipment

**Words & Phrases**

| | |
|---|---|
| automatic production line | 自动生产线 |
| feeding unit | 供料单元 |
| processing unit | 加工单元 |
| transfer unit | 搬运单元 |
| assembly unit | 装配单元 |
| collection unit | 分拣单元 |
| flexible manufacturing system | 柔性制造系统 |

2. 延伸阅读

### Work Handling for FMS

Workpieces are usually mounted on standard pallets for processing in FMS and these pallets are located automatically at each workstation in the system. A variety of work-handling devices are used to transport parts, pallets, and tools around the system. Some of these are as follows:

(1) Tow carts  These are the most common devices used; they consist of a simple platform on castors and are towed around the system by engagement with underfloor, continuously moving chains. Carts stop at workstation by means of a mechanism that releases the tow pin at the appropriate time. Branching and looping are controlled in a similar manner to railway systems. The main advantage of tow carts is their simplicity and low cost, since no on-board power is required for their movement or control. Facilities must be available at each workstation to load and unload pallets from the carts. Also, the circulation of carts must be unidirectional.

(2) Automatic guided vehicles (AGVs)  These devices are usually designed to follow wires buried in the floor of the plant or lines painted on the floor. On-board power and control is required for both movement and steering and for the handling of pallets. Automatic guided vehicles are more expensive than tow carts and are both larger and heavier. The main advantage of AGVs is their greater flexibility of operation. These devices may move in either direction. but for ease of control, circulation is usually restricted to one direction only in practice.

(3) Rail carts  These carts move on rails and are generally restricted to backward and forward motion along straight tracks. Power and control instructions are transferred by overhead conductors or extra rails. Rail carts often accommodate two pallets to allow for pallet exchange at the system workstations.

(4) Roller conveyors  Most of the early FMS developments utilized powered-roller conveyors for moving workpieces from station to station. The use of these conveyors in modern systems is less common. Roller conveyors are expensive to install and occupy valuable floor space. In addition, these conveyors are relatively inflexible in operation and are difficult to alter if the overall system is expanded.

(5) Industrial robots  Robots are used in FMS but not extensively unless the cell consists of

only a few machines. They may be used as secondary handling devices, particularly for turned workpieces, which may be transported in batches on pallets by other handling devices and then transferred to the machine tool by robots at each workstation. Gripper designs suitable for handling a wide variety of components are important in this case.

# 项目 2　供料单元的安装与调试

## 【项目要点】

核心知识：传感器技术、气压传动技术、三菱 FX 系列可编程序控制器 N:N 通信网络技术。

主要内容：供料单元机械结构的拆卸与安装、气动原理图的识读与气路的连接、电气原理图的识读与电路的连接、FX 系列 N:N 通信网络建立、控制程序的编写与调试。

**供料单元工作任务单**

| 工作情境 | 供料单元的安装与调试 |
|---|---|
| 核心知识 | 传感器技术、气压传动技术、三菱 FX 系列可编程序控制器 N:N 通信网络 |
| 任务流程 | 机械结构拆装→气动原理图识读,气路连接及安装→传感器认识→电气连接及安装→网络通信建立→PLC 编程→单元调试 |
| 任务描述 | 1. 供料单元的拆装<br>1)将供料单元的机械构件、气管、电气电路全部拆除,拆除的各个部件、管线收纳整齐<br>2)测量主要机械构件,按规范格式绘制至少三个构件的零件图<br>3)根据供料单元相关资料,重新组装供料单元<br>2. 完成气路的安装及连接<br>识读工作单元气动原理图,按图完成气路的安装及连接<br>3. 绘制供料单元的电气原理图<br>根据 PLC 接线图、端子排接线图,绘制供料单元的电气原理图,完成电气电路的布线、接线<br>4. 三菱 PLC 的 N:N 网络通信<br>学会三菱 PLC 的 N:N 网络通信,并按要求完成网络测试<br>5. 编制供料单元 PLC 控制程序(主令信号由主站的按钮模块发出)<br>根据供料单元的工艺流程,完成 PLC 控制程序的编写,并下载至 PLC<br>6. 供料单元设备调试<br>完成供料单元电气调试、气动系统调试、PLC 程序调试,使供料单元能实现工艺流程 |

## 2.1　供料单元结构及工艺流程

### 2.1.1　供料单元结构（图 2-1）

供料单元由井式工件库、推料气缸、物料台、光电传感器、磁性传感器、电磁阀、支架、机械零部件构成。主要完成将放置在工件库中待加工工件推出到物料台上,以便搬运单元的机械手将其抓取,输送到其他单元。

井式工件库存放黑白两种工件,光电传感器 1 用于检测工件库物料是否不够,当工件库有物料时给 PLC 提供输入信号；光电传感器 2 用于检测工件库是否有物料,当工件库有物料时给 PLC 提供输入信号；光电传感器 3 用于检测物料台上是否有物料,当工件库与物料台上有物料时给 PLC 提供输入信号；磁性传感器用于气缸的位置检测,当检测到气缸准确到位后给 PLC 发出一个到位信号；电磁阀用于控制气缸伸缩,当 PLC 给电磁阀一个信号,

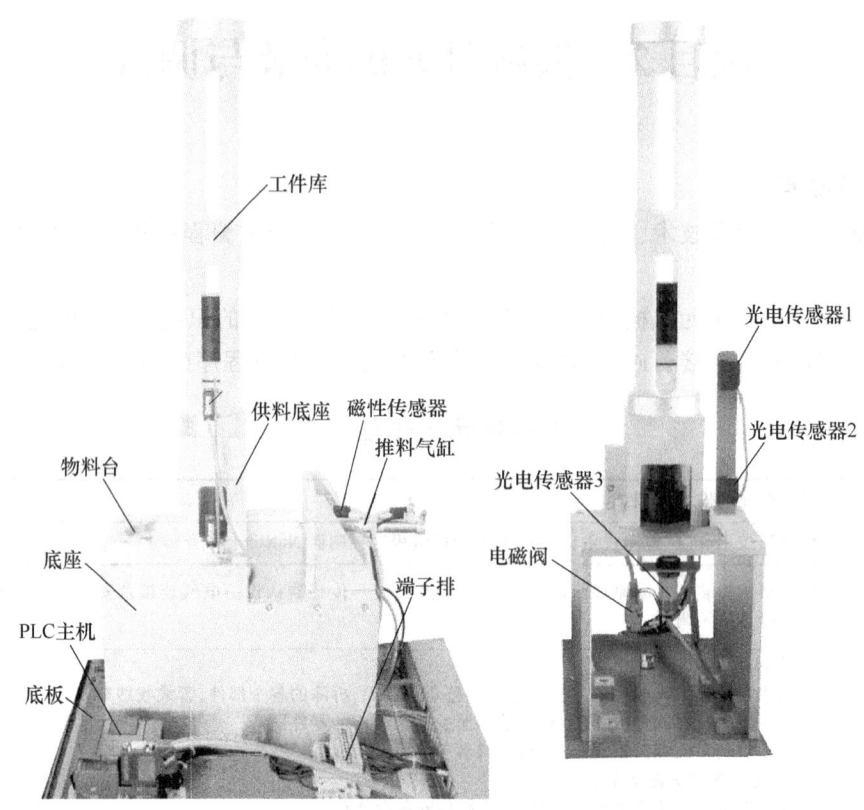

图 2-1 供料单元结构图

电磁阀动作,气缸推出,同时将物料送至物料台上,失电时气缸缩回。

供料单元主要的元件及作用见表 2-1。

表 2-1 供料单元主要元件及作用表

| 序号 | 元件 | 作用 | 型号 |
| --- | --- | --- | --- |
| 1 | PLC 主机 | 系统动作的控制 | FX2N—16MR |
| 2 | 光电传感器 1、2 | 物料有无检测 | E3Z—LS61 |
| 3 | 光电传感器 3 | 物料台物料有无检测 | SB03—1K |
| 4 | 磁性传感器 | 气缸的位置检测 | D—C73L |
| 5 | 电磁阀 | 控制气缸动作 | SY5120 |
| 6 | 推料气缸 | 完成推料动作 | CDJ2KB16—75 |
| 7 | 端子排 | 连接 PLC I/O 端口与外围设备 | |

### 2.1.2 PLC 原理图和端子接线图

1. PLC 原理图

供料单元选用三菱可编程序控制器,型号为 FX2N—16MR。供料单元的复位信号、启动信号、停止信号和急停信号,由连接在搬运单元的按钮/指示灯模块上的按钮、开关通过三菱 N:N 通信网络给出。供料单元 PLC 原理图如图 2-2 所示。

## 项目 2　供料单元的安装与调试

2. 供料单元端子接线图（图 2-3）

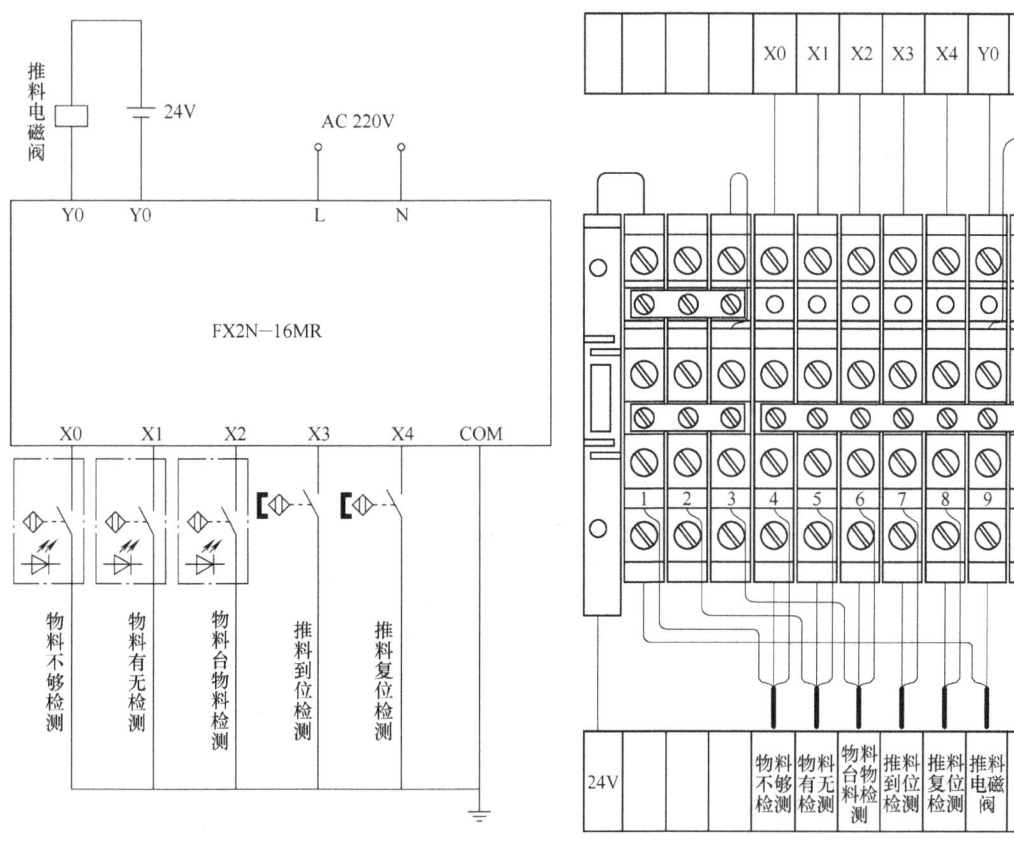

图 2-2　供料单元 PLC 原理图

图 2-3　供料单元端子接线图

说明：

（1）光电传感器引出线　棕色接"24V"电源，蓝色接"0V"，黑色接 PLC 输入。

（2）磁性传感器引出线　蓝色接"0V"，棕色接 PLC 输入。

（3）电磁阀引出线　红色接"24V"，黑色接 PLC 输出。

### 2.1.3　气动控制原理

气动控制系统是本工作单元的执行机构，气动原理图如图 2-4 所示。该执行机构的逻辑控制功能是由 PLC 实现的。1B1、1B2 为安装在推料气缸的两个极限工作位置的磁性传感器。1Y1 为控制推料气缸的电磁阀。

### 2.1.4　供料单元单站运行工艺流程

系统启动后，供料单元接收到复位信号后进行初始状态检查并复位，复位完成后接收到启动信号。若

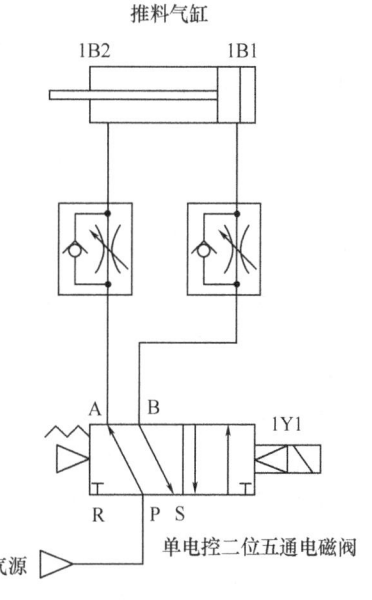

图 2-4　气动原理图

供料单元工件库内有工件且物料台上没有工件时,则把工件推到物料台上。若供料单元的工件库内没有工件或物料台上有工件,则等待,直到满足可以推出工件的条件时推出工件。若接收到停止信号,则在完成本次循环后停止工作。若接收到急停信号,则立即停止。

## 2.2 核心知识

### 2.2.1 三菱 FX 系列 PLC N:N 通信网络

用 FX2N、FX2NC、FX1N、FX0N 等 PLC 进行的数据传输可建立在 N:N 的基础上。使用这种网络,能连接小规模系统中的数据。它适合于数量不超过 8 个的 PLC（FX2N、FX2NC、FX1N、FX0N）之间的互连。

采用三菱 FX 系列 PLC 的天煌 THJDAL—2 自动线安装调试设备,系统选用 N:N 网络实现各工作单元的数据通信。

1. N:N 网络配置

N:N 网络建立在 RS-485 传输标准上,网络中必须有一台 PLC 为主站,其他 PLC 为从站,网络中站点的总数不超过 8 个。图 2-5 所示为 THJDAL—2 的 N:N 通信网络配置。

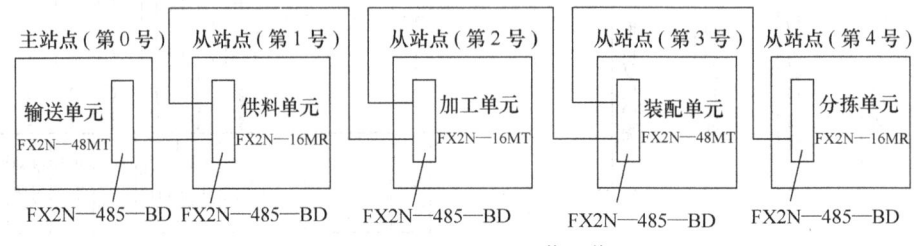

图 2-5　THJDAL—2 N:N 通信网络配置

系统中使用的 RS-485 通信接口板为 FX2N—485—BD,最大延伸距离为 50m,网络的站点数为 5 个。

N:N 网络的通信协议是固定的,即通信方式采用半双工通信,波特率（bit/s）固定为 38400bit/s;数据长度、奇偶校验、停止位、标题字符、终结字符以及和校验等均是固定的。

N:N 网络是采用广播方式进行通信的:网络中每一站点都指定一个用特殊辅助继电器和特殊数据寄存器组成的链接存储区,各个站点链接存储区地址编号都是相同的。各站点向自己站点链接存储区中规定的数据发送区写入数据。网络上任何一台 PLC 中的发送区的状态会反映到网络中其他的 PLC,因此,数据可供通过 PLC 连接起来的所有 PLC 共享,且所有单元的数据都能同时完成更新。

网络安装前,应断开电源。各站 PLC 应插上 485—BD 通信板。它的 LED 显示/端子排列如图 2-6 所示。

THJDAL—2 系统的 N:N 链接网络,各站点间用屏蔽双绞线相连,如图 2-7 所示,接线时需注意终端站要接上 110Ω 的终端电阻（485—BD 板附件）。

进行网络连接时应注意:

1）图 2-7 中,R 为终端电阻。在端子 RDA 和 RDB 之间连接终端电阻（110Ω）。

2）将可编程序控制器主体上 SG 端子——相连,而主体用 100Ω 或更小的电阻接地。

3）屏蔽双绞线的线径应在英制 26~16AWG 范围,否则端子可能接触不良,不能确保

## 项目2 供料单元的安装与调试

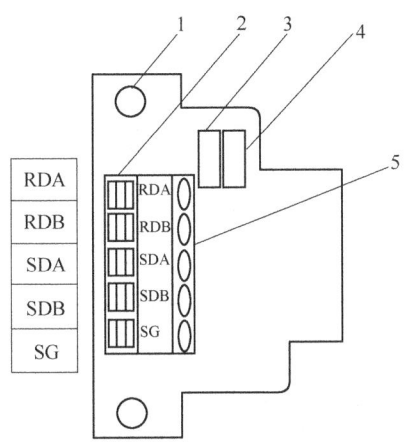

图2-6 485—BD板显示/端子排列

1—安装孔 2—可编程序控制器连接器 3—SD LED:发送时高速闪烁 4—RD LED:接收时高速闪烁
5—连接 RS-485 单元的端子

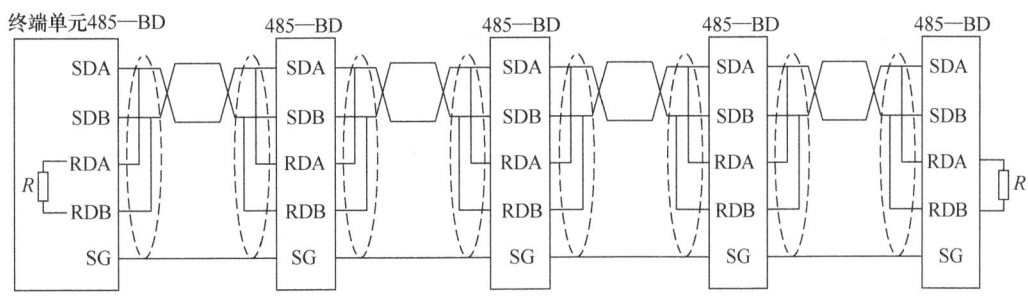

图2-7 PLC网络连接

正常的通信。连线时宜用压接工具把电缆插入端子,如果连接不稳定,则通信会出现错误。

如果网络上各站点 PLC 已完成网络参数的设置,则在完成网络连接后,再接通各 PLC 工作电源,可以看到,各站通信板上的 SD LED 和 RD LED 指示灯两者都出现点亮、熄灭交替的闪烁状态,说明 N:N 网络已经组建成功。

如果 RD LED 指示灯处于点亮、熄灭的闪烁状态,而 SD LED 没有(根本不亮),这时需检查站点编号的设置、传输速率(波特率)和从站的总数目。

2. N:N 网络参数设置

FX 系列 PLC N:N 通信网络的组建主要是对各站点 PLC 用编程方式设置网络参数实现的。

FX 系列 PLC 规定了与 N:N 网络相关的标志位(特殊辅助继电器)和存储网络参数和网络状态的特殊数据寄存器。当 PLC 为 FX1N 或 FX2N(C)时,N:N 网络的相关标志(特殊辅助继电器)见表2-2,相关特殊数据寄存器见表2-3。

说明:在 CPU 错误,程序错误或停止状态下,对每一站点处产生的通信错误数目不能进行计数。

表 2-2 辅助继电器

| 特性 | 辅助继电器 | 名称 | 描述 | 响应类型 |
| --- | --- | --- | --- | --- |
| 只读 | M8038 | N:N 网络参数设置 | 用来设置 N:N 网络参数 | 主站点,从站点 |
| 只读 | M8183 | 主站点的通信错误 | 当主站点产生通信错误时,它是 ON | 从站点 |
| 只读 | M8184~M8191 | 从站点的通信错误 | 当从站点产生通信错误时,它是 ON | 主站点,从站点 |
| 只读 | M8191 | 数据通信 | 当与其他站点通信时,它是 ON | 主站点,从站点 |

表 2-3 特殊数据寄存器

| 特性 | 辅助继电器 | 名称 | 描述 | 响应类型 |
| --- | --- | --- | --- | --- |
| 只读 | D8173 | 站点号 | 存储它自己的站点号 | 主站,从站 |
| 只读 | D8174 | 从站点总数 | 存储从站点总数 | 主站,从站 |
| 只读 | D8175 | 刷新范围 | 存储刷新范围 | 主站,从站 |
| 只写 | D8176 | 站点号设置 | 设置它自己的站点号 | 主站,从站 |
| 只写 | D8177 | 总从站点数设置 | 设置从站点总数 | 主站 |
| 只写 | D8178 | 刷新范围设置 | 设置刷新范围 | 主站 |
| 读写 | D8179 | 重试次数设置 | 设置重试次数 | 主站 |
| 读写 | D8180 | 通信超时设置 | 设置通信超时 | 主站 |
| 只读 | D8201 | 当前网络扫描时间 | 存储当前网络扫描时间 | 主站,从站 |
| 只读 | D8202 | 最大网络扫描时间 | 存储最大网络扫描时间 | 主站,从站 |
| 只读 | D8203 | 主站点的通信错误数目 | 存储主站点的通信错误数目 | 从站 |
| 只读 | D8204~D8210 | 从站点的通信错误数目 | 存储从站点的通信错误数目 | 主站,从站 |
| 只读 | D8211 | 主站点的通信错误代码 | 存储主站点的通信错误代码 | 从站 |
| 只读 | D8212~D8218 | 从站点的通信错误代码 | 存储从站点的通信错误代码 | 主站,从站 |

在表 2-2 中,特殊辅助继电器 M8038（N:N 网络参数设置继电器,只读）用来设置 N:N 网络参数。

对于主站点,用编程方法设置网络参数,就是在程序开始的第 0 步（LD M8038）,向特殊数据寄存器 D8176~D8180 写入相应的参数,仅此而已。对于从站点,则更为简单,只需在第 0 步（LD M8038）向 D8176 写入站点号即可。

N:N 网络设置过程如下。

当程序运行或可编程序控制器电源打开时,N:N 网络的每一个设置都变为有效。

（1）设定站点号（D8176） 设定 0~7 的值到特殊数据寄存器 D8176 中（表2-4）。

表 2-4 站点设置

| 设定值 | 描述 |
| --- | --- |
| 0 | 主站点 |
| 1~7 | 从站点号 |

例如，设定主站 0：MOV K0 D8176；

设定从站 1：MOV K1 D8176；

# 项目 2 供料单元的安装与调试

(2) 设定从站点的总数 (D8177) 设定 1~7 的值到特殊数据寄存器 D8177 中 (默认 = 7)。只需在总站点中设置此参数,见表 2-5。

**表 2-5 从站点数目设置**

| 设定值 | 描述 | 设定值 | 描述 |
|---|---|---|---|
| 1 | 1 个从站点 | 5 | 5 个从站点 |
| 2 | 2 个从站点 | 6 | 6 个从站点 |
| 3 | 3 个从站点 | 7 | 7 个从站点 |
| 4 | 4 个从站点 | | |

(3) 设置刷新范围 (D8178) 设定 0~2 的值到特殊数据寄存器 D8178 中 (默认 = 0)。只需在总站点中设置此参数,见表 2-6 ~ 表 2-9。

**表 2-6 刷新范围设置**

| 通信设备 | 刷新范围 | | |
|---|---|---|---|
| | 模式 0 | 模式 1 | 模式 2 |
| 位软元件 (M) | 0 点 | 32 点 | 64 点 |
| 字软元件 (D) | 4 点 | 4 点 | 8 点 |

**表 2-7 模式 0 的站号与字元件对应表**

| 站点号 | 元件 | | 站点号 | 元件 | |
|---|---|---|---|---|---|
| | 位软元件 (M) | 字软元件 (D) | | 位软元件 (M) | 字软元件 (D) |
| | 0 点 | 4 点 | | 0 点 | 4 点 |
| 第 0 号 | — | D0 ~ D3 | 第 4 号 | — | D40 ~ D43 |
| 第 1 号 | — | D10 ~ D13 | 第 5 号 | — | D50 ~ D53 |
| 第 2 号 | — | D20 ~ D23 | 第 6 号 | — | D60 ~ D63 |
| 第 3 号 | — | D30 ~ D33 | 第 7 号 | — | D70 ~ D73 |

**表 2-8 模式 1 的站号与位、字元件对应表**

| 站点号 | 元件 | | 站点号 | 元件 | |
|---|---|---|---|---|---|
| | 位软元件 (M) | 字软元件 (D) | | 位软元件 (M) | 字软元件 (D) |
| | 32 点 | 4 点 | | 32 点 | 4 点 |
| 第 0 号 | M1000 ~ M1031 | D0 ~ D3 | 第 4 号 | M1256 ~ M1287 | D40 ~ D43 |
| 第 1 号 | M1064 ~ M1095 | D10 ~ D13 | 第 5 号 | M1320 ~ M1351 | D50 ~ D53 |
| 第 2 号 | M1128 ~ M1159 | D20 ~ D23 | 第 6 号 | M1384 ~ M1415 | D60 ~ D63 |
| 第 3 号 | M1192 ~ M1223 | D30 ~ D33 | 第 7 号 | M1448 ~ M1479 | D70 ~ D73 |

**表 2-9 模式 2 的站号与位、字元件对应表**

| 站点号 | 元件 | | 站点号 | 元件 | |
|---|---|---|---|---|---|
| | 位软元件 (M) | 字软元件 (D) | | 位软元件 (M) | 字软元件 (D) |
| | 64 点 | 4 点 | | 64 点 | 4 点 |
| 第 0 号 | M1000 ~ M1063 | D0 ~ D3 | 第 4 号 | M1256 ~ M1319 | D40 ~ D43 |
| 第 1 号 | M1064 ~ M1127 | D10 ~ D13 | 第 5 号 | M1320 ~ M1383 | D50 ~ D53 |
| 第 2 号 | M1128 ~ M1191 | D20 ~ D23 | 第 6 号 | M1384 ~ M1447 | D60 ~ D63 |
| 第 3 号 | M1192 ~ M1255 | D30 ~ D33 | 第 7 号 | M1448 ~ M1511 | D70 ~ D73 |

(4) 设定重试次数 (D8179) 设定 0~10 的值到特殊寄存器 D8179 中 (默认=3),从站点不需要此设置。

(5) 设置通信超时 (D8180) 设定 5~255 的值到特殊寄存器 D8180 中 (默认=5)。

此值乘以 10 (ms) 就是通信超时的持续时间。通信超时是主站与从站间的通信驻留时间。

例如,图 2-8 给出了设置主站网络参数的程序。

图 2-8 主站点网络参数设置程序

确保把以上的程序作为 N:N 网络参数设定程序从第 0 步开始写入。此程序段不需要执行,因为当把其编入程序第一行时,它自动变为有效。

3. 知识技能训练

供料单元、加工单元、装配单元、分拣单元、搬运单元的 PLC (共 5 台) 用 FX2N-485-BD 通信板连接,以搬运单元作为主站,站号为 0,供料单元、加工单元、装配单元、分拣单元作为从站,站号分别为供料单元 1 号、加工单元 2 号、装配单元 3 号、分拣单元 4 号。通过配置 N:N 网络并编程实现如下功能。

1) 0 号站的 X1~X4 分别对应 1 号站~4 号站的 Y0 (即当网络工作正常时,按下 0 号站 X1,则 1 号站的 Y0 输出,依此类推)。

2) 1 号站~4 号站的 X0 有输入时,对应 0 号站的 Y1,Y2,Y3,Y4 输出。

在硬件连接完成的基础上,连接好通信口,编写主站程序和从站程序,在编程软件中进行监控。改变相关输入点,观察不同站的相关量的变化,看现象是否符合任务要求,如果符合,则说明完成任务;如果不符合,则检查硬件和软件是否正确,修改重新调试,直到满足要求为止。

### 2.2.2 传感器技术

人是靠视觉、听觉、嗅觉、味觉和触觉这些感觉器官来接受外界信息的,而机器人在运行中也需要准确地"感受"大量信息,以使机器人能实现自动化操作,机器人用于"感受"信息的装置就是传感器。传感器已成为自动化系统和机器人技术中的关键部件,作为系统中的一个结构组成,其重要性变得越来越明显。国际电工委员会 (IEC) 的定义为"传感器是测量系统中的一种前置部件,它将输入变量转换成可供测量的信号"。广义地说,传感器是将机电一体化设备 (或系统) 中被测对象的各种变化量 (包括物理量、化学量、几何量、生物量等) 转换为有用的电信号的一种装置。

目前,传感器已广泛地应用到了工业、农业、环境保护、交通运输、国防以及生活等各个领域中,并伴随着现代科技的发展而发展,尤其是新材料、新制造技术的研究与发展,对传感器的发展起到了重要的推动作用。

随着新的加工技术、微电子技术、微处理器的飞速发展，传感器正朝着微型化、功能化、集成化、数字化及智能化的方向发展。

1. 传感器分类

传感器种类繁多，原理各异，分类方法也很多。下面将目前广泛采用的分类方法作一简单介绍。

（1）按工作机理分类　按传感器的工作机理进行分类，可分为结构型与物性型两大类。

结构型传感器是利用传感器的结构参数变化来实现信号转换的。例如，变极距式电容传感器就是利用电容器极板间距这个结构参数的变化来实现检测功能的。

物性型传感器在实现转换的过程中，传感器的结构参数基本不变，而是依靠传感器中敏感元件内部的物理或化学性质的变化来实现检测功能的。例如，光电式传感器是利用光对敏感元件的刺激，使敏感元件内部的束缚电子变为自由电子，从而使其导电能力增强或者产生电动势，它就是利用了物理变化。

（2）按能量转换情况分类　根据传感器的能量转换情况，可分为能量控制型传感器和能量转换型传感器。

能量控制型传感器，在信号变化过程中，其能量需要由外电源供给，为有源传感器。例如，电阻、电感、电容等电路参量式的传感器都属于这一类传感器。基于应变电阻效应、磁阻效应、热阻效应、光电效应、霍尔效应等的传感器也属于此类传感器。

能量转换型传感器以能量转换元件作为敏感元件，因此不需要外电源就可工作，为无源传感器。例如，基于压电效应、热电效应、光电动势效应等的传感器都属于此类传感器。

（3）按物理原理分类　可以分为以下几种。

1）电路参量式传感器，包括电阻式、电感式、电容式等3个基本形式，还包括由此派生出来的差动变压器式、涡流式、压磁式、感应同步式、容栅式等。

2）磁电式传感器，包括磁电感应式、霍尔式、磁栅式等。

3）压电式传感器。

4）光电式传感器，包括一般光电式、光栅式、激光式、光电码盘式、光导纤维式、红外式等。

5）气电式传感器。

6）热电式传感器。

7）波式传感器，包括超声波式、微波式等。

8）射线式传感器。

9）半导体式传感器。

10）其他原理的传感器等。

有些传感器的工作原理是两种以上物理原理的复合形式，如一些半导体式传感器，也可看成电参量式传感器。常见传感器的应用领域和工作原理见表2-10。

（4）按用途分类　可分为位移传感器、压力传感器、振动传感器、温度传感器、速度传感器等。

（5）按输出电信号类型分类　根据传感器输出电信号的类型不同，可以分为模拟量传感器、数字量传感器、开关量传感器。

接近开关是一种采用非接触式检测、输出开关量的传感器。该类传感器主要用于位置量的检测。在各种接近开关传感器中,广泛应用的是高频接近开关,因为这类开关具有抗干扰能力强、灵敏度高、可靠性好、使用寿命长等优点。接近开关的通用图形符号如图2-9所示。

表2-10 常见传感器的应用领域和工作原理

| 传感器品种 | 工作原理 | 可测定的非电学量 |
| --- | --- | --- |
| 敏力电阻、热敏电阻半导体传感器 | 阻值变化 | 力、重量、压力、加速度、温度、湿度、气体 |
| 电容传感器 | 电容量变化 | 力、重量、压力、加速度、液面、湿度 |
| 感应传感器 | 电感量变化 | 力、重量、压力、加速度、旋进数、转矩、磁场 |
| 霍尔传感器 | 霍尔效应 | 角度、旋进数、力、磁场 |
| 压电传感器、超声波传感器 | 压电效应 | 压力、加速度、距离 |
| 热电传感器 | 热电效应 | 烟雾、明火、热分布 |
| 光电传感器 | 光电效应 | 辐射、角度、旋进数、位移、转矩 |

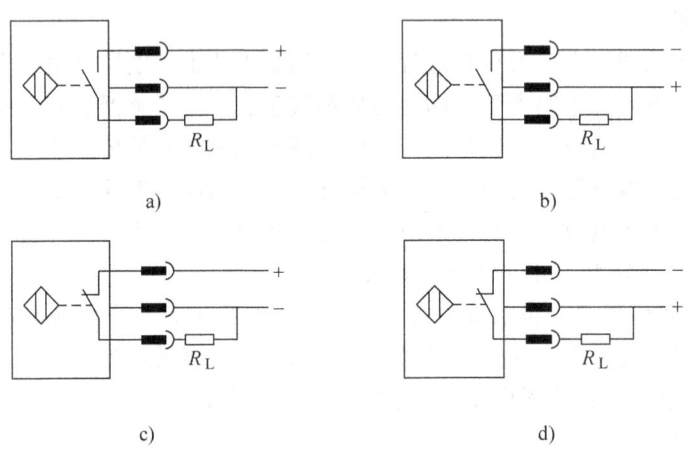

图2-9 接近开关的通用图形符号
a) 正逻辑 (PNP) 常开型　b) 负逻辑 (NPN) 常开型
c) 正逻辑 (PNP) 常闭型　d) 负逻辑 (NPN) 常闭型

2. THJDAL—2 自动线用传感器

THJDAL—2各工作单元所使用的传感器都是接近传感器,它利用传感器对所接近的物体具有的敏感特性来识别物体的接近,并输出相应开关信号,因此,接近传感器通常也称为接近开关。

接近传感器有多种检测方式,包括利用电磁感应引起的检测对象的金属体中产生的涡电流的方式,捕捉检测体接近引起的电气信号的容量变化的方式,利用磁石和引导开关的方式,利用光电效应和光电转换器件作为检测元件等。该自动生产线安装与调试设备使用的是磁感应式接近开关(或称磁性传感器、磁性开关)、电感式接近开关、漫反射光电传感器和光纤型光电传感器等。

(1) 磁性传感器　THJDAL—2使用的气缸都是带磁性传感器的气缸。这些气缸的缸筒采用导磁性弱、隔磁性强的材料,如硬铝、不锈钢等。在非磁性体的活塞上安装一个永久磁铁的磁环，这样就提供了一个反映气缸活塞位置的磁场。而安装在气缸外侧的磁性传感器则是用来检测气缸活塞位置，即检测活塞的运动行程的。

有触点式的磁性传感器用舌簧开关作磁场检测元件。舌簧开关成形于合成树脂块内，并且一般还有动作指示灯，过电压保护电路也塑封在内。图 2-10 是带磁性传感器气缸的工作原理图。当气缸中随活塞 5 移动的磁环 6 靠近开关时，舌簧开关 8 的两根簧片被磁化而相互吸引，触点闭合；当磁环 6 移开开关后，簧片失磁，触点断开。触点闭合或断开时发出电控信号，在 PLC 的自动控制中，可以利用该信号判断推料及顶料缸的运动状态或所处的位置，以确定工件是否被推出或气缸是否返回。

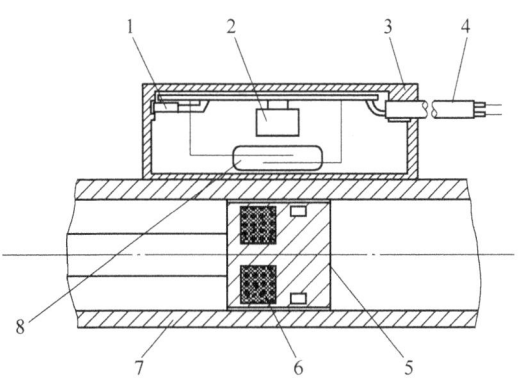

图 2-10 带磁性传感器气缸的工作原理图
1—动作指示灯 2—保护电路 3—开关外壳
4—导线 5—活塞 6—磁环（永久磁铁）
7—缸筒 8—舌簧开关

在磁性传感器上设置的 LED 用于显示其信号状态，供调试时使用。磁性传感器动作时，输出信号 "1"，LED 亮；磁性传感器不动作时，输出信号 "0"，LED 不亮。

磁性传感器的安装位置可以调整，调整方法是松开它的紧定螺栓，让磁性传感器顺着气缸滑动，到达指定位置后，再旋紧紧定螺栓。

磁性传感器有蓝色和棕色两根引出线，使用时蓝色引出线应连接到 PLC 输入公共端，棕色引出线应连接到 PLC 输入端。磁性传感器的内部电路，如图 2-11 中点画线框内所示。

（2）电感式接近开关 电感式接近开关是利用电涡流效应制造的传感器。电涡流效应是指当金属物体处于一个交变的磁场中，在金属内部会产生交变的电涡流，该涡流又会反作用于产生它的磁场这样一种物理效应。如果这个交变的磁场是由一个电感线圈产生的，则这个电感线圈中的电流就会发生变化，用于平衡涡流产生的磁场。

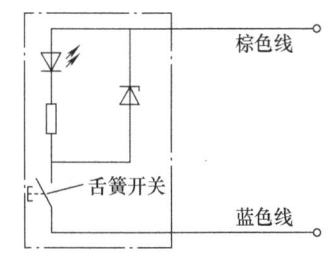

图 2-11 磁性传感器内部电路

利用这一原理，以高频振荡器（LC 振荡器）中的电感线圈作为检测元件，当被测金属物体接近电感线圈时产生了涡流效应，引起振荡器振幅或频率的变化，由传感器的信号调理电路（包括检波、放大、整形、输出等电路），将该变化转换成开关量输出，从而达到检测目的。电感式接近传感器工作原理框图如图 2-12 所示。

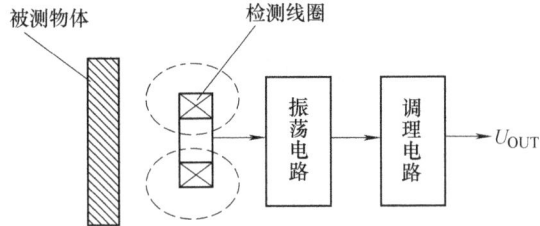

图 2-12 电感式传感器原理框图

在接近开关的选用和安装中，必须认真考虑检测距离、设定距离，保证生产线上的传感器可靠动作。安装距离的说明如图 2-13 所示。

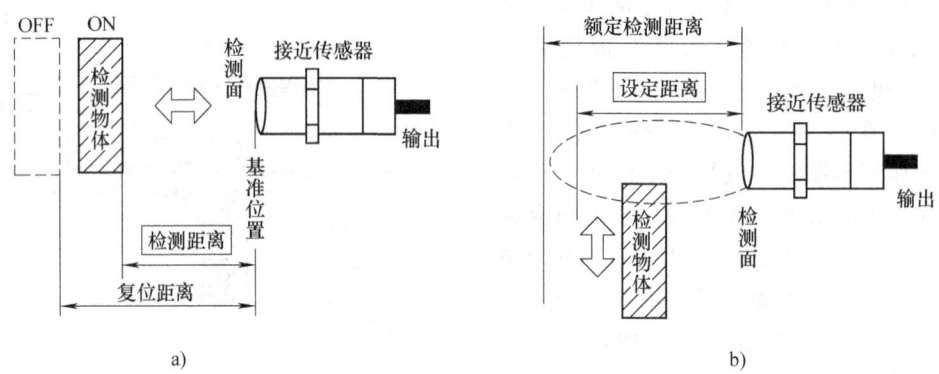

图 2-13 安装距离的说明
a）检测距离 b）设定距离

（3）光电式接近开关 光电传感器是利用光的各种性质，检测物体的有无和表面状态的变化等的传感器。其中，输出形式为开关量的传感器为光电式接近开关。

光电式接近开关主要由光发射器和光接收器构成。如果光发射器发射的光线因检测物体不同而被遮掩或反射，到达光接收器的光量将会发生变化。光接收器的敏感元件将检测出这种变化，并转换为电信号进行输出。光电式接近开关大多使用可视光（主要为红色，也用绿色、蓝色来判断颜色）和红外光。

按照接收器接收光方式的不同，光电式接近开关可分为对射式、反射式和漫射式 3 种，如图 2-14 所示。

漫射式光电传感器是利用光照射到被测物体上后反射回来的光线而工作的，由于物体反

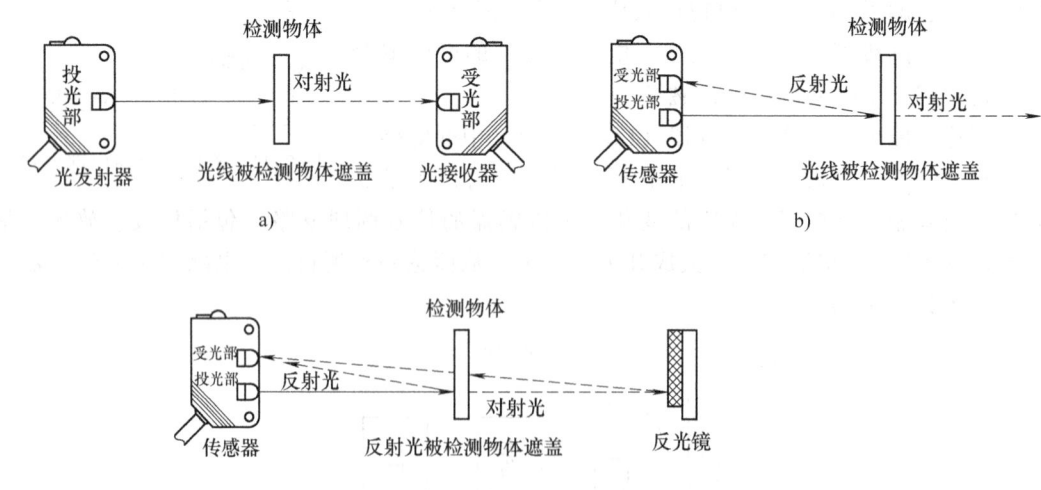

图 2-14 光电式接近开关
a）对射式光电接近开关 b）漫射式（漫反射式）光电接近开关 c）反射式光电接近开关

射的光线为漫射光，故称为漫射式光电接近开关。它的光发射器与光接收器处于同一侧位置，且为一体化结构。在工作时，光发射器始终发射检测光，若漫射式光电接近开关前方一定距离内没有物体，则没有光被反射到接收器，漫射式光电接近开关处于常态而不动作；反之，若漫射式光电接近开关的前方一定距离内出现物体，只要反射回来的发光强度足够，则接收器接收到足够的漫射光就会使漫射式光电接近开关动作而改变输出的状态。图 2-14b 为漫射式光电接近开关的工作原理示意图。

供料单元中，用来检测工件不足或工件有无的漫射式光电接近开关选用 OMRON 公司的 E3Z—L61 型放大器内置型光电传感器（细小光束型，NPN 型晶体管集电极开路输出）。该光电传感器的外形和顶端面上的调节旋钮和显示灯如图 2-15 所示。其中，动作转换开关的功能是选择受光动作（Light）或遮光动作（Drag）模式。即，当此开关按顺时针方向充分旋转时（L 侧），则进入检测 ON 模式；当此开关按逆时针方向充分旋转时（D 侧），则进入检测 OFF 模式。

距离设定旋钮是 5 回转调节器，调整距离时注意逐步轻微旋转，否则若充分旋转距离调节器会空转。调整的方法，是首先按逆时针方向将距离调节器充分旋到最小检测距离（E3Z—L61 约 20mm），然后根据要求距离放置检测物体，按顺时针方向逐步旋转距离调节器，找到传感器进入检测条件的点；拉开检测物体距离，按顺时针方向进一步旋转距离调节器，找到传感器再次进入检测状态，一旦进入，向后旋转距离调节器直到传感器回到非检测状态的点。两点之间的中点为稳定检测物体的最佳位置。

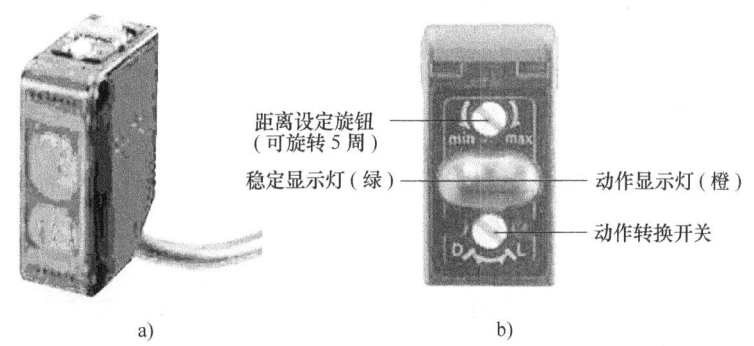

图 2-15 E3Z—L61 型光电传感器的外形和调节旋钮、显示灯
a) 外形 b) 调节旋钮、显示灯

图 2-16 给出该光电传感器的电路原理框图。

用来检测物料台上有无物料的光电传感器是一个圆柱形漫射式光电接近开关，工作时向

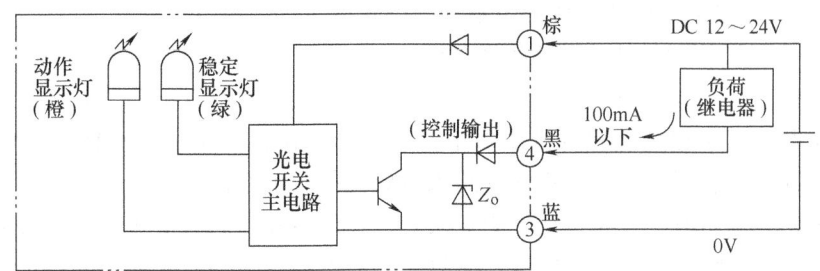

图 2-16 E3Z—L61 光电传感器电路原理图

上发出光线,从而透过小孔检测是否有工件存在,该光电传感器选用 SB03—1K 型,其外形如图 2-17 所示。

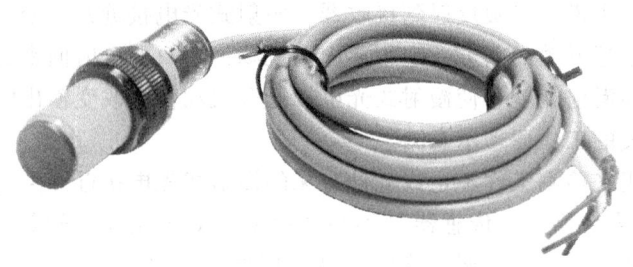

图 2-17 SB03—1K 型光电传感器外形

(4) 接近开关的图形符号 部分接近开关的图形符号如图 2-18 所示。图 2-18a～c 三种情况均使用 NPN 型晶体管集电极开路输出。如果是使用 PNP 型的,正负极性应反过来。

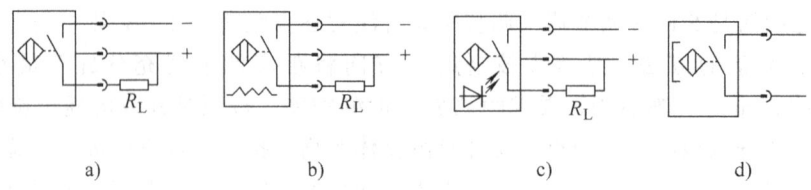

图 2-18 接近开关的图形符号
a) 通用图形符号 b) 电感式接近开关 c) 光电式接近开关 d) 磁性开关

### 2.2.3 气压传动技术

1. 气压系统组成

气压传动系统由气源装置、执行元件、控制元件、辅助元件和传动介质五部分组成。

(1) 气源装置 气源装置即空气压缩机,是系统中的动力元件,它将电动机的机械能转变成气体的压力能,为各类气动设备提供动力。

(2) 执行元件 执行元件是系统的能量输出装置,它将空气压缩机提供的气压能转变成机械能,输出力和速度(转矩和转速),用以驱动工作部件。如气缸和气马达。

(3) 控制元件 控制元件是控制调节压缩空气的压力、流量、方向的元件,用来保证执行元件具有一定输出力(转矩)和速度(转速)。如压力阀、流量阀、方向阀等。

(4) 辅助元件 系统中除上述三类元件外,其余的元件称为辅助元件,如过滤器、油雾器、气罐、消声器等。它们对保证系统可靠、稳定的工作起重要作用。

(5) 传动介质 系统中传递能量的流体,如压缩空气。

2. THJDAL—2 自动线中的气源处理单元

THJDAL—2 气源处理组件及其原理图如图 2-19 所示。气源处理组件是气动控制系统中的基本组成器件,它的作用是除去压缩空气中所含的杂质及凝结水,调节并保持恒定的工作压力。在使用时,应注意经常检查过滤器中凝结水的水位,在超过最高标线以前,必须排放,以免被重新吸入。气源处理组件的气路入口处安装一个快速气路开关,用于启/闭气源,当把气路开关向左拔出时,气路接通气源。反之,把气路开关向右推入时,气路关闭。

气源处理组件的输入气源来自空气压缩机,所提供的压力为 0.6～1.0MPa,输出压力为 0～0.8MPa 可调。输出的压缩空气通过快速三通接头和气管输送到各工作单元。

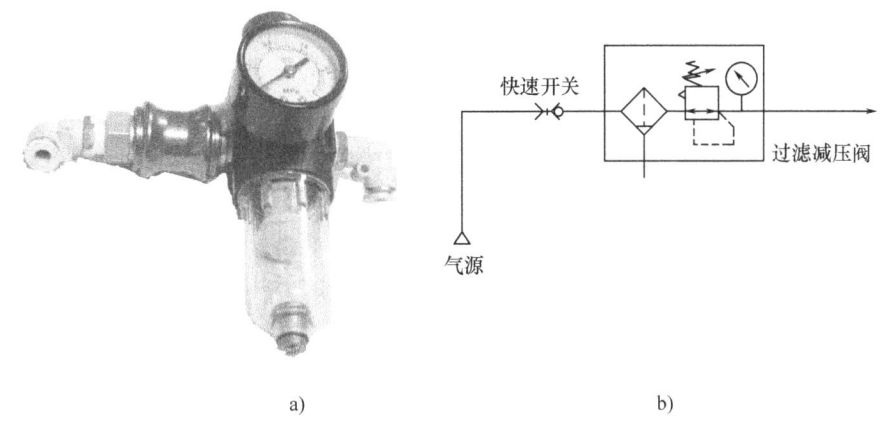

图 2-19 气源处理组件
a) 气源处理组件实物　b) 气动原理图

### 3. THJDAL—2 自动线中的执行元件

标准气缸是指气缸的功能和规格是普遍使用的，结构容易制造的，制造厂通常作为通用产品供应市场的气缸。

双作用气缸是指活塞的往复运动均由压缩空气来推动的气缸。图 2-20 是标准双作用直线气缸的半剖面图。其中，气缸的两个端盖上都设有进、排气通口，从无杆侧端盖气口进气时，推动活塞向前运动；反之，从有杆侧端盖气口进气时，推动活塞向后运动。

双作用气缸具有结构简单，输出力稳定，行程可根据需要选择的优点，但由于是利用压缩空气交替作用于活塞上实现伸缩运动的，回缩时压缩空气的有效作用面积较小，所以产生的力要小于伸出时产生的推力。为了使气缸的动作平稳可靠，应对气缸的运动速度加以控制，常用的方法是使用单向节流阀来实现。

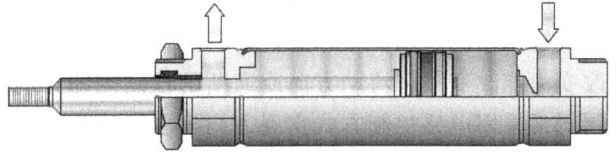

图 2-20 双作用气缸工作示意图

单向节流阀是由单向阀和节流阀并联而成的流量控制阀，常用于控制气缸的运动速度，所以也称为速度控制阀。

图 2-21 给出了在双作用气缸装上两个单向节流阀的连接示意图，这种连接方式称为排气节流方式。即，当压缩空气从 A 端进气，从 B 端排气时，单向节流阀 A 的单向阀开启，向气缸无杆腔快速充气；由于单向节流阀 B 的单向阀关闭，有杆腔的气体只能经节流阀排气，调节节流阀 B 的开度，便可改变气缸伸出时的运动速度。反之，调节节流阀 A 的开度则可改变气缸缩回时的运动速度。这种控制方式，活塞运行稳定，是最常用的方式。

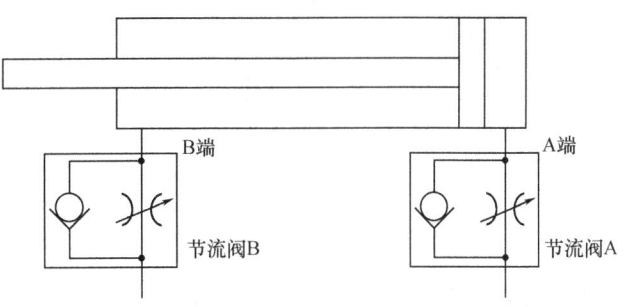

图 2-21 节流阀连接和调整原理示意图

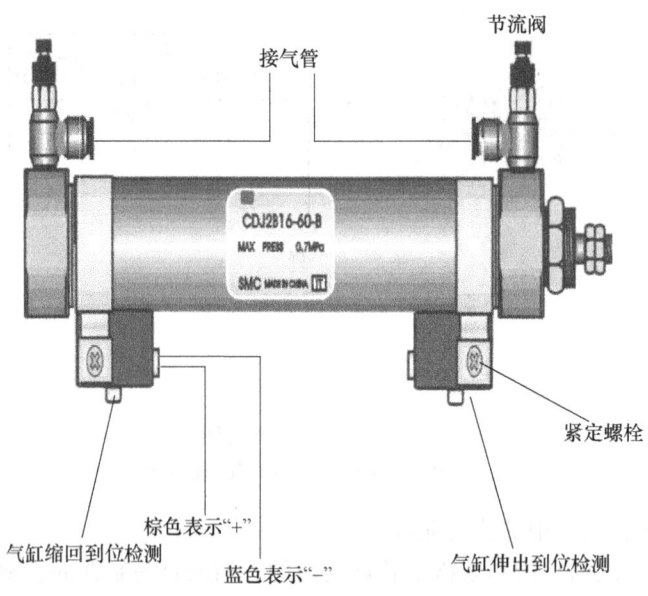

图 2-22　安装上气缸节流阀的气

节流阀上带有气管的快速接头，只要将合适外径的气管往快速接头上一插就可以将管连接好了，使用时十分方便。图 2-22 是带快速接头的限出型气缸节流阀的气缸外观。

**4．THJDAL—2 自动线中的控制元件**

气缸活塞的运动是依靠交替向气缸一端进气，并从另一端排气来实现的。气体流动方向的改变由能改变气体流动方向或通断的控制阀即方向控制阀加以控制。在自动控制中，方向控制阀常采用电磁控制方式实现方向控制，称为电磁换向阀。

电磁换向阀是利用其电磁线圈通电时，静铁心对动铁心产生电磁吸力使阀芯切换，达到改变气流方向的目的。图 2-23 所示是一个单电控二位三通电磁换向阀的工作原理示意。

所谓"位"指的是为了改变气体方向，阀芯相对于阀体所具有的不同的工作位置。"通"的含义则指换向阀与系统相连的通口，有几个通口即为几通。图 2-23 中，只有两个工作位置，因有供气口 P、工作口 A 和排气口 R，故为二位三通阀。

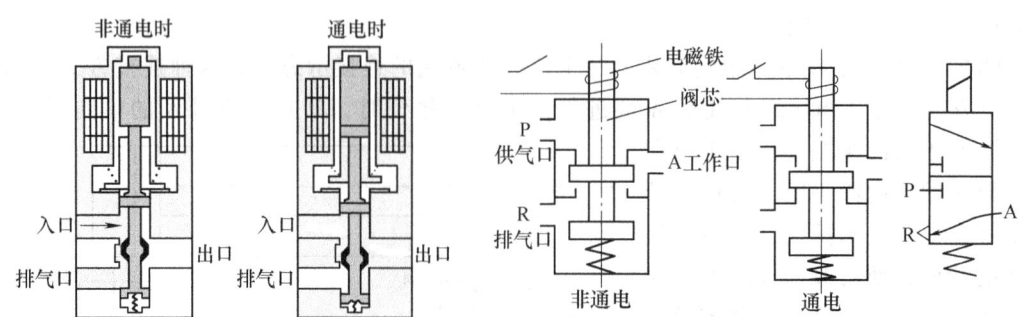

图 2-23　单电控二位三通电磁换向阀的工作原理

图 2-24 分别给出二位三通、二位四通和二位五通单控电磁换向阀的图形符号，图形中有几个方格就是几位，方格中的"⊤"和"⊥"符号表示各接口互不相通。

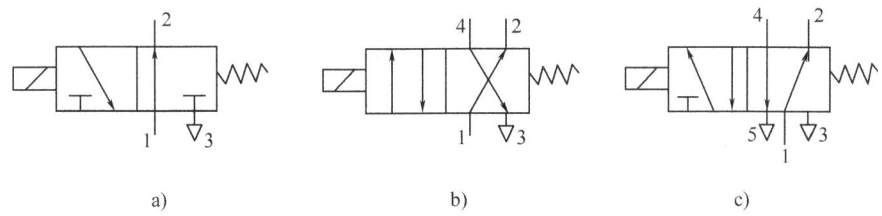

图 2-24 部分单电控电磁换向阀的图形符号
a) 二位三通阀  b) 二位四通阀  c) 二位五通阀

双电控电磁阀（图 2-25）与单电控电磁阀的区别在于，对于单电控电磁阀，在无电控信号时，阀芯在弹簧力的作用下会被复位，而对于双电控电磁阀，在两端都无电控信号时，阀芯的位置是取决于前一个电控信号。

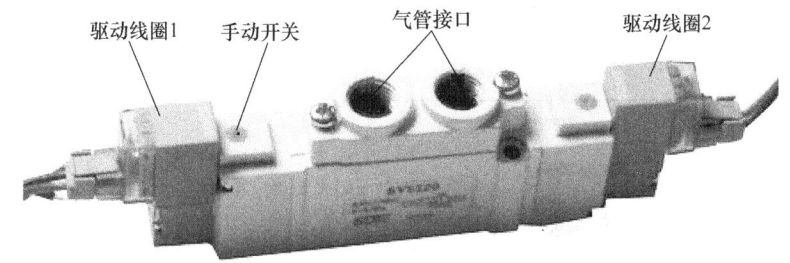

图 2-25 双电控电磁阀示意图

注意：双电控电磁阀的两个电控信号不能同时为"1"，即在控制过程中不允许两个线圈同时得电，否则，可能会造成电磁线圈烧毁。当然，在这种情况下阀芯的位置是不确定的。

THJDAL—2 所有工作单元的执行气缸都是双作用气缸，因此控制它们工作的电磁阀需要有两个工作口和两个排气口以及一个供气口，故使用的电磁阀均为二位五通电磁阀。

电磁阀带有手动换向和加锁钮，有锁定（LOCK）和开启（PUSH）两个位置。用螺钉旋具把加锁钮旋到在 LOCK 位置时，手控开关向下凹进去，不能进行手控操作。只有在 PUSH 位置，可用工具向下按，信号为"1"，等同于该侧的电磁信号为"1"；常态时，手控开关的信号为"0"。在进行设备调试时，可以使用手控开关对阀进行控制，从而实现对相应气路的控制，以改变推料缸等执行机构的控制，达到调试的目的。

多个电磁阀是集中安装在汇流板上的。汇流板中两个排气口末端均连接了消声器，消声器的作用是减少压缩空气在向大气排放时的噪声。这种将多个阀与消声器、汇流板等集中在一起构成的一组控制阀的集成称为阀组，而每个阀的功能是彼此独立的。阀组的实物如图 2-26 所示。

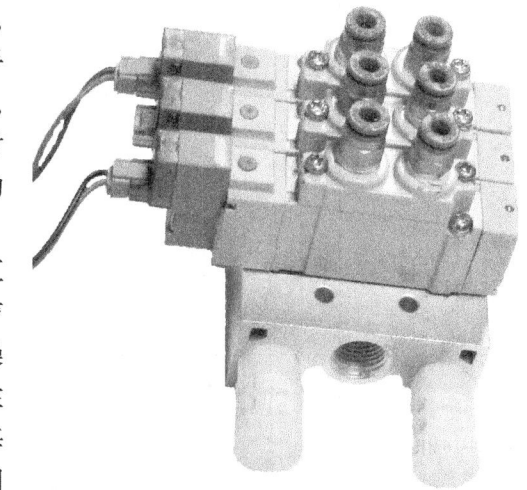

图 2-26 电磁阀组

## 2.3 供料单元安装与调试项目实施

### 2.3.1 供料单元资讯单（表2-11）

表2-11 供料单元资讯单

| 姓名 | | 组号 | | 班级/学号 | | 工作时间 | |
|---|---|---|---|---|---|---|---|
| 元件认知 ||||||||
| 元件名称 ||| 外 观 图 ||| 相 关 问 题 ||
| 漫射式光电传感器 ||| ||| ①其工作原理是什么？②电气符号怎么画？③引线怎么连接？④该元件在本单元用了几个？分别起到什么作用 ||
| 磁性传感器 ||| ||| ①其工作原理是什么？②电气符号怎么画？③引线怎么连接？④在本单元起什么作用 ||
| 气缸 ||| ||| ①气缸的符号怎么画？②在本单元起到什么作用 ||
| 单电控二位五通电磁阀 ||| ||| ①该电磁阀的符号怎么画？②线圈引线怎么连接？③在本单元起到什么作用 ||
| 单向节流阀 ||| ||| ①该元件的符号怎么画？②在本单元起到什么作用 ||
| 端子排 ||| ||| 拆开端子排观察其内部结构，阐述其工作原理及作用 ||
| FX2N—16MR ||| ||| ①该PLC型号的含义是什么？②为什么本单元选用该型号的PLC ||

## 2.3.2 供料单元安装与调试计划单 (表2-12)

表2-12 供料单元安装与调试计划单

| 供料单元工艺流程熟悉 | |
| --- | --- |
| 观察教师操作样机,熟悉供料单元工艺流程 | □ 是　　□ 否 |

| 工艺流程描述 |
| --- |
|  |

| 制订工作计划<br>(小组讨论,咨询教师,将下述文件填写完整) |
| --- |

| | |
| --- | --- |
| 供料单元设备拆装 | (分工情况,安装顺序、需要的设备工具等) |
| 气路连接与调试 | (分工情况,连接顺序、需要的设备工具等) |
| 电路原理及接线 | (分工情况,连接顺序、需要的设备工具等) |
| 三菱PLC的N:N网络通信测试 | (分工情况,测试思路、需要的设备工具等) |
| 程序编写与调试 | (分工情况,编程思路、需要的设备工具等) |
| 整体调试 | (分工情况,调试步骤、需要的设备工具等) |

### 2.3.3 供料单元各项任务实施单（表2-13～表2-18）

**表2-13 任务一 供料单元机械结构安装实施单**

| 项目计划已与教师沟通，可以实施 | □ 是　　□ 否 |
|---|---|

| 任务一 供料单元机械结构安装 ||
|---|---|
| 训练目标 | 将供料单元的机械部分拆开成组件和零件的形式，然后再组装。着重掌握机械设备的安装、调整方法与技巧 |
| 安装要求 | 正确完成装配，满足机构动作要求，无紧固件松动 |
| 装配注意事项 | 1）装配前，应认真分析结构组成，认真思考。先装组件，再进行总装<br>2）选择合适螺栓（长度、直径），完成结构件之间安装<br>3）预先在安装位置的铝型材"T"形槽中放置预留与之相配的螺母。完成底板与工作台之间牢固连接<br>4）光电传感器和磁性传感器的安装位置以准确反映出动作为准<br>5）建议先进行装配，但不要一次拧紧各固定螺栓，待相互位置基本确定后，再依次进行调整固定 |
| 结构安装过程记录 | |

实施过程中遇到的问题与对策

| 遇到的问题 | 对策 |
|---|---|
|  |  |

总　结

## 项目 2 供料单元的安装与调试

**表 2-14 任务二 供料单元气动原理图绘制与气路连接实施单**

| 任务一已完成,经教师认可进行下一项目 | □ 是   □ 否 |
|---|---|

任务二供料单元气动原理图绘制与气路连接

| | |
|---|---|
| 训练目标 | 通过气动原理图的识读与绘制,具备读懂气动原理图的能力,能按图进行气路的连接,掌握常用的气动元器件的使用,能正确连接气路 |
| 连接要求 | 正确连接气路,无漏气现象,气管排布均匀美观 |
| 注意事项 | 1)气体汇流板与电磁阀组的连接要求密封良好,无漏气现象<br>2)气管一定要在快速接头中插紧,不能有漏气现象<br>3)气路气管在连接走向时,应按序排布,均匀美观,不能出现交叉、打折、凌乱现象,所有外露气管用尼龙扎带进行绑扎,松紧程度以不使气管变形为宜<br>4)调整出气口节流阀的开度控制气缸的伸出速度,要求伸出、缩回平稳 |
| 绘制气动原理图 | 在图 2-27 所示的图纸中绘制供料单元气动原理图,气动符号应规范使用 |
| 气路连接过程记录 | |

实施过程中遇到的问题与对策

| 遇到的问题 | 对策 |
|---|---|
| | |

总　　结

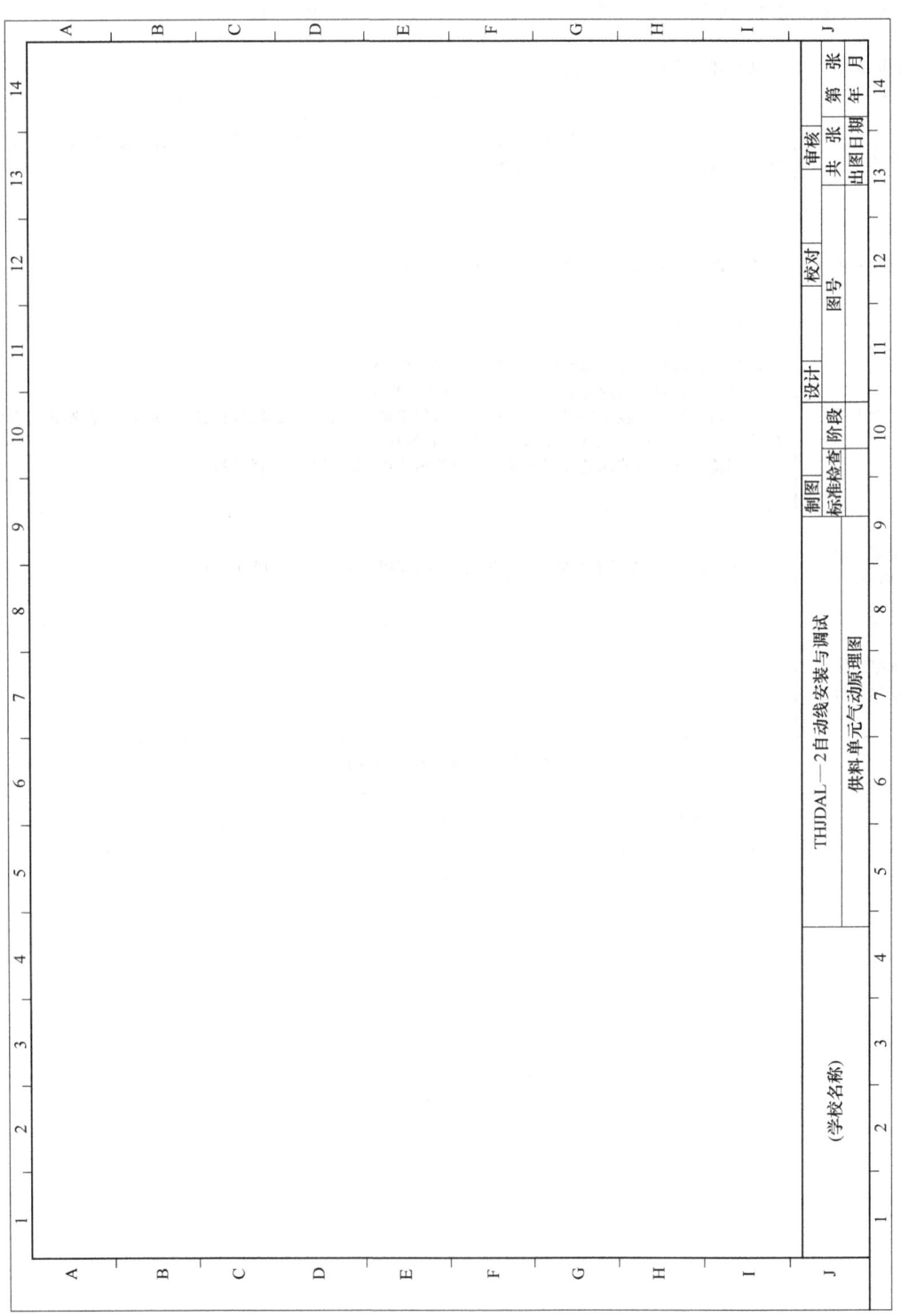

图 2-27 供料单元气动原理图

# 项目 2 供料单元的安装与调试

**表 2-15 任务三 供料单元电气原理图的设计、电气电路的连接实施单**

| 任务二已完成,经教师认可进行下一项目 | □ 是 　　□ 否 |
|---|---|

任务三 供料单元电气原理图的设计、电气电路的连接

| | |
|---|---|
| 训练目标 | 通过绘制供料单元的电气原理图,掌握电气符号的规范使用,电气电路连接应符合工艺标准 |
| 连接要求 | 正确连接电路,连接可靠,无松动,布线美观 |
| 注意事项 | 1) PLC 的 AC220V 电源需要单独供给,不能接入端子排,更不可与 DC24V 电源混淆<br>2) 导线线端应该作冷压针型端子处理<br>3) 导线在端子上的压接以用手稍用力外拉为宜<br>4) 导线走向应该平顺有序,用尼龙扎带进行绑扎 |
| 绘制电气原理图 | 在图 2-28 所示图纸中绘制电气原理图,电气符号应使用规范,I/O 分配正确、合理 |
| 电气路连接过程记录 | |

实施过程中遇到的问题与对策

| 遇到的问题 | 对策 |
|---|---|
| | |

总　　结

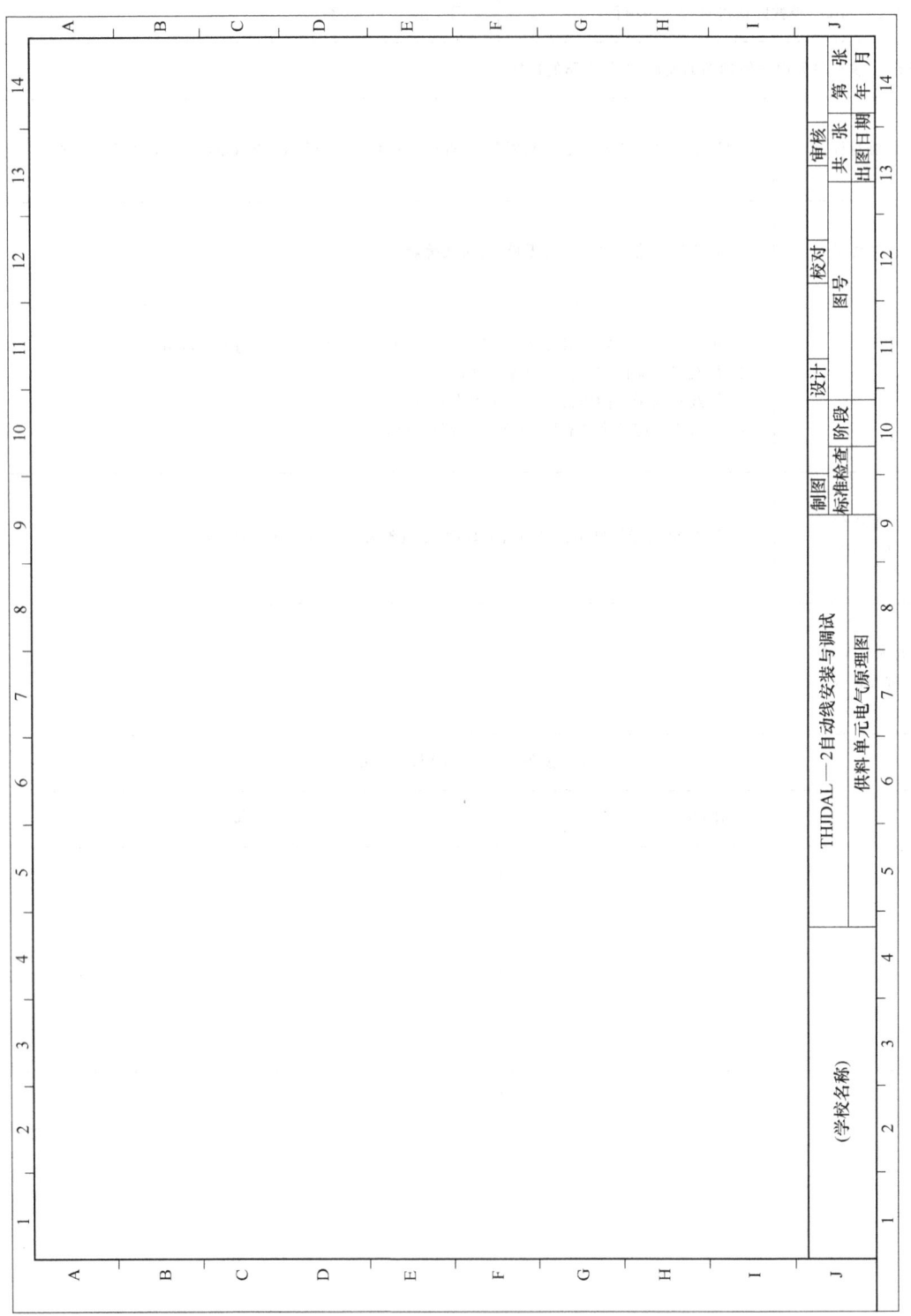

图 2-28 供料单元电气原理图

## 项目 2 供料单元的安装与调试

表 2-16 任务四 三菱 PLC 的 N:N 网络建立实施单

| 任务三已完成,经教师认可进行下一项目 | □ 是    □ 否 |
|---|---|

任务四 三菱 PLC 的 N:N 网络建立

| 训练目标 | 熟练掌握三菱 PLC 的 N:N 网络建立 |
|---|---|
| 操作步骤 | 供料单元、加工单元、装配单元、分拣单元、搬运单元的 PLC(共 5 台)用 FX2N-485-BD 通信板连接,以搬运单元作为主站,站号为 0,供料单元、加工单元、装配单元、分拣单元作为从站,站号分别为供料单元为 1 号,加工单元为 2 号,装配单元为 3 号、分拣单元为 4 号。网络功能要求如下:<br>1)0 号站的 X1～X4 分别对应 1～4 号站的 Y0(注意:当网络工作正常时,闭合 0 号站 X1 端口连接的开关,则 1 号站的 Y0 输出,依次类推)<br>2)1～4 号站的 X0 有输入时,对应 0 号站的 Y1～Y4 输出 |
| 网络建立<br>过程记录 | |

实施过程中遇到的问题与对策

| 遇到的问题 | 对策 |
|---|---|
|  |  |

总　　结

表 2-17 任务五 供料单元控制程序编写实施单

| 任务四已完成,经教师认可进行下一项目 | □是　　□否 |
|---|---|

任务五 供料单元控制程序编写

| 训练目标 | 熟练掌握 PLC 编程,能够正确编写供料单元的控制程序 |
|---|---|
| 控制程序编写步骤 | 根据供料单元单站工艺流程,编写供料单元控制程序。单站工艺流程如下:系统启动,供料单元接收到复位信号后进行初始状态检查并复位,复位完成后接收到启动信号,若供料单元工件库内有工件且物料台上没有工件,则把工件推到物料台上。若供料单元的工件库内没有工件或物料台上有工件,则等待,直到满足可以推出工件的条件时推出工件。接收到停止信号,则在完成本次循环后停止工作。接收到急停信号,则立即停止。 |
| 程序编写过程记录 |  |

实施过程中遇到的问题与对策

| 遇到的问题 | 对策 |
|---|---|
|  |  |

总　　结

## 项目 2 供料单元的安装与调试

表 2-18 任务六 供料单元设备调试实施单

| 任务五已完成,经教师认可进行下一项目 | □ 是   □ 否 |
|---|---|

任务六 供料单元设备调试

| 训练目标 | 能够合理、快速地进行设备调试,掌握设备调试的一般步骤 |
|---|---|
| 设备调试步骤 | 1) 调整气动部分,检查气路是否正确,气压是否合理,气缸的动作速度是否合理<br>2) 检查磁性传感器的安装位置是否到位,工作是否正常<br>3) 检查 I/O 接线是否正确<br>4) 检查光电传感器安装是否合理,灵敏度是否合适,保证检测的可靠性<br>5) 放入工件,运行程序看供料单元动作是否满足任务要求<br>6) 调试各种可能出现的情况,例如,在任何情况下都有可能加入工件,系统都要能可靠工作<br>7) 优化程序 |
| 设备调试过程记录 | |

实施过程中遇到的问题与对策

| 遇到的问题 | 对策 |
|---|---|
| | |

总　结

### 2.3.4 供料单元安装与调试评价表（表2-19）

表2-19 供料单元安装与调试评价表

| 姓名 | | | 同组 | | 专业/班级 | | |
|---|---|---|---|---|---|---|---|
| 项目内容 | 考核要求 | 配分 | 评分标准 | | 扣分 | 自评 | 互评 |
| 供料单元安装 | 正确安装供料单元 | 20 | 装配未完成扣10分 | | | | |
| | | | 装配完成，但不符合机械装配工艺要求，每处扣2分，最多扣10分 | | | | |
| 供料单元气路装配 | 正确安装供料单元气路 | 15 | 气路连接未完成或有错，每处扣2分，最多扣6分 | | | | |
| | | | 气路连接有漏气现象，每处扣2分，最多扣4分 | | | | |
| | | | 气缸节流阀调整不当，每处扣1分，最多扣2分 | | | | |
| | | | 气管没有绑扎或气路连接凌乱，扣3分 | | | | |
| 电气原理图及电路连接工艺 | 正确绘制电气原理图 电气原理图符号规范 | 20 | 制图草率，徒手画图扣8分；电气原理图符号不规范，每处扣2分，最多6分；两项最多扣8分 | | | | |
| | | | 端子连接错误，每处扣1分，最多扣4分 | | | | |
| | | | 插针压接不牢或超过2根导线，每处扣1分，最多扣4分 | | | | |
| | | | 电路接线没有绑扎或电路接线凌乱，扣4分 | | | | |
| 三菱可编程序控制器N:N网络建立 | 网络建立成功 | 15 | 网络接线错误，扣5分 | | | | |
| | | | 网络未能建立，扣5分 | | | | |
| | | | 测试程序未能调试完成，扣5分 | | | | |
| 供料站程序编写 | 程序调试成功 | 20 | 供料单元无法复位，扣4分 | | | | |
| | | | 供料单元无法启动，扣4分 | | | | |
| | | | 供料单元零件供出操作不满足控制要求，扣8分 | | | | |
| | | | 不能按照控制要求发出"零件不足"和"零件没有"的信号，扣4分 | | | | |
| 职业素养与安全 | | 10 | 现场操作安全保护符合安全操作规程；工具摆放、包装物品、导线线头等的处理符合职业岗位的要求；团队合作既有分工又有合作，配合紧密；遵守纪律，爱惜设备和器材，保持工位的整洁 | | | | |

## 2.4 项目拓展

### 2.4.1 西门子 PPI 通信

1. PPI 通信概述

PPI 通信协议是 S7—200 系列 PLC 最基本的通信方式,通过自身的端口 (PORT0 或 PORT1) 就可实现通信。PPI 是一种主—从协议通信,主—从站在一个令牌环网中,主站发送要求到从站设备,从站设备响应,从站不发送信息,只是等待主站的要求并对要求作出响应。主站靠一个 PPI 协议管理的共享连接来与从站通信。PPI 并不限制与任意一个从站通信的主站数量,但在一个网络中,主站个数不能超过 32 个。如果在用户程序中使用 PPI 主站模式,可以使用网络读写指令来读写从站信息。

2. PPI 通信实现步骤

(1) 设置通信端口参数 对网络上的每一台 PLC,应设置其系统块中的通信端口参数。对用作 PPI 通信的端口 (PORT0 或 PORT1),指定其 PLC 地址 (站号) 和波特率。设置后把系统块下载到 PLC,软件界面如图 2-29 所示。

图 2-29 软件界面

运行个人计算机上的 STEP7 V4.0 程序,打开设置端口界面。利用 PC/PPI 编程电缆把搬运单元 PLC 系统块里端口 0 的 PLC 地址设置为 1,波特率设置为 9.6kbit/s,如图 2-30 所示。同样方法设定供料单元 PLC 端口 0 的 PLC 地址设置为 2,波特率为 9.6kbit/s;加工单元 PLC 端口 0 的 PLC 地址设置为 3,波特率为 9.6kbit/s;装配单元 PLC 端口 0 的 PLC 地址设置为 4，波特率为 9.6kbit/s；分拣单元 PLC 端口 0 的 PLC 地址设置为 5，波特率为 9.6kbit/s。

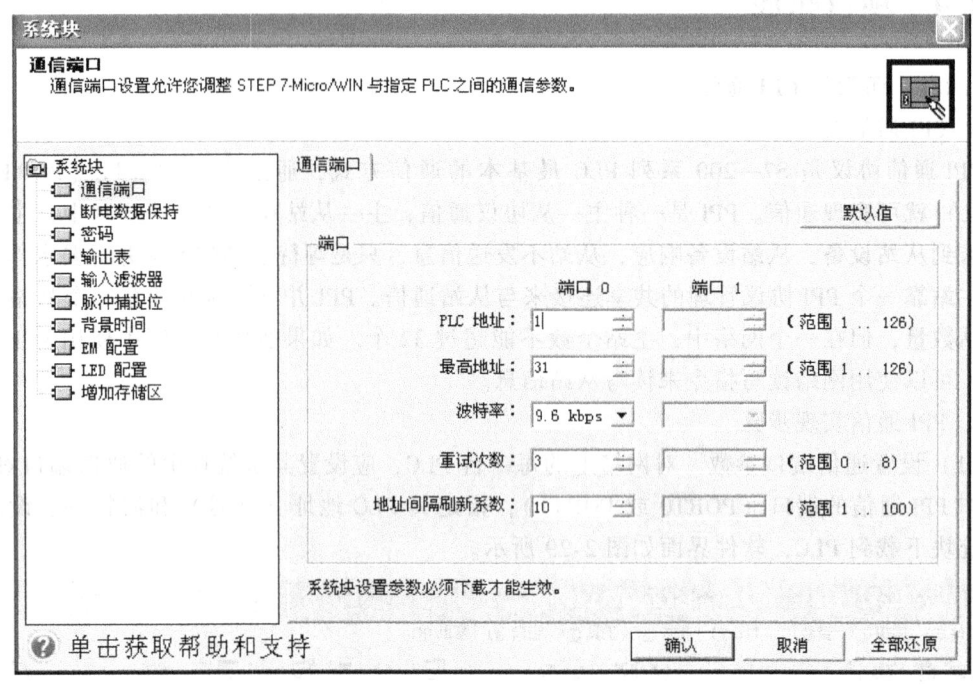

图 2-30　端口设置（GB/T 5271.9—2001 中规定 bps 应为 bit/s）

（2）用专用网线连接各站 PLC 的端口 0　用 PC/PPI 编程电缆连接网络连接器的编程口，将主站的运行开关拨到 STOP 状态。利用 SETP7 V4.0 软件搜索网络中的 5 个站，如图 2-31 所示。如果能全部搜索到，则表明网络连接正常。

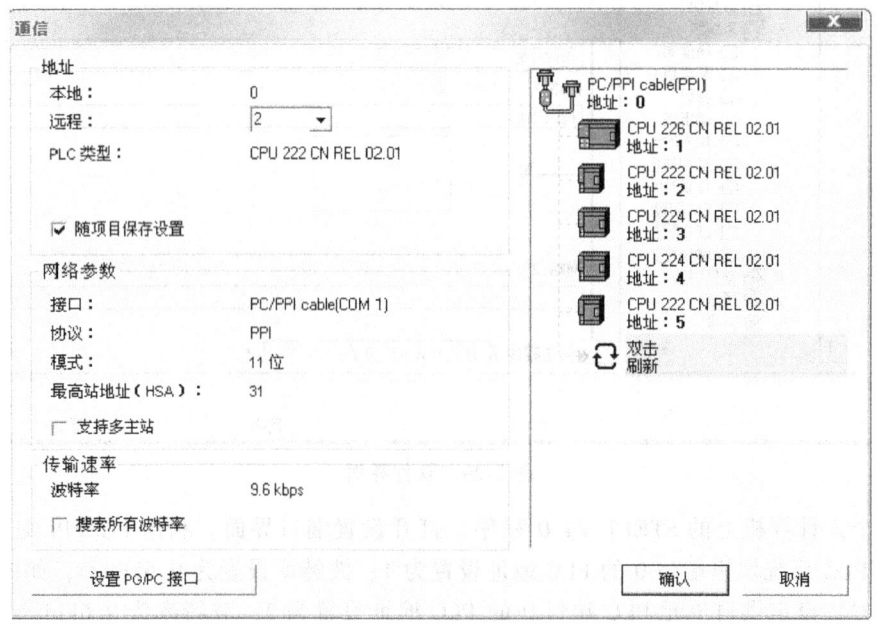

图 2-31　网络搜索（GB/T 5271.9—2001 中规定 bps 应为 bit/s）

（3）网络结构图  图 2-32 所示为系统的 PPI 网络结构图，网络中搬运单元指定为主站，其余各单元指定为从站。

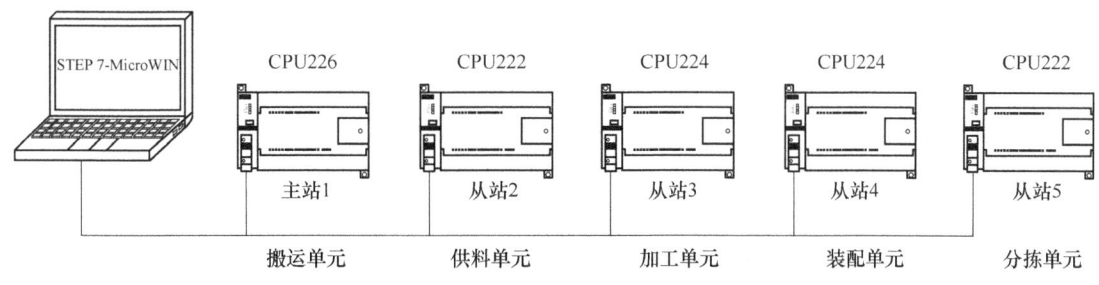

图 2-32  系统的 PPI 网络结构图

（4）通信口设置  西门子 S7—200 PLC 中的 SMB30 和 SMB130 为自由端口控制寄存器。其中 SMB30 控制自由端口 0 的通信方式，SMB130 控制自由端口 1 的通信方式。可以对 SMB30、SMB130 进行读、写操作，见表 2-20。这些字节设置自由端口通信的操作方式，并提供自由端口或者系统所支持的协议之间的选择。

表 2-20  SMB30/SMB130 字节含义说明

| SMB30/SMB130 字节排列说明 | Msb7　p　p　d　b　b　b　m　m　Lsb0 | |
|---|---|---|
| 字节 | 功能 | 数值含义说明 |
| p p | 校验选择 | 00 = 不校验；01 = 偶校验；10 = 不校验；11 = 奇校验 |
| d | 字符数据 | 0 = 每个字符 8 位；1 = 每个字符 7 位 |
| b b b | 通信速率 | 000 = 38400bit/s；001 = 19200bit/s；010 = 9600bit/s；011 = 4800bit/s；100 = 2400bit/s；101 = 1200bit/s；110 = 115.2kbit/s；111 = 57.6kbit/s； |
| m m | 协议选择 | 00 = PPI/从站模式；01 = 自由口模式；10 = PPI/主站模式；11 = 保留 |

其程序如图 2-33 所示，此段程序是将 PLC 的自由端口 0 的通信方式设置为"PPI/主站模式"。

（5）网络读写指令使用  网络读写指令 NETR/NETW，用于在西门子 S7—200 PPI 网络中的各 CPU 之间通信。网络读写指

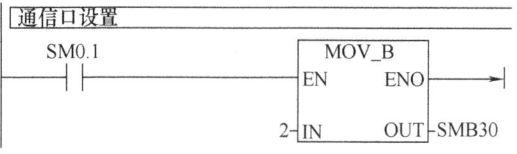

图 2-33  设置通信口

令只能由在网络中充当 PPI 主站的 CPU 执行，从站 CPU 不必专门编写通信程序，只需将与主站通信的数据放入数据缓冲区即可；此种通信方式中的主站 CPU 可以对 PPI 网络中其他任何从站 CPU 进行网络读写操作。

NETR 指令：网络"读"指令，用于主站 CPU 通过指定的通信口从其他从站 CPU 中指定的数据区读取以字节为单位的数据，存入本站 CPU 中指定地址的数据区中；读取的最大数据量为 16 个字节。

NETW 指令：网络"写"指令，用于主站 CPU 通过指定的通信口将本站 CPU 指定地址

的数据区中的以字节为单位的数据写入其他从站 CPU 中指定的数据区中；写入的最大数据量为 16 个字节。

（6）利用指令向导完成网络配置　根据上述指令，即可完成主站的网络读写程序。借助网络读写向导更加方便，具体步骤如下。

1）在 STEP7 V4.0 软件命令菜单中选择 "工具"→"指令向导"命令，并在"指令向导"窗口中选择"NETR/NETW"，单击"下一步"按钮后，就会出现"NETR/NETW 指令向导"界面，设置网络读写数为"8"，如图 2-34 所示。

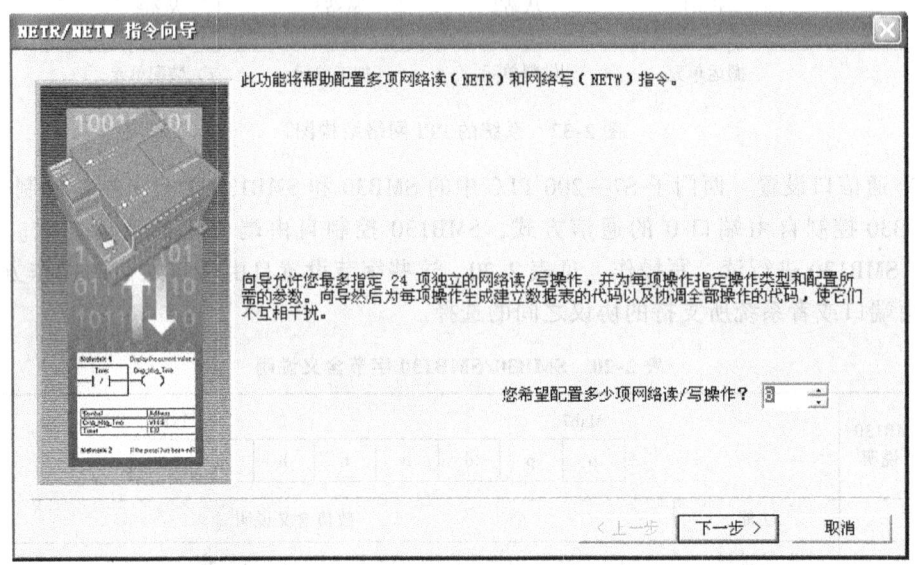

图 2-34　指令向导

2）单击"下一步"按钮，填写对供料单元（2 号站）读操作的参数，设置如图 2-35 所示。单击"下一步"按钮，填写其他单元参数，依此类推，直到第 4 项，完成对分拣单元（5 号站）读操作的参数的填写；再单击"下一步"按钮，完成写操作的参数填写。

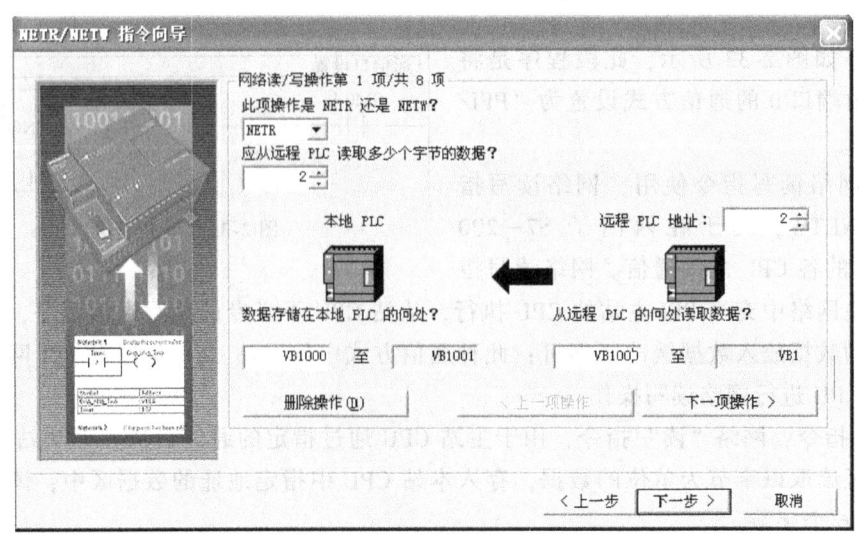

图 2-35　站点设置

3) 接受系统默认参数,依次单击"下一步"按钮,直至配置完成。
4) 在主程序中调用子程序"NET_EXE",如图 2-36 所示。

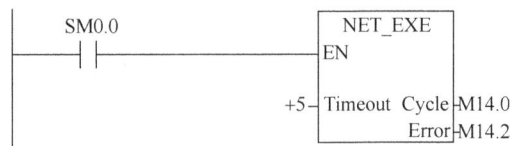

图 2-36 调用子程序"NET_EXE"

说明:Timeout——设定通信超时时限,范围为 1~32767s,若为 0,则不计时。

Cycle——输出开关量,所有网络读/写操作每完成一次切换状态。

Error——发生错误时报警。

### 2.4.2 科技文献阅读——Feeding Units

1. 设备词汇(图 2-37)

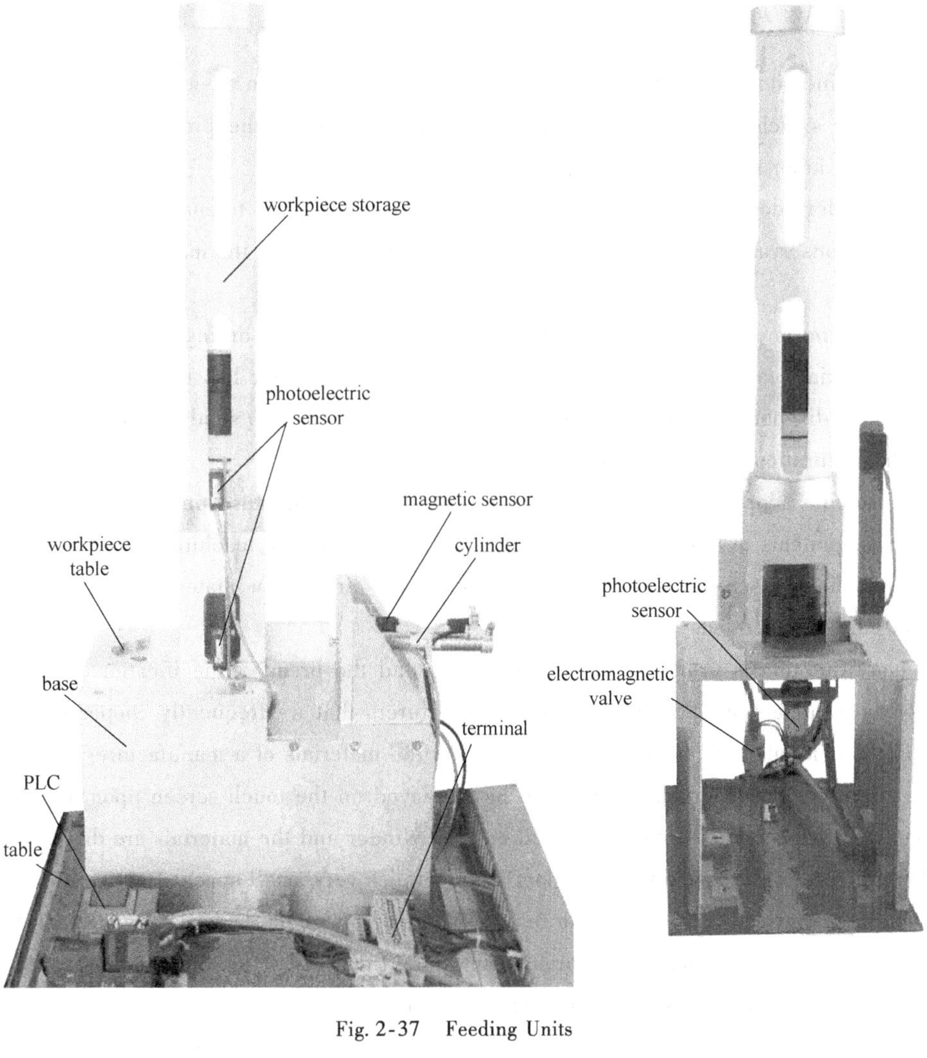

Fig. 2-37 Feeding Units

| Words & Phrases | |
|---|---|
| table | 底板 |
| PLC | PLC 主机 |
| workpiece table | 物料台 |
| base | 底座 |
| cylinder | 气缸 |
| terminal | 端子 |
| workpiece storage | 工件库 |
| photoelectric sensor | 光电传感器 |
| magnetic sensor | 磁性传感器 |
| electromagnetic valve | 电磁阀 |

2. 延伸阅读

**Feeding Units**

The machine adopts an automatic pressurized feeding device, an electronic weighing device and a level-sensing switch to achieve automatic feeding. As a result, the production efficiency is improved and the labor intensity is alleviated.

The cylinder adopts enclosed constant-pressure foaming method to ensure high thermal efficiency and steam conservation. Compared with continuous pre-expander, the machine can save energy by above 50%.

The machine is equipped with a high-quality enclosed hot-air drying system, so that the pre-expanded materials can be dried in the cylinder; the pre-expander has the functions of automatic screening after discharge and ball-material crushing, and the fan can send the pre-expanded materials into the maturation warehouse automatically, and so on.

The machine adopts famous domestic brands of electric apparatus, pneumatic elements, valves and other components to ensure stable and reliable operation of the machine and long service life.

The automatic discharge cylinder adopts compressed air to blow material. As a result, the discharge speed is accelerated.

Memory function is provided on the computer, and the brands, specifications, pre-expansion processes, parameters of EPS material and manufacturers that we frequently cooperate with are recorded in the computer. When the information about the materials of a manufacturer ever cooperated with are required, the recorded process will be displayed on the touch screen upon a touch.

Because an electronic scale is arranged on the cylinder and the materials are dried in the cylinder, the structure of the machine is compact and occupies very small space. The machine is applicable to the pre-expansion in high altitude regions suffering under the lack of oxygen, and the advantages of pressure pre-expander is fully brought into play (the production efficiency of continuous pre-expander is relatively low under the same environment).

# 项目3  加工单元的安装与调试

## 【项目要点】

核心知识：步进驱动技术与机械传动技术。

主要内容：机械结构的安装与调试、气路的连接、电路的设计与连接、步进电动机参数设置与控制、加工单元控制程序的编写与调试。

### 加工单元工作任务单

| 工作情境 | 加工单元的安装与调试 |
|---|---|
| 核心知识 | 步进驱动技术与机械传动技术 |
| 任务流程 | 单元结构拆装→气动原理图识读，气路连接及安装→同步带、滚珠丝杠传动认识→步进电动机的控制→PLC编程→单元调试 |
| 任务描述 | 1. 加工单元的拆装<br>1）将加工单元的机械构件、气管、电气电路全部拆除，拆除的各个部件、管线收纳整齐<br>2）测量主要机械构件，按规范格式绘制至少三个构件的零件图<br>3）根据加工单元相关资料，重新组装加工单元<br>2. 完成气路的安装及连接<br>识读加工单元气动原理图，按图完成气路的安装及连接<br>3. 绘制加工单元电气原理图<br>根据PLC接线图、端子排接线图，绘制加工单元的电气原理图，完成电气电路的布线、接线<br>4. 步进电动机参数设置与调试<br>认识步进电动机及步进驱动器，完成步进驱动系统的接线，掌握步进驱动器与PLC之间的连接，单轴位置控制系统的安装、参数设置及调试<br>5. 编制加工单元PLC控制程序（主令信号由主站的按钮模块发出）<br>根据加工单元的工艺流程，完成PLC控制程序的编写，并下载至PLC中<br>6. 加工单元设备调试<br>完成加工单元电气系统调试、气动系统调试、PLC程序调试，使加工单元能实现工艺流程 |

## 3.1  加工单元结构及工艺流程

### 3.1.1  加工单元结构（图3-1）

加工单元结构如图3-1所示，由物料台、手指气缸、龙门式二维运动装置、主轴电动机、刀具以及相应的传感器、电磁阀、步进电动机及驱动器、滚珠丝杠、支架、机械零部件构成。该单元主要完成工件模拟切削加工。

步进电动机及驱动器用于驱动龙门式二维装置运动。

光电传感器用于检测物料台是否有物料，当物料台有物料时给PLC提供输入信号。

手指气缸的位置和升降气缸位置由磁性传感器检测，当磁性传感器检测到手指气缸夹紧后给PLC发出一个到位信号，当磁性传感器检测到升降气缸准确到位后给PLC发出一个到位信号。

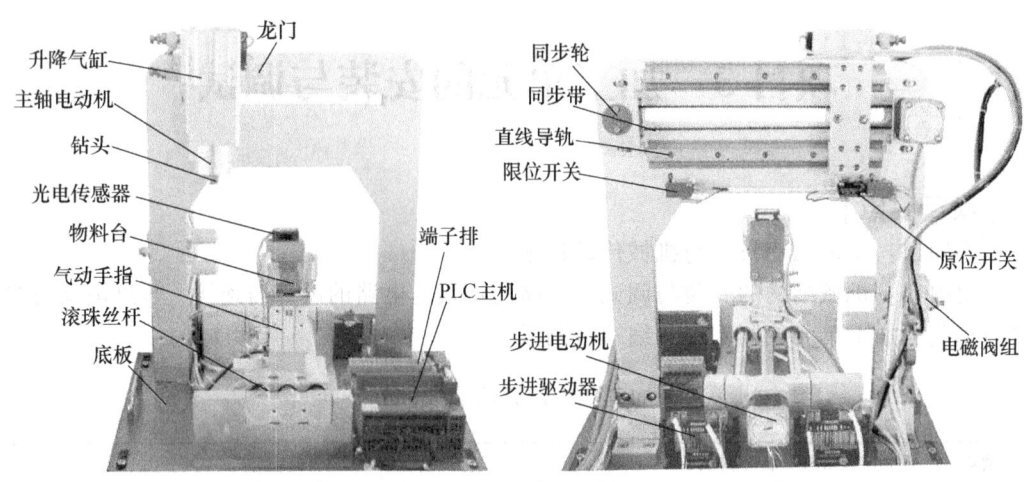

图 3-1 加工单元结构图

$X$ 轴和 $Y$ 轴装有六个行程开关,其中两个给 PLC 提供两轴的原点信号,另外四个为限位开关,用于硬件保护。当任何一轴运行过头,碰到限位开关时断开步进电动机控制信号公共端。

手指气缸、升降气缸均用二位五通的带手控开关的单控电磁阀控制,两个单控电磁阀集中安装在带有消声器的汇流板上。当手指气缸电磁阀得电,手指气缸夹紧工件。当升降气动电磁阀得电,气缸伸出,带动主轴电动机上下运动。

滚珠丝杠用于带动手指气缸沿 $Y$ 轴移动,并实现精确定位。

同步轮、同步带用于带动主轴沿 $X$ 轴移动,并实现精确定位。

端子排用于连接 PLC 输入、输出端口与各传感器和电磁阀。

加工单元主要的元件及作用见表 3-1。

表 3-1 加工单元主要元件及作用表

| 序号 | 元件 | 作用 | 型号 |
|---|---|---|---|
| 1 | PLC 主机 | 系统动作的控制 | FX2N—16MT |
| 2 | 步进电动机 | 驱动龙门式二维装置运动 | 42J1834—810 |
| 3 | 步进驱动器 | | M415B |
| 4 | 光电传感器 | 物料有无检测 | E3Z—LS61 |
| 5 | 磁性传感器 1 | 手指气缸位置检测 | D—Z73 |
| 6 | 磁性传感器 2 | 升降气缸位置检测 | D—A73 |
| 7 | 行程开关 | 其中两个给 PLC 提供两轴的原点信号,另外四个用于硬件保护 | RV—165—1C25 |
| 8 | 电磁阀 | 控制气缸动作 | SY5120 |
| 9 | 手指气缸 | 夹紧工件 | MHZ2—20D |
| 10 | 升降气缸 | 带动主轴电动机上下运动 | CDQ2B50—20 |
| 11 | 主轴电动机 | 驱动模拟钻头 | |
| 12 | 滚珠丝杠 | 带动手指气缸沿 $Y$ 轴移动 | |
| 13 | 同步轮、同步带 | 带动主轴沿 $X$ 轴移动 | |
| 14 | 端子排 | 连接 PLC 端口与 I/O 设备 | |

### 3.1.2 PLC原理图和端子接线图

加工单元选用三菱可编程序控制器,型号为FX2N—16MT。加工单元的复位信号、启动信号、停止信号和急停信号由连接在搬运单元的按钮/指示灯模块上的按钮、开关通过三菱N:N通信网络给出。PLC原理图如图3-2所示。

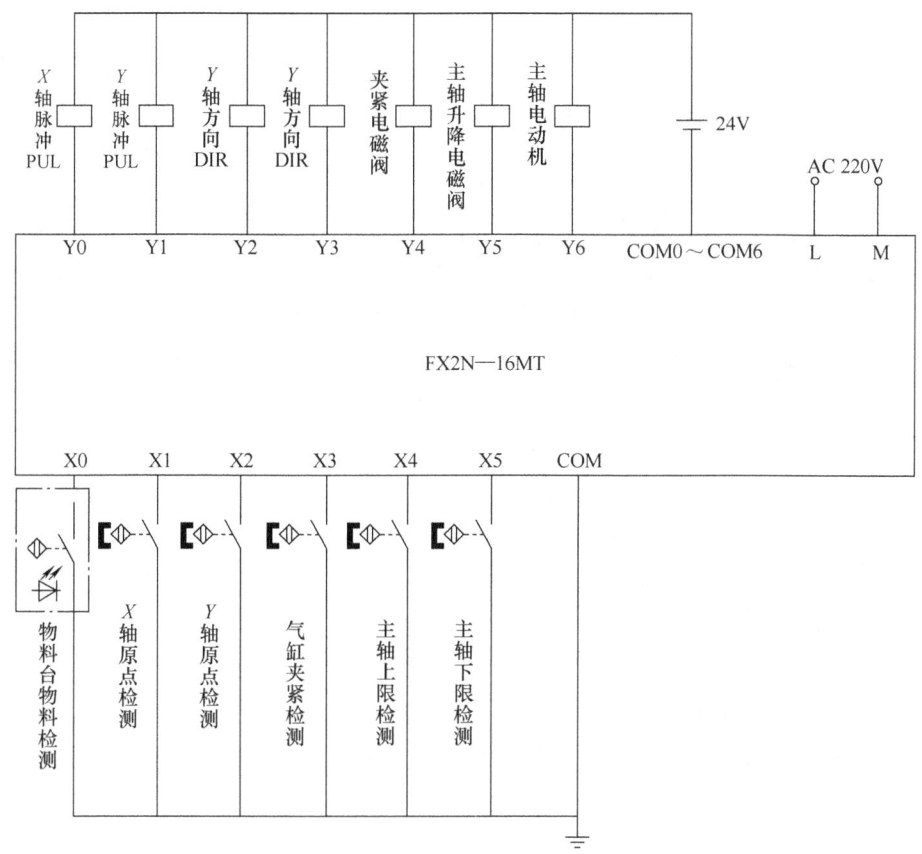

图3-2 加工单元PLC原理图

加工单元的端子接线如图3-3所示。

说明：
(1) 光电传感器引出线 棕色接"24V"电源,蓝色接"0V",黑色接PLC输入。
(2) 磁性传感器引出线 蓝色接"0V",棕色接PLC输入。
(3) 电磁阀引出线 红色接"24V",黑色接PLC输出。

### 3.1.3 气动控制原理

气动控制系统是本工作单元的执行机构,该执行机构的逻辑控制功能是由PLC实现的。气动控制的工作原理如图3-4所示。1B、2B1、2B2为安装在气缸的极限工作位置的磁性传感器。1Y1、2Y1为控制气缸的电磁阀。

### 3.1.4 加工单元单站运行工艺流程

该单元主要完成对工件的切削加工过程。系统启动,加工单元接收到复位信号后进行初始状态检查并复位,复位完成后接收到启动信号,物料台的物料检测传感器检测到工件,手指气缸夹紧工件,二维运动装置开始动作,主轴下降并起动电动机,模拟切削加工。切削加

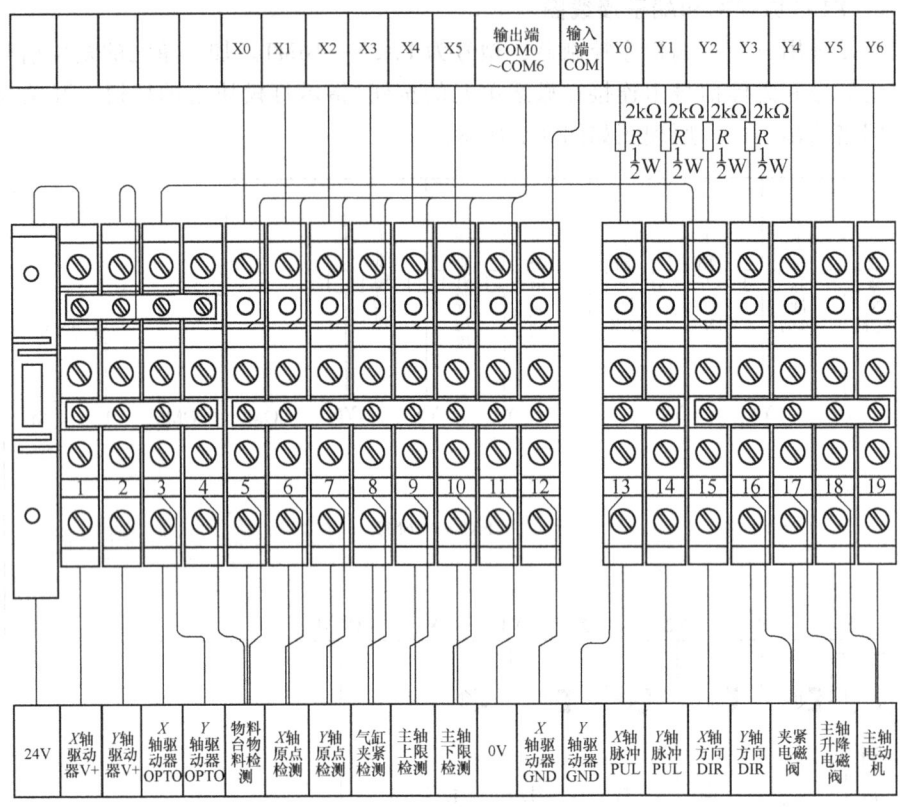

图 3-3 加工单元端子接线图

工完成后,主轴电动机提升并停止,二维运动装置回零点,加工完成。待取走工件后,操作结束,等待下一次待加工工件。若接收到停止信号,则在完成本次循环后停止工作。若接收到急停信号,则立即停止。

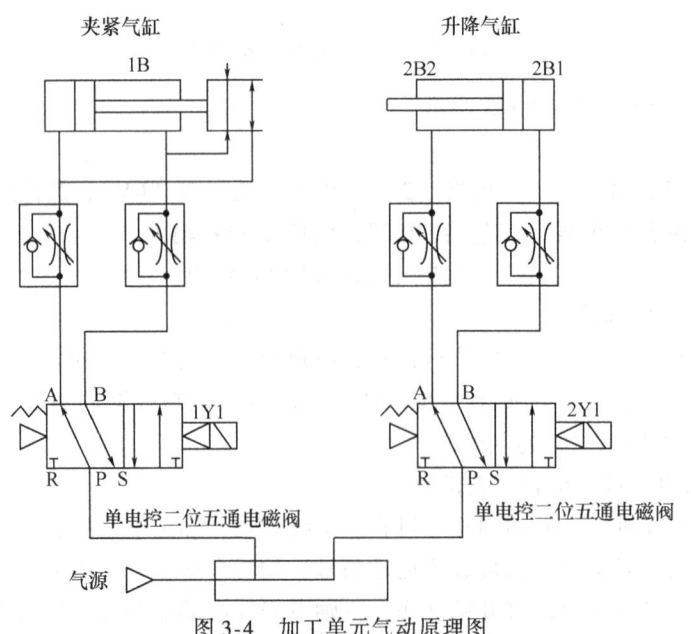

图 3-4 加工单元气动原理图

## 3.2 核心知识

### 3.2.1 步进电动机驱动技术

步进电动机作为执行元件，是机电一体化的关键产品之一，广泛应用在各种自动化控制系统中。随着微电子和计算机技术的发展，步进电动机的需求量与日俱增，在各个国民经济领域都有应用。

步进电动机是一种将电脉冲转化为角位移的执行机构。当步进驱动器接收到一个脉冲信号，它就驱动步进电动机按设定的方向转动一个固定的角度（称为"步距角"），它的旋转是以固定的角度一步一步运行的。可以通过控制脉冲个数来控制角位移量，从而达到准确定位的目的；同时可以通过控制脉冲频率来控制电动机转动的速度和加速度，从而达到调速的目的。步进电动机可以作为一种控制用的特种电动机，利用其没有累积误差的特点，广泛应用于各种开环控制。

现在比较常用的步进电动机包括反应式步进电动机（VR）、永磁式步进电动机（PM）、混合式步进电动机（HB）和单相式步进电动机等。

永磁式步进电动机一般为两相，转矩和体积较小，步距角一般为 $7.5°$ 或 $15°$；

反应式步进电动机一般为三相，可实现大转矩输出，步距角一般为 $1.5°$，但噪声和振动都很大。反应式步进电动机的转子磁路由软磁材料制成，定子上有多相励磁绕组，利用磁导的变化产生转矩。

混合式步进电动机是指混合了永磁式和反应式的优点。它又分为两相和五相，两相步距角一般为 $1.8°$ 而五相步距角一般为 $0.72°$。这种步进电动机的应用最为广泛。

1. 步进电动机的一些基本参数

（1）电动机固有步距角　它表示控制系统每发一个步进脉冲信号，电动机所转动的角度。电动机出厂时给出了一个步距角的值，如 86BYG250A 型电动机给出的值为 $0.9°/1.8°$（表示半步工作时为 $0.9°$，整步工作时为 $1.8°$），这个步距角可以称之为"电动机固有步距角"，由步进电动机的硬件结构决定。它不一定是电动机实际工作时的真正步距角，实际步距角与驱动器有关。

（2）步进电动机的相数　它是指电动机内部的绕组组数，目前常用的有两相、三相、四相、五相步进电动机。电动机相数不同，其步距角也不同，一般两相电动机的步距角为 $0.9°/1.8°$，三相的为 $0.75°/1.5°$，五相的为 $0.36°/0.72°$。在没有细分驱动器时，用户主要靠选择不同相数的步进电动机来满足加工的要求。如果使用细分驱动器，则用户只需在驱动器上改变细分数，就可以改变步距角。

（3）保持转矩（Holding Torque）　它是指步进电动机通电但没有转动时，定子锁住转子的力矩。它是步进电动机最重要的参数之一，通常步进电动机在低速时的转矩接近保持转矩。由于步进电动机的输出转矩随速度的增大而不断衰减，输出功率也随速度的增大而变化，所以保持转矩就成为了衡量步进电动机最重要的参数之一。例如，当人们说 $2N·m$ 的步进电动机，在没有特殊说明的情况下是指保持转矩为 $2N·m$ 的步进电动机。

（4）Detent Torque　它是指步进电动机没有通电的情况下，定子锁住转子的力矩。Detent Torque 在国内没有统一的翻译方式，在此保持英文原词。由于反应式步进电动机的转子不是永磁材料，所以它没有 Detent Torque。

步进电动机的一些特点：

1)一般步进电动机的误差为步距角的 3%~5%,且不累积。

2)步进电动机温度过高时,首先会使电动机的磁性材料退磁,从而导致力矩下降乃至于失步,因此电动机外表允许的最高温度应取决于不同电动机磁性材料的退磁点。一般来讲,磁性材料的退磁点都在 130℃ 以上,有的甚至高达 200℃ 以上,所以步进电动机外表温度在 80~90℃ 完全正常。

3)步进电动机的力矩会随转速的升高而下降。当步进电动机转动时,电动机各相绕组的电感将形成一个反向电动势;频率越高,反向电动势越大。在它的作用下,电动机随频率(或速度)的增大而相电流减小,从而导致力矩下降。

4)步进电动机低速时可以正常运转,若高于一定速度就无法启动,并伴有啸叫声。

步进电动机有一个技术参数,空载启动频率,即步进电动机在空载情况下能够正常启动的脉冲频率,如果脉冲频率高于该值,电动机不能正常启动,可能发生丢步或堵转。在有负载的情况下,启动频率应更低。如果要使电动机达到高速转动,脉冲频率应该有加速过程,即启动频率较低,然后按一定加速度升到所希望的高频(电动机转速从低速升到高速)。

常见的步进电动机驱动器及步进电动机如图 3-5、图 3-6 所示。

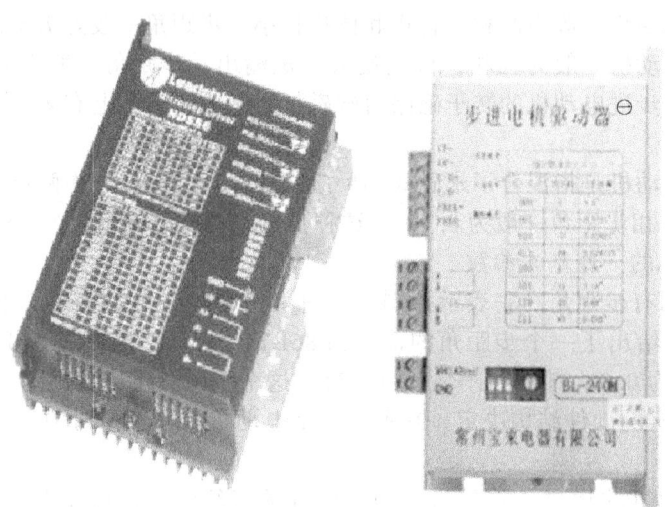

图 3-5 各种形式的步进驱动器

2. THJDAL—2 自动线加工单元用步进电动机及控制

(1)步进电动机及驱动器 加工单元使用的步进电动机为 42J1834-810,为两相步进电动机,固有步距角 0.9°/1.8°,步进电动机驱动器为 M415B。

在驱动器的侧面连接端子中间有六位 SW 功能设置开关,用于设定电流和细分参数。加工单元的 X 轴、Y 轴驱动器电流都设定为 0.84A,细分设定为 16,见表 3-2。

图 3-6 各种形式的步进电动机

---

㊀ 在 GB/T 2900.25—2008 中规定步进电机为步进电动机。

表 3-2 步进驱动器 M415B 跨接线设置

| 序号 | SW1 | SW2 | SW3 | 电流/A | SW4 | SW5 | SW6 | 细分 |
|---|---|---|---|---|---|---|---|---|
| 1 | OFF | ON | ON | 0.21 | ON | ON | ON | 1 |
| 2 | ON | OFF | ON | 0.42 | OFF | ON | ON | 2 |
| 3 | OFF | OFF | ON | 0.63 | ON | OFF | ON | 4 |
| 4 | ON | ON | OFF | 0.84 | OFF | OFF | ON | 8 |
| 5 | OFF | ON | OFF | 1.05 | ON | ON | OFF | 16 |
| 6 | ON | OFF | OFF | 1.26 | OFF | ON | OFF | 32 |
| 7 | OFF | OFF | OFF | 1.50 | ON | OFF | OFF | 64 |

步进电动机、驱动器和 PLC 接线图如图 3-7 所示。

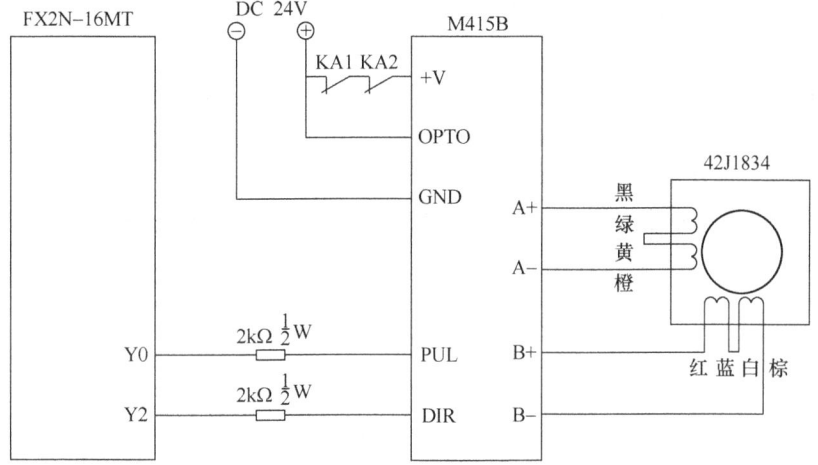

图 3-7 步进电动机、驱动器和 PLC 接线图

（2）PLC 对步进电动机的控制 晶体管型输出的 FX2N 系列 PLC CPU 单元支持高速脉冲输出功能，但高速脉冲输出仅限于 Y000 和 Y001 点。

为了与 FX2N 脉冲输出端匹配，应在脉冲输出端（Y000 或 Y011）与电源正极间并联虚拟电阻。同时，步进电动机驱动器的细分开关应设置较低值（如 5000 步/r）。

对加工单元步进电动机的控制主要是返回原点和定位控制，可以使用 FX2N 的脉冲输出指令 FNC57（PLSY）和带加减速的脉冲输出指令 FNC59（PLSR）实现。

1）脉冲输出指令 FNC57。PLSY 指令的功能是以指定的频率产生定量脉冲。指令格式如图 3-8 所示。

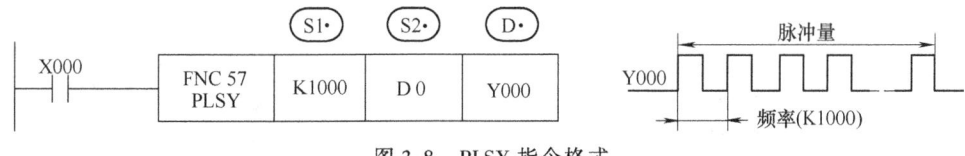

图 3-8 PLSY 指令格式

其中：

[S1·]——指定频率，对于 FX2N，范围为 2~100000Hz。

[S2·]——指定产生脉冲的数目。允许设定的脉冲数的范围为 16 位指令可设 1~32767 个脉冲，32 位指令可设 1~2147483647 个脉冲。若指定脉冲数为"0"，则产生的脉冲个数不限定，即不断发脉冲。若用（D）PLSY 指令，则脉冲数用（D0，D1）来指定。

[D·]——指定脉冲输出的 Y 地址号（仅限于 Y000 或 Y001）。

编程 PLSY 指令时，需注意如下几点：

① 脉冲的占空比为 50%，输出控制不受扫描周期的影响，采用中断方式处理。

② 在指令执行过程中，若更改 [S1·] 指定的字软元件内容，输出频率也随之改变。若变更 [S2·] 指定的字软元件内容后，将从下一个指令驱动开始执行变更内容。若 X000 变为 OFF，则脉冲输出停止，X000 再设置为 ON 时，脉冲再次输出，但脉冲数从头开始计算。

③ 设定的脉冲数输出完成后，完成标志 M8029 置"1"，当 PLSY 指令从 ON 变为 OFF 时，M8029 复位。

④ PLSY 指令可以在程序中反复使用，但是在设计驱动指令时序时，需注意避免同时驱动产生双重绕组输出，即不能在一次程序执行周期中出现两次及以上对同一输出端口的脉冲输出驱动。另外，两次驱动之间的时间间隔也应予注意。

2) 带加减速的脉冲输出指令 FNC59。PLSR 是带加减速功能的定尺寸传送用的脉冲输出指令。指令格式如图 3-9 所示。

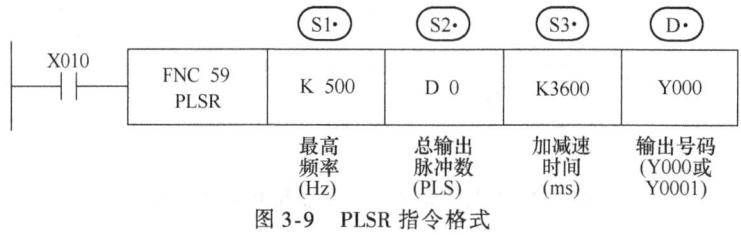

图 3-9  PLSR 指令格式

指令执行时，针对 [S1·] 指定的最高频率进行加速，在达到指定的脉冲数后，进行定减速，如图 3-10 所示，其中还标明了各操作数的含义和取值范围。

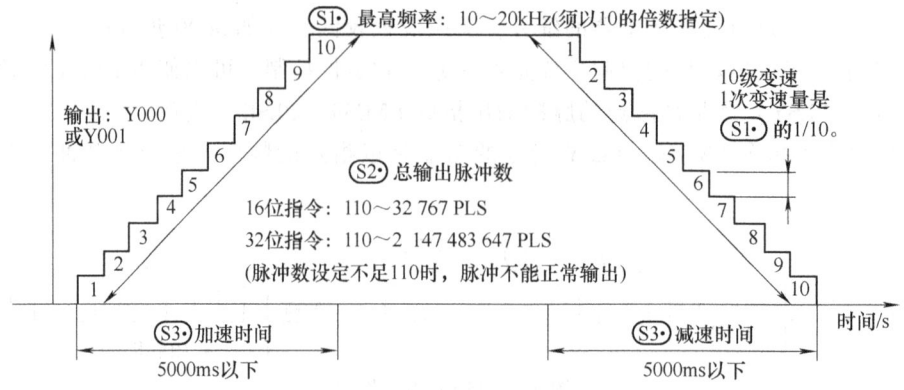

图 3-10  PLSR 的脉冲输出图

编程 PLSR 指令时需注意的问题与编程 PLSY 指令类似，但在执行中修改任一个操作数，运转都不会反应，变更内容从下一个指令驱动才有效。

此外，在编程 PLSR 指令时还要注意各操作数的相互配合：

① 加减速时的变速级数固定在 10 级，故一次变速量是最高频率的 1/10。因此设定最高频率时应考虑在步进电动机不失步的范围内。

② 加减速时间至少不小于 PLC 的扫描时间最大值（D8012 值）的 10 倍，否则加减速各级时间不均等。

3. 知识技能训练

设置加工单元步进电动机驱动器参数，并按照控制要求，编写步进电动机的控制程序，调试程序，达到控制要求，观察电动机的速度变化。

1) 设置功能开关 SW1~SW3，使加工单元的两台步进电动机输出电流设定为 0.84A。
2) 设置功能开关 SW4~SW6，使细分设定为 32。
3) 接通驱动器电源，确认驱动器面板的信号灯显示正常。
4) 编写步进电动机驱动程序并下载至 PLC，实现以下要求，观察步进电动机运行状况。
① 按下按钮模块上的 SB5 按钮，物料台电动机正转，按下 SB6 按钮，物料台电动机反转。
② 按下 SB4 按钮，钻头电动机反转，钻头复位，按下 SB5 按钮，钻头电动机正转，钻头移动 8mm 后停止。
③ 将细分改为原数值的一半，观察电动机运行是否有变化。

### 3.2.2 机械传动技术

机电一体化系统的机械系统是由计算机信息网络协调与控制的，与一般的机械系统相比，除要求具有较高的定位精度之外，还应具有良好的动态响应特性，就是说响应要快、稳定性要好。一个典型的机电一体化系统通常由控制部件、接口电路、功率放大电路、执行元件、机械传动部件、导向支承部件，以及检测传感部件等部分组成。这里所说的机械系统，一般由减速装置、丝杠螺母副、蜗轮蜗杆副等各种线性传动部件以及连杆机构、凸轮机构等非线性传动部件，导向支承部件，旋转支承部件，轴系及架体等机构组成。为确保机械系统的传动精度和工作稳定性，通常对机械系统提出以下要求。

(1) 高精度　精度直接影响产品的质量，尤其是机电一体化产品，其技术性能、工艺水平和功能比普通的机械产品都有很大的提高，因此机电一体化机械系统的高精度是其首要的要求。如果机械系统的精度不能满足要求，则无论机电一体化产品其他系统工作怎样精确，也无法完成其预定的机械操作。

(2) 快速响应性　即要求机械系统从接到指令到开始执行指定的任务之间的时间间隔短，这样控制系统才能及时根据机械系统的运行状态信息，下达指令，使其准确地完成任务。

(3) 良好的稳定性　即要求机械系统的工作性能不受外界环境的影响，抗干扰能力强。

此外还要求机械系统具有较高的刚度，良好的耐磨、减摩性和可靠性，消振好、噪声低，以及重量轻、体积小、寿命长。

下面介绍几种典型的机械传动装置。

1. 同步带传动

同步带传动是由一根内周表面设有等间距齿形的环形带与具有相应齿形的带轮相啮合组成的传动机构。同步带传动早在 1900 年已有人研究并多次提出专利，但其实用化却是在第二次世界大战以后。由于同步带是一种兼有链、齿轮和 V 带优点的传动零件，随着二次大战后工业的发展而得到重视，于 1940 年由美国尤尼罗尔（Uniroyal）橡胶公司首先加以开发。1946 年辛加公司把同步带用于缝纫机针和缠线管的同步传动上，取得显著效益，并被逐渐引用到其他机械传动上。同步带传动的开发和应用，至今仅 70 多年，但在各方面已取得迅速进展。

同步带传动如图 3-11 所示，其常见的分类如下。

（1）按用途分

1）一般工业用同步带传动，即梯形齿同步带传动。它主要用于中、小功率的同步带传动，如各种仪器、计算机、轻工机械中均采用这种同步带传动。

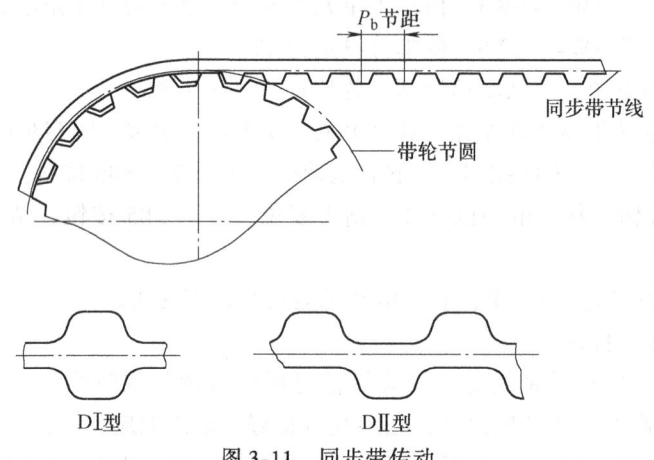

图 3-11　同步带传动

2）高转矩同步带传动，又称 HTD 传动带（High Torque Drive）或 STPD 带传动（Super Torque Positive Drive）。由于其齿形呈圆弧状，在我国通称为圆弧齿同步带传动。它主要用于重型机械的传动中，如运输机械（飞机、汽车）、石油机械和机床、发电机等的传动。加工单元和搬运单元使用的均为此类型同步带。

3）特种规格的同步带传动，这是根据某种机器特殊需要而采用的特种规格同步带传动，如工业缝纫机用的、汽车发动机用的同步带传动。

4）特殊用途的同步带传动，即为适应特殊工作环境制造的同步带。

（2）按规格制度分

1）模数制，即同步带主要参数是模数 $m$（与齿轮相同），根据不同的模数数值来确定带的型号及结构参数。在 20 世纪 60 年代该种规格制度曾应用于日、意、苏等国，后随国际交流的需要，各国同步带规格制度逐渐统一到节距制。

2）节距制，即同步带的主要参数是带齿节距，按节距大小不同，相应带、轮有不同的结构尺寸。同步带截面形状如图 3-12 所示。

由于节距制来源于英、美，其计量单位为英制或经换算的米制单位。

3）DIN 米制节距，DIN 米制节距是德国同步带传动国家标准制定的规格制度。其主要参数为齿节距，但标准节距数值不同于 ISO 节距制，计量单位为米制。在我国，由于德国进口设备较多，故 DIN 米制节距同步带在我国也有应用。

随着人们对齿形应力分布的解析，开发出了传递功率更大的圆弧齿（图 3-13b），紧接着人们根据渐开线的展成运动，又开发出了与渐开线相近似的多圆弧齿形，使带齿和带轮能

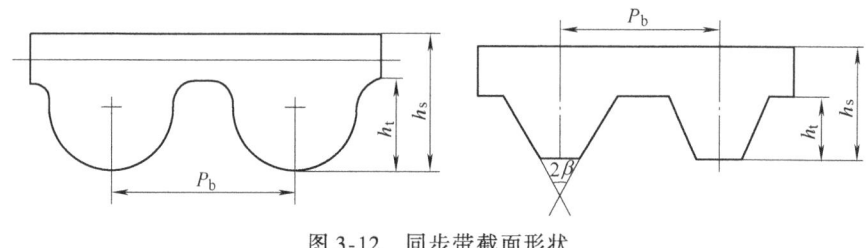

图 3-12 同步带截面形状

$P_b$—节距　$h_t$—齿高　$h_s$—带高

更好地啮合（图 3-13c），使得同步带传动啮合性能和传动性能得到进一步优化，且传动变得更平稳、精确、噪声更小。

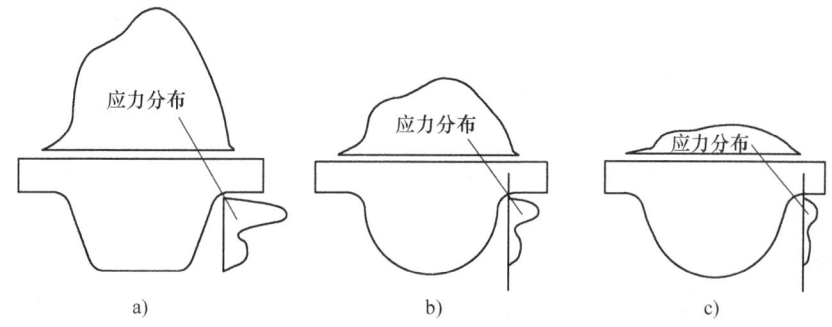

图 3-13 同步带齿形的变迁

a）梯形齿　b）圆弧齿　c）近似渐开线齿

同步带传动结合了链传动与带传动的特点，具有众多优点，具体如下。

1）工作时无滑动，有准确的传动比。同步带传动是一种啮合传动，虽然同步带是弹性体，但由于承受负载的承载绳具有在拉力作用下不伸长的特性，故能保持同步带的节距不变，使带与轮齿槽能正确啮合，实现无滑差的同步传动，获得精确的传动比。

2）传动效率高，节能效果好。由于同步带作无滑动的同步传动，故有较高的传动效率，一般可达 0.98。它与 V 带传动相比，有明显的节能效果。

3）传动比范围大，结构紧凑。同步带传动的传动比一般可达到 10 左右，而且在大传动比情况下，其结构比 V 带传动紧凑。因为同步带传动是啮合传动，其带轮直径比依靠摩擦力来传递动力的 V 带带轮要小得多，此外由于同步带不需要大的张紧力，使带轮轴和轴承的尺寸都可减小。所以与 V 带传动相比，在同样的传动比下，同步带传动具有较紧凑的结构。

4）可用于长距离传动，中心距可达 10m 以上。

5）维护保养方便，运转费用低。由于同步带中承载绳采用伸长率很小的玻璃纤维、钢丝等材料制成，故在运转过程中带伸长很小，不需要像 V 带、链传动等需经常调整张紧力。此外，同步带在运转中也不需要任何润滑，所以维护保养很方便，运转费用比 V 带、链、齿轮要低得多。

6）恶劣环境条件下仍能正常工作。

尽管同步带传动与其他传动相比有以上优点，但它对安装时的中心距等方面的要求极其严格，同时制造工艺复杂、制造成本高。

同步带一般由芯绳、带齿、带背和包布组成，其结构如图 3-14 所示。工业用同步带带轮及截面形状如图 3-15、图 3-16 所示。

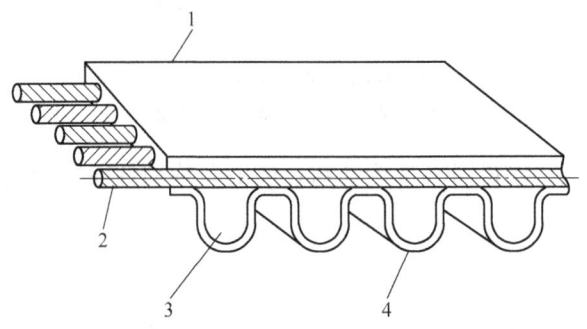

图 3-14　同步带结构

1—带背　2—芯绳　3—带齿　4—包布

我国同步带型号及标记方法分别可根据国标 GB 11616—1989、GB/T 13487—2002 查得。

**2. 齿轮传动**

设计机电一体化齿轮传动系统，主要是研究它的动力学特性，从而获得高精度、高稳定性、高速性、高可靠性和低噪声的齿轮传动系统。

（1）最佳总传动比　首先把传动系统中的工作负载、惯性负载和摩擦负载综合为系统的总负载，方法有：

1）峰值综合。若各种负载为非随机性负载，将各负载的峰值取代数和。

图 3-15　常用同步带轮结构

2）均方根综合。若各种负载为随机性负载，取各负载的均方根。

负载综合时，要转化到电动机轴上，成为等效峰值综合负载转矩或等效均方根综合负载转矩。使等效负载转矩最小或负载加速度最大的总传动比，即为最佳总传动比。

（2）总传动比分配　齿轮系统的总传动比确定后，根据对传动链的技术要求，选择传动方案，使驱动部件和负载之间的转矩、转速达到合理匹配。若总传动比较大，又不准备采用谐波、少齿差等传动，需要确定传动级数，并在各级之间分配传动比。单级传动比增大使传动系统简化，但大齿轮的尺寸增大会使整个传动系统的轮廓尺寸变大。可按下述三种原则适当分级，并在各级之间分配传动比。

1）最小等效转动惯量原则。

2）重量最轻原则。

3）输出轴转角误差最小原则。

综上所述，设计定轴齿轮传动系统，在确定总传动比、确定传动级数和分配传动比时，要根据系统的工作条件和功能要求，在考虑上述三个原则的同时，考虑其可行性和经济性，合理分配传动比。

**3. 谐波齿轮传动**

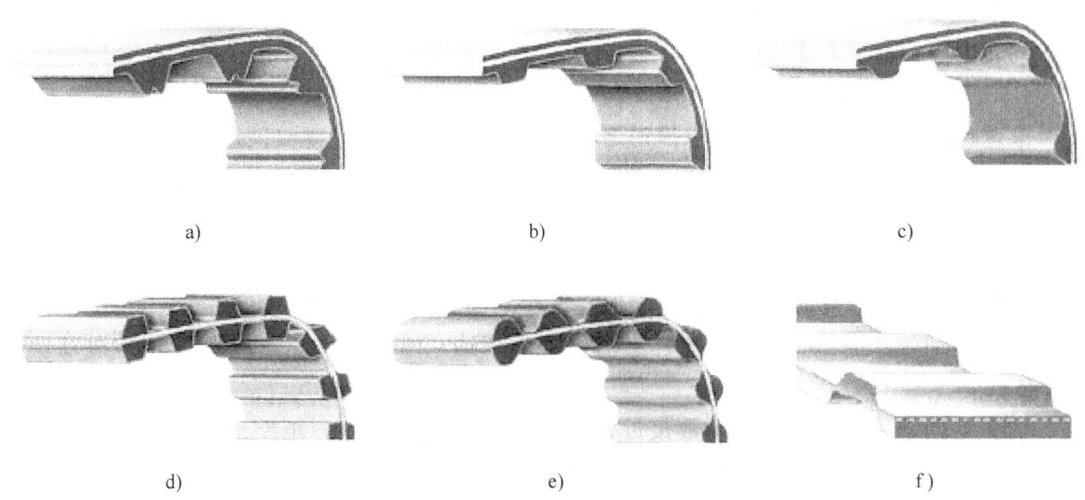

图 3-16 常用同步带结构
a) RPP 同步带　b) 梯形齿同步带　c) 圆弧齿同步带
d) 梯形齿双面同步带　e) 圆弧齿双面同步带　f) 交错双面齿同步带

谐波齿轮传动具有结构简单、传动比大（几十～几百）、传动精度高、回程误差小、噪声低、传动平稳、承载能力强、效率高等优点，故在工业机器人、航空、火箭等机电一体化系统中日益得到广泛的应用。

谐波传动是建立在弹性变形理论基础上的一种新型传动，它的出现为机械传动技术带来了重大突破。图 3-17 所示为谐波齿轮传动的示意图。它由三个主要构件组成，即具有内齿的钢轮 1、具有外齿的柔轮 2 和波发生器 3。这三个构件和少齿差行星传动中的太阳轮、行星轮和系杆相当。通常波发生器为主动件，而刚轮和柔轮之一为从动件，另一个为固定件。当波发生器装入柔轮内孔时，由于前者的总长度略大于后者的内孔直径，故柔轮变为椭圆形，于是在椭圆的长轴两端产生了柔轮与刚轮轮齿的两个局部啮合区；同时在椭圆短轴两端，两轮轮齿则完全脱开。至于其余各处，则视柔轮回转方向的不同，或处于啮合状态，或处于非啮合状态。当波发生器连续转动时，柔轮长、短轴的位置不断变化，从而使轮齿的啮合处和脱开处也随之不断变化，于是在柔轮与刚轮之间就产生了相对位移，从而传递运动。

在波发生器转动一周期间，柔轮上一点变形的循环次数与波发生器上的凸起部位数是一致的，称为波数。常用的有两波和三波两种。为了有利于柔轮的力平衡和防止轮齿干涉，刚轮和柔轮的齿数差应等于波发生器波数（即波发生器上的滚轮数）的整倍数，通常取为等于波数。

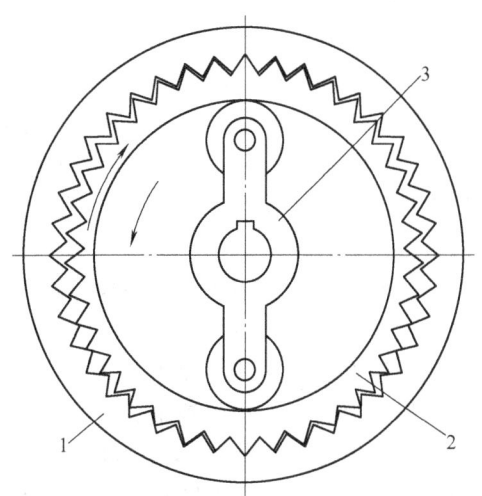

图 3-17 谐波齿轮啮合原理
1—钢轮　2—柔轮　3—波发生器

由于在谐波齿轮传动过程中,柔轮与刚轮的啮合过程与行星齿轮传动类似,故其传动比可按周转轮系的计算方法求得。

4. 滚珠螺旋传动

滚珠螺旋传动是在丝杠和螺母滚道之间放入适量的滚珠,使螺纹间产生滚动摩擦。丝杠转动时,带动滚珠沿螺纹滚道滚动。螺母上设有反向器,与螺纹滚道构成滚珠的循环通道。为了在滚珠与滚道之间形成无间隙甚至有过盈配合,可设置预紧装置。为延长工作寿命,可设置润滑件和密封件。

滚珠螺旋传动与滑动螺旋传动或其他直线运动副相比,有下列特点。

(1) 传动效率高　一般滚珠丝杠副的传动效率达90%～95%,耗费能量仅为滑动丝杠的1/3。

(2) 运动平稳　滚动摩擦系数接近常数,启动与工作摩擦力矩差别很小。启动时无冲击,预紧后可消除间隙产生过盈,提高接触刚度和传动精度。

(3) 工作寿命长　滚珠丝杠螺母副的摩擦表面硬度高(58～62HRC)且精度高,具有较长的工作寿命和精度保持性。寿命约为滑动丝杠副的4～10倍以上。

(4) 定位精度和重复定位精度高　由于滚珠丝杠副摩擦小、温升小、无爬行、无间隙,通过预紧进行预拉伸以补偿热膨胀。因此可达到较高的定位精度和重复定位精度。

(5) 同步性好　用几套相同的滚珠丝杠副同时传动几个相同的运动部件,可得到较好的同步运动。

(6) 可靠性高　润滑密封装置结构简单,维修方便。

(7) 不能自锁　用于垂直传动时,必须在系统中附加自锁或制动装置。

(8) 制造工艺复杂　滚珠丝杠和螺母等零件加工精度、表面粗糙度要求高,故制造成本较高。

滚珠丝杠副工作原理与结构如图3-18所示。丝杠和螺母的螺纹滚道间装有承载滚珠,当丝杠或螺母转动时,滚珠沿螺纹滚道滚动,则丝杠与螺母之间相对运动时产生滚动摩擦,为防止滚珠从滚道中滚出,在螺母的螺旋槽两端设有回程引导装置,它们与螺纹滚道形成循环回路,使滚珠在螺母滚道内循环。

滚珠丝杠副中滚珠的循环方式有内循环和外循环两种。

(1) 内循环　内循环方式的滚珠在循环过程中始终与丝杠表面保持接触,在螺母的侧面孔内装有接通相邻滚道的反向器,利用反向器引导滚珠越过丝杠的螺纹顶部进入相邻滚道,形成一个循环回路。

图3-18　滚珠丝杠副工作原理与结构

一般在同一螺母上装有2～4个滚珠用反向器,并沿螺母圆周均匀分布。内循环方式的优点是滚珠循环的回路短、流畅性好、效率高、螺母的径向尺寸也较小。其不足之处是反向器加工困难、装配调整也不方便。

(2) 外循环　外循环方式中的滚珠在循环反向时,离开丝杠螺纹滚道,在螺母体内或体外作循环运动。从结构上看,外循环有以下三种形式,即螺旋槽式、插管式和端盖式。图

3-19为端盖式循环和插管循环原理图。由于滚珠丝杠副的应用越来越广,对其研究也更深入,为了提高其承载能力,开发出了新型的滚珠循环方式(UHD)(图3-20b),为了提高回转精度,一种无螺母的丝杠副(图3-20c)被研制成功。

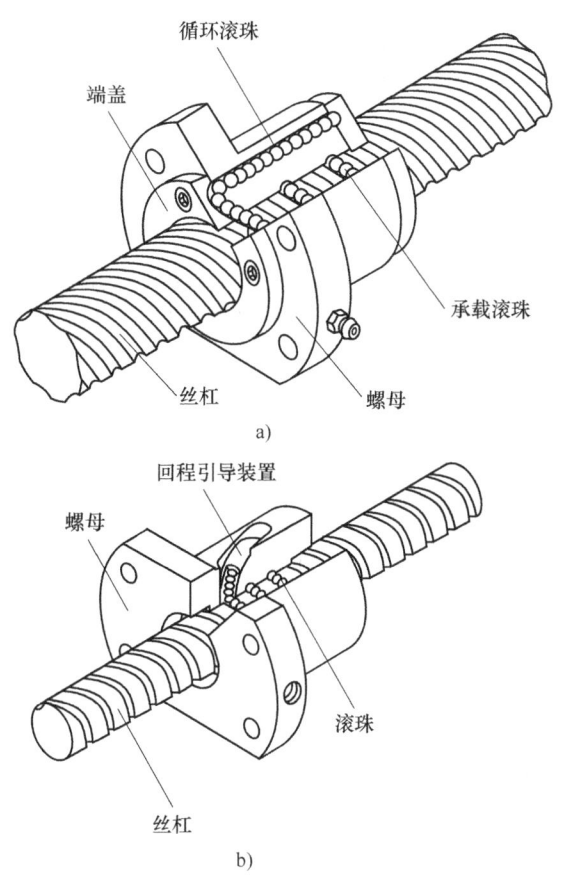

图 3-19　丝杠螺母结构
a) 端盖循环　b) 插管循环

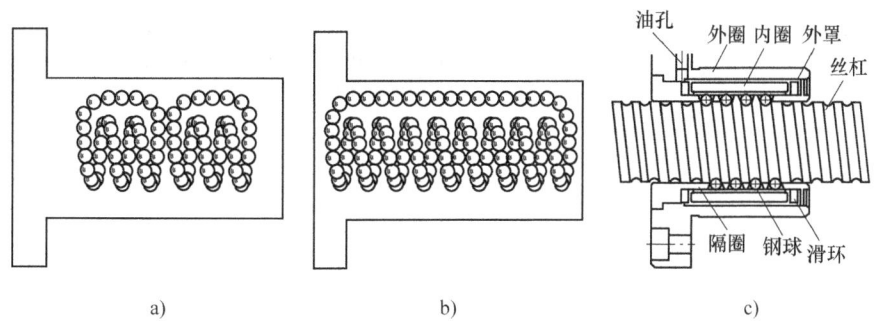

图 3-20　滚珠的排列方式和新型丝杠螺母结构
a) 通用方式　b) UHD方式　c) 新型"螺母"

## 3.3 加工单元安装与调试项目实施

### 3.3.1 加工单元资讯单（表3-3）

表3-3 加工单元资讯单

| 姓名 | | 组号 | | 班级/学号 | | 工作时间 | |
|---|---|---|---|---|---|---|---|
| 元件认知 ||||||||
| 元件名称 | 外 观 图 |||| 相 关 问 题 |||
| 行程开关 | | | | | ①其电气符号怎么画？②怎么进行电气接线？③在本单元中起到什么作用 |||
| 同步带轮 | | | | | ①本单元同步带轮的齿数和齿距是多少？②带轮旋转一周,刀具移动多少距离 |||
| 滚珠丝杠副 | | | | | ①滚珠丝杠副在本单元起到什么作用？②其导程为多少 |||
| 两相步进电动机 | | | | | ①其工作原理是什么？②电动机参数(电流、转矩) |||
| 步进电动机驱动器 | | | | | ①驱动器细分倍数为16的含义是什么？此时步进电动机旋转一周需要多少个脉冲？若细分倍数改为8,步进电动机的速度是增还是减？③电流设置的大小对驱动步进电动机有什么影响 |||
| FX2N—16MT | | | | | ①该PLC型号的含义是什么？②为什么本单元选用该型号的PLC |||

## 3.3.2 加工单元安装与调试计划单（表3-4）

表3-4 加工单元安装与调试计划单

| 加工单元工艺流程熟悉 | |
|---|---|
| 观察教师操作样机，掌握加工单元工作过程 | □是　□否 |
| 工艺流程描述 | |
|  | |

| 制订工作计划<br>（小组讨论、咨询教师、将下述文件填写完整） | |
|---|---|
| 加工单元设备安装 | （分工情况，安装顺序、注意点、需要的设备工具等） |
| 气路连接与调试 | （分工情况，连接顺序、注意点、需要的设备工具等） |
| 电路原理及接线 | （分工情况，安装顺序、注意点、需要的设备工具等） |
| 步进电动机参数设置与调试 | （分工情况，安装顺序、注意点、需要的设备工具等） |
| 程序编写与调试 | （分工情况，编程思路、注意点、需要的设备工具等） |
| 整体调试 | （分工情况，调试步骤、注意点、需要的设备工具等） |

### 3.3.3 加工单元各项任务实施单（表3-5～表3-10）

表3-5 任务一 加工单元机械结构安装实施单

| 项目计划已与教师沟通,可以实施 | □是　□否 |
|---|---|
| 任务一 加工单元机械结构安装 ||
| 训练目标 | 将加工单元的机械部分拆开成组件和零件的形式,然后再组装成原样。着重掌握机械设备的安装、调整方法与技巧 |
| 安装要求 | 正确完成装配,满足机构动作要求,无紧固件松动 |
| 装配注意事项 | 1）装配前,应分析结构组成,认真思考。先装组件,再进行总装<br>2）安装铝合金框架结构时,注意结构件与底板牢固连接<br>3）预留螺栓的放置一定要足够,以免造成组件之间不能完成安装<br>4）光电传感器和磁性传感器的安装位置以准确反应出动作为准<br>5）建议先进行装配,但不要一次拧紧各固定螺栓,待相互位置基本确定后,再依次进行调整固定<br>6）应确保同步带和滚珠丝杠副移动顺畅,无卡涩现象 |
| 结构安装过程记录 |  |
| 实施过程中遇到的问题与对策 ||
| 遇到的问题 | 对策 |
|  |  |
| 总　　结 ||

## 项目3 加工单元的安装与调试

表 3-6 任务二 加工单元气动原理图的绘制与气路连接实施单

| 任务一已完成,经教师认可进行下一项目 | □是 □否 |
|---|---|

| 任务二 加工单元气动原理图的绘制与气路连接 ||
|---|---|
| 训练目标 | 通过气动原理图的绘制与气路的连接,掌握常用气动元器件的功用,具有正确读懂气动原理图的能力,能正确连接气路 |
| 连接要求 | 完整、正确连接气路,无漏气现象,气管排布均匀美观 |
| 注意事项 | 1)气体汇流板与电磁阀组的连接要求密封良好,无漏气现象<br>2)气管一定要在快速接头中插紧,不能有漏气现象<br>3)气路气管在连接走向时,应按序排布,均匀美观,不能出现交叉、打折、凌乱现象,所有外露气管用尼龙扎带进行绑扎,松紧程度以不使气管变形为宜<br>4)调整出气口节流阀的开度控制气缸的伸出速度,要求伸出、缩回平稳 |
| 绘制气动原理图 | 在图 3-21 所示的图纸中绘制加工单元气动原理图,气动符号使用规范 |
| 气路连接过程记录 |  |

| 实施过程中遇到的问题与对策 ||
|---|---|
| 遇到的问题 | 对策 |
|  |  |

| 总 结 |
|---|
|  |

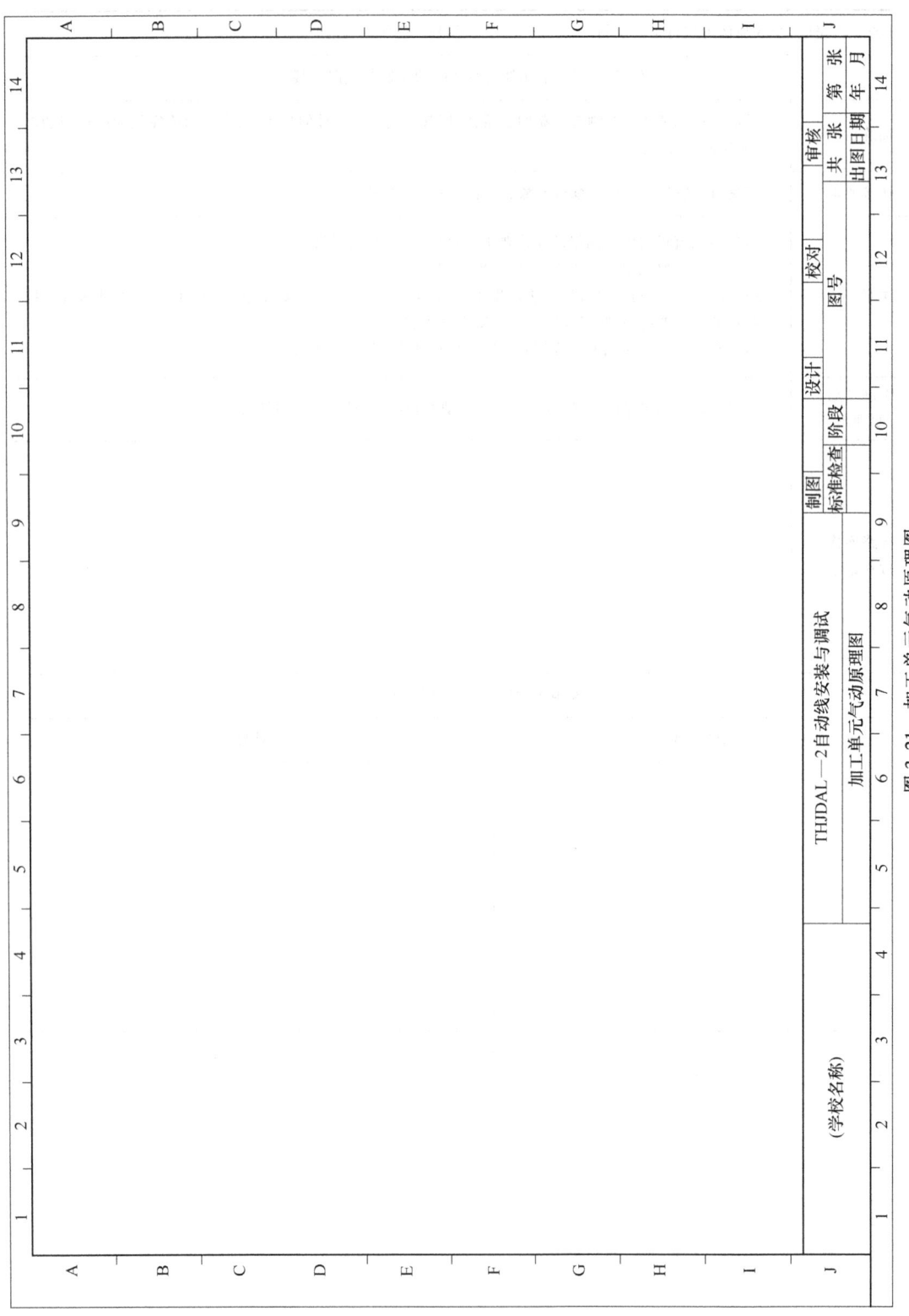

图 3-21 加工单元气动原理图

## 项目3 加工单元的安装与调试

**表 3-7 任务三 加工单元电气原理图的设计、电气电路的连接实施单**

| 任务二已完成,经教师认可进行下一项目 | □是 □否 |
|---|---|
| 任务三 加工单元电气原理图的设计、电气电路的连接 | |
| 训练目标 | 能够设计加工单元的电气原理图,使用电气符号规范,电气电路连接符合标准 |
| 连接要求 | 正确连接电路,连接可靠,无松动,布线美观 |
| 注意事项 | 1)PLC 的 AC220V 电源需单独供给,不能接入端子排,更不可与 DC24V 电源混淆<br>2)导线线端应该作冷压针型端子处理<br>3)导线在端子上的压接以用手稍用力外拉而不松动为宜<br>4)导线走向应该平顺有序,用尼龙扎带进行绑扎 |
| 绘制电气原理图 | 在图 3-22 所示的图纸中绘制电气原理图,电气符号使用规范,I/O 分配正确、合理 |
| 电气路连接过程记录 | |

### 实施过程中遇到的问题与对策

| 遇到的问题 | 对策 |
|---|---|
| | |

### 总 结

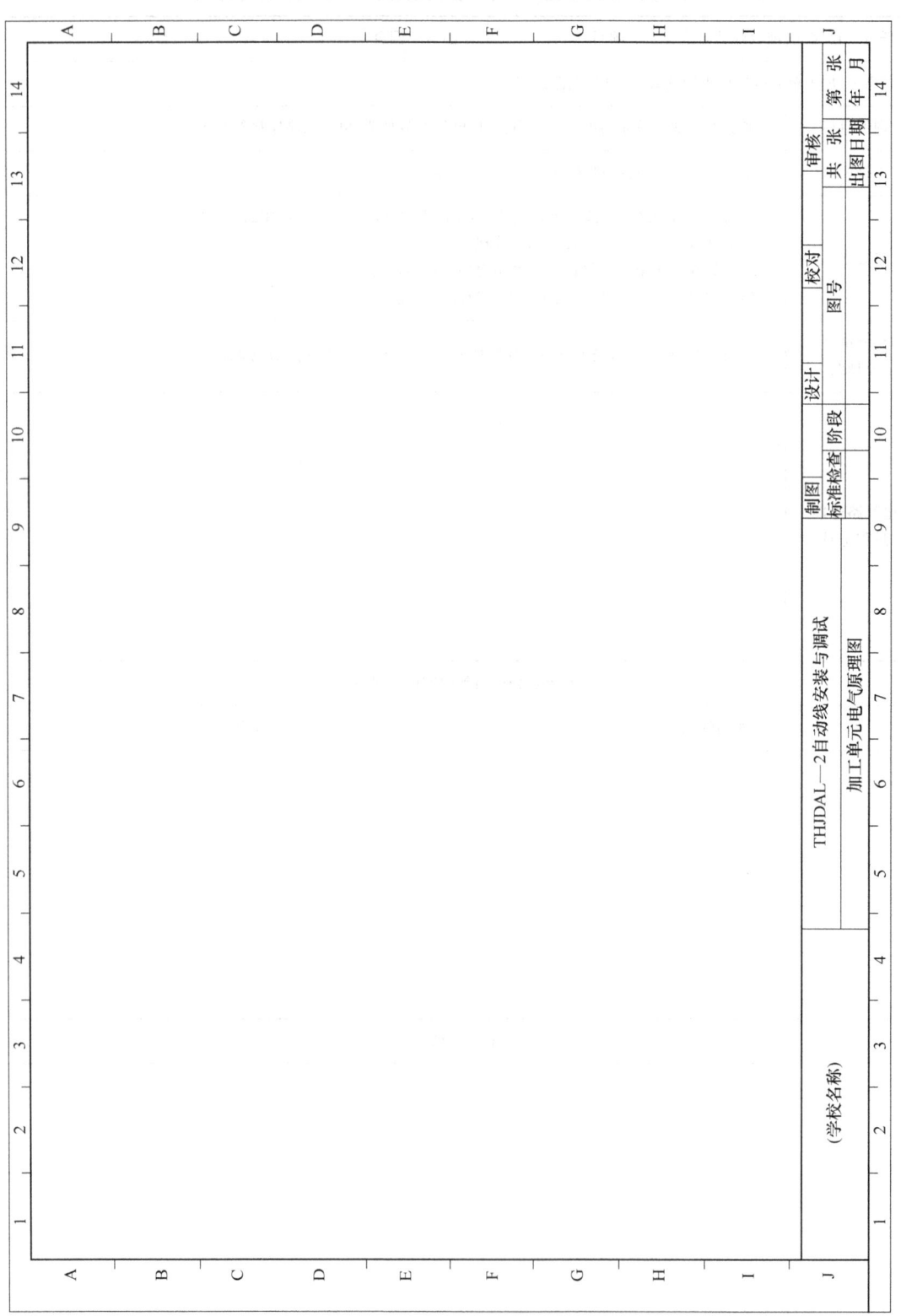

图 3-22 加工单元电气原理图

## 项目3 加工单元的安装与调试

**表 3-8 任务四 步进电动机参数设置与调试实施单**

| 任务三已完成,经教师认可进行下一项目 | □是  □否 |
|---|---|

| 任务四 步进电动机参数设置与调试 ||
|---|---|
| 训练目标 | 熟练掌握步进电动机驱动器的设置与调试 |
| 操作步骤 | 1)设置功能开关,使加工单元的两台步进电动机输出电流设定为0.84A<br>2)设置功能开关,使细分设定为32<br>3)接通驱动器电源,确认驱动器面板的信号灯显示正常<br>4)编写步进电动机驱动程序并下载至PLC,实现以下要求,观察步进电动机运行状况<br>①按下按钮模块上的SB5按钮,物料台电动机正转,按下SB6按钮,物料台电动机反转<br>②按下SB4按钮,钻头电动机反转,钻头复位,按下SB5按钮,钻头电动机正转,钻头移动8mm后停止<br>③将细分改为原数值的一半,观察电动机运行是否有变化 |
| 步进电动机参数设置与调试过程记录 | |

| 实施过程中遇到的问题与对策 ||
|---|---|
| 遇到的问题 | 对策 |
|  |  |

| 总 结 |
|---|
|  |

表 3-9 任务五 加工单元控制程序编写实施单

| 项目四已完成,经教师认可进行下一项目 | □是　□否 |
|---|---|

| 任务五 加工单元控制程序编写 | |
|---|---|
| 训练目标 | 熟练掌握 PLC 编程,能够正确编写加工单元的控制程序 |
| 控制程序编写步骤 | 1)根据加工单元功能要求,确定初始状态,写出工作流程<br>2)编写加工单元控制程序,下载至 PLC(PLC 功能图,梯形图另附图样) |
| 程序编写过程记录（步进状态转移图） | |

实施过程中遇到的问题与对策

| 遇到的问题 | 对策 |
|---|---|
|  |  |

总　结

## 项目 3 加工单元的安装与调试

**表 3-10 任务六 加工单元设备调试实施单**

| 项目五已完成,经教师认可进行下一项目 | □是 □否 |
|---|---|

| 任务六 加工单元设备调试 | |
|---|---|
| 训练要求 | 能够合理、快速地进行设备调试,掌握设备调试的一般步骤 |
| 设备调试步骤 | 1)调整气动部分,检查气路是否正确,气压是否合理,气缸的动作速度是否合理<br>2)检查磁性传感器的安装位置是否到位,磁性传感器工作是否正常<br>3)检查 I/O 接线是否正确<br>4)检查光电传感器安装是否合理,灵敏度是否合适,保证检测的可靠性<br>5)放入工件,运行程序,看加工单元动作是否满足任务要求<br>6)调试各种可能出现的情况,如在任何情况下都有可能加入工件,系统都要能可靠工作<br>7)优化程序 |
| 设备调试过程记录 | |

| 实施过程中遇到的问题与对策 ||
|---|---|
| 遇到的问题 | 对策 |
|  |  |

| 总 结 |
|---|
|  |

### 3.3.4 加工单元安装与调试评价表（表3-11）

表3-11 加工单元安装与调试评价表

| 姓名 | | 同组 | | 专业/班级 | | | | |
|---|---|---|---|---|---|---|---|---|
| 项目内容 | 考核要求 | 配分 | 评分标准 | | | 扣分 | 自评 | 互评 |
| 加工单元的安装 | 正确安装加工单元 | 20 | 装配未完成，扣8分 | | | | | |
| | | | 装配完成，但不符合机械装配工艺要求，每处扣2分，最多扣10分 | | | | | |
| 加工单元气路装配 | 正确安装加工单元气路 | 15 | 气路连接未完成或有错，每处扣2分，最多扣6分 | | | | | |
| | | | 气路连接有漏气现象，每处扣2分，最多扣4分 | | | | | |
| | | | 气缸节流阀调整不当，每处扣1分，最多扣2分 | | | | | |
| | | | 气管没有绑扎或气路连接凌乱，扣3分 | | | | | |
| 电气原理图及电路连接工艺 | 正确绘制电气原理图 电气原理图符号规范 | 20 | 制图草率，徒手画图，扣8分；电气原理图符号不规范，每处扣2分，最多6分；两项最多扣8分 | | | | | |
| | | | 端子连接错误，每处扣1分，最多扣4分 | | | | | |
| | | | 插针压接不牢或超过2根导线，每处扣1分，最多扣4分 | | | | | |
| | | | 电路接线没有绑扎或电路接线凌乱，扣4分 | | | | | |
| 步进电动机的参数设置与调试 | 正确设置步进电动机参数 | 15 | 未将驱动器输出电流设置为0.84A，扣5分 | | | | | |
| | | | 未按要求设置细分，扣4分 | | | | | |
| | | | 测试程序未调试完成，扣6分 | | | | | |
| 加工单元程序调试 | 程序调试成功 | 20 | 无法完成复位，扣4分 | | | | | |
| | | | 系统无法启动，扣4分 | | | | | |
| | | | 钻头定位不准，扣4分 | | | | | |
| | | | 零件夹紧及定位不当，扣4分 | | | | | |
| | | | 不能按照控制要求发出"加工完成"的信号，扣4分 | | | | | |
| 职业素养与安全 | | 10 | 现场操作安全保护符合安全操作规程；工具摆放、包装物品、导线线头等的处理符合职业岗位的要求；团队合作既有分工又有合作，配合紧密；遵守纪律，爱惜设备和器材，保持工位的整洁 | | | | | |

## 3.4 项目拓展

### 3.4.1 机电控制系统

"控制（Control）"这一词，如今已相当广泛地应用在各行各业，如温度控制、微机控制、人口控制等。所谓控制，其定义是为达到某种目的，对某一对象施加所需的操作。含有"调节、调整"，"管理、监督"，"运用、操作"等意思。

在上述定义中所说的对象，是指物体、机器、过程或经济、社会现象等一般广泛的系统，称为被控对象。对于想实现控制的目标量，如电动机的转速、储水容器的水位、液压缸中活塞的位置、炉内温度等称为控制量，而把所希望的转速、水位、位置、温度等称为目标值或参据量。

根据产生控制作用的主体的不同，控制可分为手动控制和自动控制。由人本身通过判断和操作进行的控制称为手动控制。例如，汽车的驾驶，驾驶人为到达目的地，需要根据路况和车况不断地操纵方向盘；又如人的行走、抓放物品等行为也都可称为手动控制。所谓自动控制，是指在没有人直接参与的情况下，利用外加的设备或装置（称控制装置或控制器）使机器、设备或生产过程的某个工作状态或参数自动地按照预定的规律运行。

自动控制技术在现代科学技术的许多领域中起着越来越重要的作用，例如，数控车床按照预定程序自动地切削工件，化学反应炉的温度或压力自动地维持恒定，雷达和计算机组成的导弹发射和制导系统自动地将导弹引导到敌方目标，无人驾驶飞机按照预定航线自动升降和飞行，人造卫星准确地进入预定轨道运行并回收等，这一切都是以高水平的自动控制技术为前提的。

另一方面，为了实现各种复杂的控制任务，首先要将被控对象和控制装置按照一定的方式连接起来，组成一个有机总体，这就是自动控制系统。在自动控制系统中，被控对象的输出量，即被控量是需要严格加以控制的物理量，它可以要求保持为某一恒定值，如温度、压力、液位等，也可以要求按照某个给定规律运行，如飞行航线、记录曲线等。控制装置是对被控对象施加控制作用的机构的总体，它可以采用不同的原理和方式对被控对象进行控制。

自动控制理论是研究自动控制共同规律的技术科学。它的发展初期，是以反馈理论为基础的自动调节原理，并主要用于工业控制。第二次世界大战期间，为了设计和制造飞机及船用自动驾驶仪、火炮定位系统、雷达跟踪系统以及其他基于反馈原理的军用装备，而进一步促进并完善了自动控制理论的发展。到战后，已形成完整的自动控制理论体系，这就是以传递函数为基础的经典控制理论，它主要研究单输入—单输出、线性定常系统的分析和设计问题。

20世纪60年代初期，随着现代应用数学新成果的推出和电子计算机技术的应用，为适应宇航技术的发展，自动控制理论跨入了一个新阶段——现代控制理论。它主要研究具有高性能、高精度的多变量变参数系统的控制问题，采用的方法是以状态方程为基础的时域法。目前，自动控制理论还在继续发展，并且已跨越学科界限，正向以控制论、信息论、仿生学为基础的智能控制理论深入。

1. 机械与控制

有史以来，机械可以代替人类从事各种有益的工作，弥补了人类体力和能力的不足，在各个方面都给我们的生活带来了极大的帮助。从机械的发展史可看到，机械的发展和进步与控制是密不可分的。一方面，机械运转本身，广义地讲也可称为控制，只有配备一定的控制装置才可以达到某种较复杂的工作目的（尽管这种控制装置最初是通过纯机构来实现的）。另一方面，机械的广泛深入的应用，也促进了控制科学的产生和发展。例如，作为工业革命象征的蒸汽机当时主要用于各种机械驱动，为了消除蒸汽机因负载变化而对转速造成的影响，19世纪末詹姆斯·瓦特发明了离心调速器。但离心调速器在某种使用条件下，蒸汽机的转速和调速器套筒的位置依然会周期性地发生很大变化，形成异常运转状态。蒸汽机和调速器能单独地各自稳定地工作，为什么在组合的情况下就出现不稳定状态呢？这一问题促使人们展开了相关研究和探索。直到19世纪后半叶麦克斯韦提出了系统特性以及劳斯·胡尔维兹发现了系统稳定工作的条件（稳定性判据）后上述问题才得以解决，这也可以说是控制理论的开始。

生产工艺的发展对机械系统也提出了越来越高的要求,为达到工作目的,使得机械已不再是纯机械结构了,更多的是与电气、电子装置结合在一起,形成了机电控制系统。例如,一些精密机床要求加工精度达百分之几毫米,甚至几微米;重型镗床为保证加工精度和表面粗糙度,要求在极慢的稳速下进给,即要求在很宽的范围内调速;为了提高效率,由数台或数十台设备组成的生产自动线,要求统一控制和管理等。这些要求都是靠驱动装置及其控制系统和机械传动装置的有机结合来实现的。

由此也可得出机电控制和自动控制的关系:自动控制是以一般系统为对象,广泛地使用控制方法进行控制系统的理论设计;而机电控制就是应用自动控制工程学的研究结果,把机械作为控制对象,研究怎样通过采用一定的控制方法来适应对象特性变化从而达到期望的性能指标。

2. 机电控制系统的发展概况

机电控制系统的发展按所用控制器件来划分,主要经历了四个阶段:最早的机电控制系统出现在20世纪初,它仅借助于简单的接触器与继电器等控制电器,实现对被控对象的启、停以及有级调速等控制,它的控制速度慢,控制精度也较差。20世纪30年代控制系统从断续控制发展到连续控制,连续控制系统可随时检查控制对象的工作状态,并根据输出量与给定量的偏差对被控对象自动进行调整,它的快速性及控制精度都大大超过了最初的断续控制,并简化了控制系统,减少了电路中的触点,提高了可靠性,使生产效率大为提高。20世纪40~50年代出现了大功率可控水银整流器控制;时隔不久,20世纪50年代末期出现了大功率固体可控整流元件——晶闸管,很快晶闸管控制就取代了水银整流器控制,后又出现了功率晶体管控制,由于晶体管、晶闸管具有效率高、控制特性好、反应快、寿命长、可靠性高、维护容易、体积小、重量轻等优点,它的出现为机电自动控制系统开辟了新纪元。

随着数控技术的发展,计算机的应用特别是微型计算机的出现和应用,又使控制系统发展到一个新阶段——计算机数字控制,它也是一种断续控制,但是和最初的断续控制不同,它的控制间隔(采样周期)比控制对象的变化周期短得多,因此在客观上完全等效于连续控制,它把晶闸管技术与微电子技术、计算机技术紧密地结合在一起,使晶体管与晶闸管控制具有强大的生命力。20世纪70年代初,计算机数字控制系统应用于数控机床和加工中心,这不仅加强了自动化程度,而且提高了机床的通用性和加工效率,在生产上得到了广泛应用。工业机器人的诞生,为实现机械加工全面自动化创造了物质基础。20世纪80年代以来,出现了由数控机床、工业机器人、自动搬运车等组成的统一由中心计算机控制的机械加工自动线——柔性制造系统(FMS),它是实现自动化车间和自动化工厂的重要组成部分。机械制造自动化的高级阶段是走向设计和制造一体化,即利用计算机辅助设计(CAD)与计算机辅助制造(CAM)形成产品设计与制造过程的完整系统,对产品构思和设计直至装配、试验和质量管理这一全过程实现自动化,以实现制造过程的高效率、高柔性、高质量,实现计算机集成制造系统(CIMS)。

3. 机电一体化系统(产品)

机电控制技术是机电一体化系统(产品)的重要支撑技术,那么,什么是机电一体化系统(产品)呢?

"机电一体化"(Mechatronics)是各相关技术有机结合所形成的一个新概念,其中的

"Mechatronics"是 Mechanics（机械学）与 Electronics（电子学）组合而成的英语,是由日本《机械设计》杂志于1971年提出的。对于机电一体化,目前尚无公认的、统一的定义。几个较能反映机电一体化性质的定义如下。

日经产业新闻:"电子技术的电子学与机械技术的机械学相结合的技术进步的总称。"

富士通法纳克公司:"将机械学和电子学有机结合而提供的更为优越的技术。"

日本机械振兴协会经济研究所:"机电一体化乃是在机械的主功能、动力功能、信息功能和控制功能上引进微电子技术,并将机械装置与电子装置用相关软件有机结合而构成系统的总称。"

机电一体化具有"技术"和"产品"两方面的内容。机电一体化技术主要包括机电控制技术和机械设计等技术、原理,使机电一体化产品（或系统）得以实现、使用和发展;机电一体化"产品"主要是指机械系统（或部件）与以微型计算机为代表的微电子系统（或部件）相互置换或有机结合而构成的新"系统",且被赋予了新的功能和性能。

由此可见,传统的机械制造技术与控制技术和信息技术的有机结合,不仅促使生产经营模式的发展和变革,而且促进开发性能优越的、机电相结合的机械产品,创造新的制造工艺和加工手段,使系统（产品）高附加值化,即多功能、高效率、高可靠、节省能源,提高产品的质量和性能,增强企业的市场竞争力。机电一体化技术在机械制造业中的应用,大致经历了参数数显、硬件数控（NC 控制）、计算机数控（CNC 控制）、柔性生产系统（FMS）、计算机集成制造系统（CIMS）、虚拟制造系统（VMS）等过程,使加工制造技术与生产经营模式紧密结合,形成现代制造技术和系统。

4. 机电控制系统的一般构成

机电控制系统一般由8个部分组成,如图3-23所示。其中,"⊗"代表比较元件,它将测量元件检测到的被控量与输入量进行比较;"－"号表示两者符号相反,即负反馈;"＋"号表示两者符号相同,即正反馈。信号从输入端沿箭头方向到达输出端的传输通路称前向通路;系统输出量经测量元件反馈到输入端的传输通路称主反馈通路。前向通路与主反馈通路共同构成主回路。此外,还有局部反馈通路以及由它构成的内回路。只包含一个主反馈通路的系统称单回路系统;有两个或两个以上反馈通路的系统称为多回路系统。各个部分的功能和作用如下。

测量元件的职能是检测被控制的物理量,如执行机构的运动参数、加工状况等。这些参

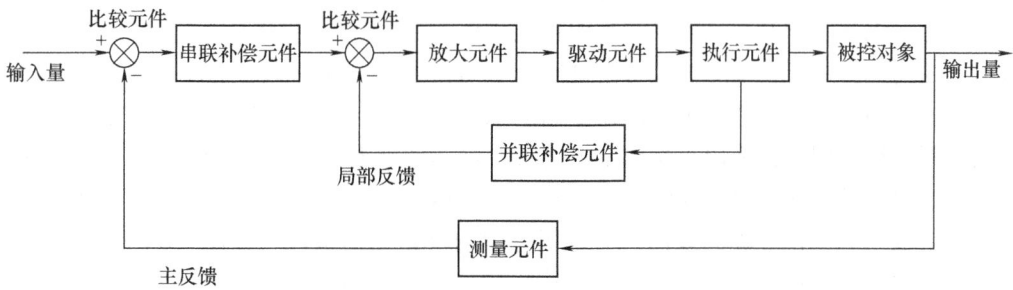

图 3-23 机电控制系统的组成框图

数通常有位移、速度、加速度、转角、压力、流量、温度等。如果这个物理量是非电量，一般再转换为电量。

比较元件的职能是把测量元件检测的被控量实际值与给定元件的输入量进行比较，求出它们之间的偏差。常用的比较元件有差动放大器、机械差动装置、电桥电路等。

放大元件的职能是将比较元件给出的偏差信号进行放大，用来推动执行元件去控制被控对象。电压偏差信号可用电子管、晶体管、集成电路、晶闸管组成的电压放大级和功率放大级加以放大。

执行元件的职能是直接推动被控对象，使其被控量发生变化，完成特定的加工任务，如零件的加工或物料的输送。执行机构直接与被加工对象接触。根据不同的用途，执行机构具有不同的工作原理、运作规律、性能参数和结构形状，如车床、铣床、送料机械手等，结构上千差万别。

驱动元件与执行机构相连接，给执行机构提供动力，并控制执行机构起动、停止和换向。驱动元件的作用是完成能量的供给和转换。用来作为执行元件的有阀、电动机、液压马达等。

补偿元件也称为校正元件，它是结构或参数便于调整的元件，用串联或反馈的方式连接在系统中，其作用是完成加工过程的控制，协调机械系统各部分的运动，具有分析、运算、实时处理功能，以改善系统的性能。最简单的校正元件是由电阻、电容组成的无源或有源网络，复杂的则用STD总线工业控制机、工业微机（PC）、单片微机等组成。

控制对象是控制系统要操纵的对象。它的输出量即为系统的被调量（或被控量），如机床、工作台、设备或生产线等。

机电控制系统各组成部分之间的连接匹配部分称为接口。接口分为两种，机械与机械之间的连接称为机械接口，电气与电气之间的连接称为接口电路。如果两个组成部分之间相匹配，则接口只起连接作用。如果不相匹配，则接口除起连接作用外，还需起某种转换作用，如连接机床主轴和电动机的减速箱，连接传感器输出信号和A-D转换器的放大电路，这些接口既起连接又起匹配的作用。

机电控制系统的基本工作原理，是操作人员将加工信息（如尺寸、形状、精度等）输入到控制计算机，计算机发出启动命令，启动驱动元件运转，带动执行机构进行加工。测量元件实时检测加工状态，将信息反馈到计算机，经计算机分析、处理后，发出相应的控制指令，实时地控制执行机构运动，如此反复进行，自动地将工件按输入的加工信息完成加工。

5. 反馈控制方式

反馈控制是机电控制系统最基本的控制方式，也是应用最广泛的一种控制系统。在反馈控制系统中，控制装置对被控对象施加的控制作用，是取自被控量的反馈信息，用来不断修正被控量的偏差，从而实现对被控对象进行控制的任务，这就是反馈控制的原理。

其实，人的一切活动都体现出反馈控制的原理，人本身就是一个具有高度复杂控制能力的反馈控制系统。例如，人用手拿取桌上的书，汽车驾驶人操纵方向盘驾驶汽车沿公路平稳行驶等，这些日常生活中习以为常的平凡动作都渗透着反馈控制的深奥原理。下面，通过解剖手从桌上取书的动作过程，透视一下它所包含的反馈控制机理。如图3-24所示，书的位置是手运动的指令信息，一般称为输入信号（或参据量）。取书时，首先人要用眼睛连续目测手相对于书的位置，并将这个信息送入大脑（称为位置反馈信息），然后由大脑判断手与书之间的距离,产生偏差信号,并根据其大小发出控制手臂移动的命令(称为控制作用或操纵量),逐渐使手与书之间的距离(即偏差)减小。只要这个偏差存在,上述过程就要反复进行,直到偏差减小为零,手便取到了书。可以看出,大脑控制手取书的过程,是一个利用偏差(手与书之间距离)产生控制作用,并不断使偏差减小直至消除的运动过程。显然,反馈控制实质上是一个按偏差进行控制的过程,因此,它也称为按偏差的控制,反馈控制原理就是按偏差控制的原理。

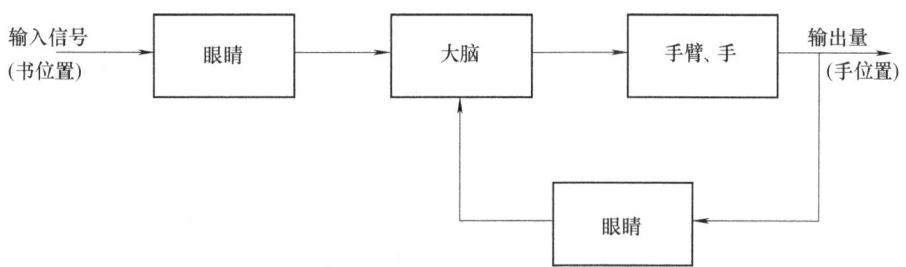

图 3-24 人取书的反馈控制系统框图

通常,把取出的输出量送回到输入端,并与输入信号相比较产生偏差信号的过程,称为反馈。若反馈的信号是与输入信号相减,使产生的偏差越来越小,则称为负反馈,反之,则称为正反馈。反馈控制就是采用负反馈并利用偏差进行控制的过程,而且,由于引入了被控量的反馈信息,整个控制过程成为闭合的,因此反馈控制也称闭环控制。其特点是不论什么原因使被控量偏离期望值而出现偏差时,必定会产生一个相应的控制作用去减小或消除这个偏差,使被控量与期望值趋于一致。可以说,按反馈控制方式组成的反馈控制系统,具有抑制任何内、外扰动对被控量产生影响的能力,有较高的控制精度。但这种系统使用的元件多,回路复杂,特别是系统的性能分析和设计也较麻烦。尽管如此,它仍是一种重要的并被广泛应用的控制方式,自动控制理论主要的研究对象就是用这种控制方式组成的系统。

采用反馈控制方式的一个例子是函数记录仪。函数记录仪是一种通用的自动记录仪,它可以在直角坐标上自动描绘两个电量的函数关系。同时,记录仪还带有走纸机构,用以描绘一个电量对时间的函数关系。

函数记录仪通常由变换器、测量元件、放大元件、伺服电动机—测速机组、齿轮系及绳轮等组成,采用负反馈控制原理工作,其原理如图 3-25 所示。系统的输入是待记录电压,被控对象是记录笔,其位移即为被控量。系统的任务是控制记录笔的位移,在记录纸上描绘出待记录的电压曲线。

在图 3-25 中,测量元件是由电位器 $R_Q$ 和 $R_M$ 组成的桥式测量电路,记录笔就固定在电位器 $R_M$ 的滑臂上,因此,测量电路的输出电压 $u_p$ 与记录笔位移成正比。当有变化的输入电压 $u_r$ 时,在放大元件输入口得到偏差电压 $\Delta u = u_r - u_p$,经放大后驱动伺服电动机,并通过齿轮系及绳轮带动记录笔移动,同时使偏差电压减小。当偏差电压 $\Delta u = 0$ 时,电动机停止转动,记录笔也静止不动。此时 $u_p = u_r$,表明记录笔位移与输入电压相对应。如果输入电压随时间连续变化,记录笔便描绘出随时间连续变化的曲线。函数记录仪结构框图如图 3-26 所示。其中,测速发电机反馈的信号是与电动机速度成正比的电压,用以增加阻尼,改善系统性能。

6. 开环控制方式

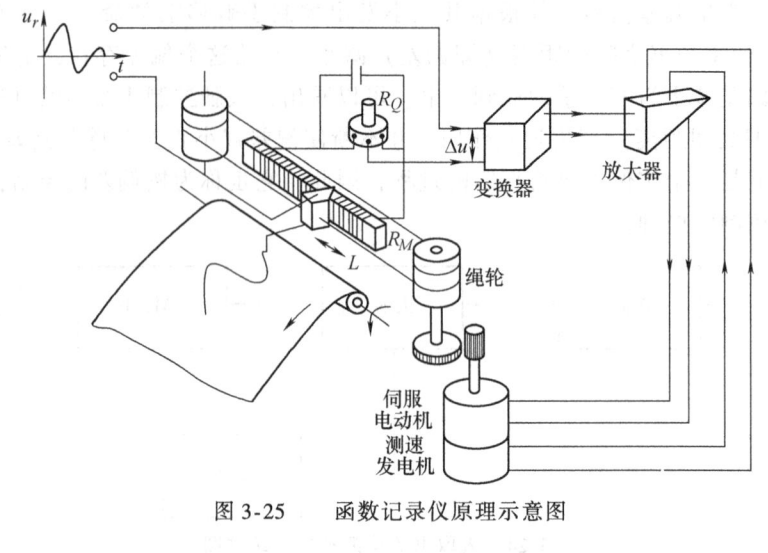

图 3-25 函数记录仪原理示意图

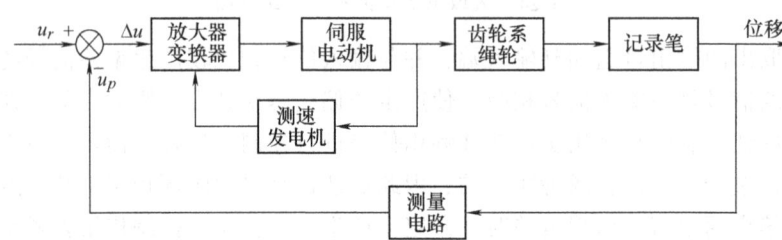

图 3-26 函数记录仪结构框图

开环控制方式是指控制装置与被控对象之间只有顺向作用而没有反向联系的控制过程，按这种方式组成的系统称为开环控制系统，其特点是系统的输出量不会对系统的控制作用发生影响。开环控制系统可以按给定量控制方式组成，也可以按扰动控制方式组成。

按给定量控制的开环控制系统，其控制作用直接由系统的输入量产生，给定一个输入量，就有一个输出量与之相对应，控制精度完全取决于所用的元件及校准的精度。因此，这种开环控制方式没有自动修正偏差的能力，抗扰动性较差，但由于其结构简单、调整方便、成本低，在精度要求不高或扰动影响较小的情况下，这种控制方式还有一定的实用价值。目前，用于国民经济各部门的一些自动化装置，如自动售货机、自动洗衣机、产品生产自动线、数控车床以及指挥交通的红绿灯的转换等，一般都是开环控制系统。

按扰动控制的开环控制系统是利用可测量的扰动量，产生一种补偿作用，以减小或抵消扰动对输出量的影响，这种控制方式也称顺馈控制或前馈控制。例如，在一般的直流速度控制系统中，转速常常随负载的增加而下降，且其转速的下降与电枢电流的变化有一定的关系。如果设法将负载引起的电流变化测量出来，并按其大小产生一个附加的控制作用，用以补偿由它引起的转速下降，就可以构成按扰动控制的开环控制系统。这种按扰动控制的开环控制方式是直接从扰动取得信息，并以此来改变被控量，其抗扰动性好，控制精度也较高，但它只适用于扰动是可测量的场合。

7. 复合控制方式

反馈控制在外扰影响出现之后才能进行修正工作，在外扰影响出现之前则不能进行修正工作。按扰动控制方式在技术上较按偏差控制方式简单，但它只适用于扰动是可测量的场合,而且一个补偿装置只能补偿一个扰动因素,对其余扰动均不起补偿作用。因此,比较合理的一种控制方式是把按偏差控制与按扰动控制结合起来,对于主要扰动采用适当的补偿装置实现按扰动控制,同时,再组成反馈控制系统实现按偏差控制,以消除其余扰动产生的偏差。这样,系统的主要扰动已被补偿,反馈控制系统就比较容易设计,控制效果也会更好。这种按偏差控制和按扰动控制相结合的控制方式称为复合控制方式。

8. 对机电控制系统的基本要求

尽管机电控制系统有不同的类型,而且每个系统也都有不同的特殊要求,但对于各类系统来说,在已知系统的结构和参数时,人们感兴趣的都是系统在某种典型输入信号下,其被控量变化的全过程。例如,对恒值控制系统是研究扰动作用引起被控量变化的全过程;对随动系统是研究被控量如何克服扰动影响并跟随参据量的变化过程。但对每一类系统中被控量变化全过程提出的基本要求都是一样的,且可以归结为稳定性、快速性和准确性,即稳、准、快的要求。

稳定性是保证控制系统正常工作的先决条件。一个稳定的控制系统,其被控量偏离期望值的初始偏差应随时间的增长逐渐减小或趋于零。具体来说,对于稳定的恒值控制系统,被控量因扰动而偏离期望值后,经过一个过渡过程的时间,被控量应恢复到原来的期望值状态;对于稳定的随动系统,被控量应能始终跟踪参据量的变化。反之,不稳定的控制系统,其被控量偏离期望值的初始偏差将随时间的增长而发散,因此,不稳定的控制系统无法实现预定的控制任务。

线性自动控制系统的稳定性是由系统结构决定的,与外界因素无关。这是因为控制系统中一般含有储能元件或惯性元件,如线圈的电感、电枢的转动惯量、电炉的热容量、物体的质量等,储能元件的能量不可能突变,因此,当系统受到扰动或有输入量时,控制过程不会立即发生,而是有一定的延缓,这就使得被控量恢复期望值或跟踪参据量有一个时间过程,称为过渡过程。例如,在反馈控制系统中,由于被控对象的惯性,会使控制动作不能及时纠正被控量的偏差,控制装置的惯性则会使偏差信号不能及时转化为控制动作。具体来说,在控制过程中,当被控量已经回到期望值而使偏差为零时,执行机构本应立即停止工作,但由于控制装置的惯性,控制动作仍继续向原来方向进行,致使被控量超过期望值又产生符号相反的偏差,导致执行机构向相反方向动作,以减小这个新的偏差;另一方面,当控制动作已经到位时,又由于被控对象的惯性,偏差并未减小为零,因而执行机构继续向原来方向进行,使被控量又产生符号相反的偏差,如此反复进行,致使被控量在期望值附近来回摆动,过渡过程呈现振荡形式。如果这个振荡过程是逐渐减弱的,系统最后可以达到平衡状态,控制目的得以实现,人们称为稳定系统;反之,如果振荡过程逐步增强,系统被控量将失控,则称为不稳定系统。

为了很好地完成控制任务,控制系统仅仅满足稳定性要求是不够的,还必须对其过渡过程的形式和快慢提出要求。例如,对高射炮射角随动系统,虽然炮身最终能跟踪目标,但如果目标移动迅速,而炮身跟踪目标所需过渡过程时间较长,就不可能击中目标;对自动驾驶仪系统,当飞机受阵风扰动而偏离预定航线时,具有自动使飞机恢复预定航线的能力,但在恢复过程中,如果机身摇晃幅度过大,或恢复速度过快,就会使乘客感到不适;又如函数记录仪记录输入电压时,如果记录笔移动很慢或摆动幅度过大,不仅使记录曲线失真,而且还会损坏记录笔,或使电器元件承受过大电压。因此,对控制系统过渡过程的时间(即快速性)和最大振荡幅度(即超调量)一般都有具体要求。

理想情况下,当过渡过程结束后,被控量达到的稳态值(即平衡状态)应与期望值一致。但实际上,由于系统结构、外作用形式以及摩擦、间隙等非线性因素的影响,被控量的稳态值与期望值之间会有误差存在,称之为稳态误差。稳态误差是衡量控制系统控制精度的重要标志,在技术指标中一般都有具体要求。

在同一机电控制系统中,准、稳、快是相互制约的。快速性好,可能会有强烈的振荡;改善稳定性,控制过程可能又减慢,精度也可能降低。这些问题是机电控制所必须解决的重要课题。基本指标以能满足用户的使用要求为度,以能加工制造出合格的工件为标准,不是越高越好,因为有时基本指标的提高,将导致投资的增加。

### 3.4.2 科技文献阅读——Work Cells

1. 设备词汇(图3-27)

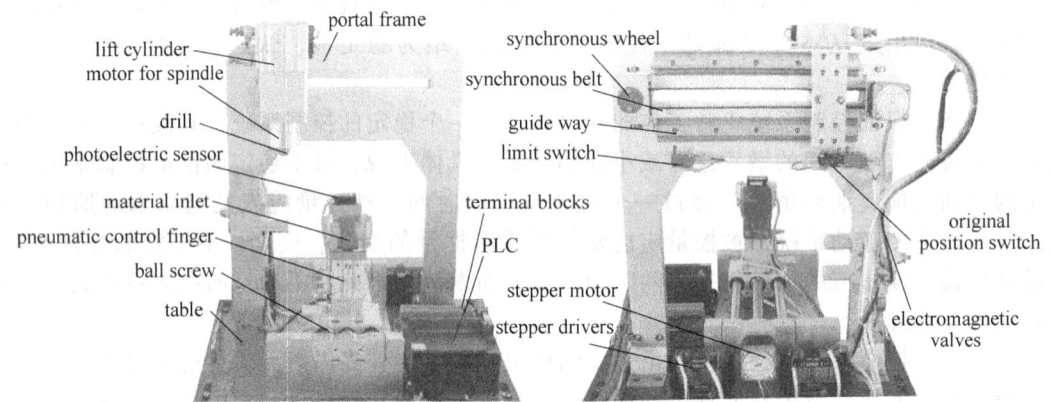

Fig. 3-27 Processing units

| Words & Phrases | |
|---|---|
| portal frame | 龙门 |
| lift cylinder | 升降气缸 |
| motor for spindle | 主轴电动机 |
| drill | 钻头 |
| photoelectric sensor | 光电传感器 |
| material inlet | 物料台 |
| pneumatic control finger | 气动手指 |
| ball screw | 滚珠丝杠 |
| table | 底板 |
| synchronous wheel | 同步轮 |
| synchronous belt | 同步带 |
| guide way | 导轨 |
| limit switch | 限位开关 |
| stepper motor | 步进电动机 |
| stepper driver | 步进驱动器 |
| original position switch | 原位开关 |
| electromagnetic valve | 电磁阀 |

## 2. 延伸阅读

### Work Cells

A work cell is an arrangement of resources in a manufacturing environment to improve the quality, speed and cost of the process. Work cells are designed to improve these by improving process flow and eliminating waste. They are based on the principles of Lean Manufacturing as described in The Machine That Changed the World by Womack, Jones and Roos.

Classical manufacturing management approaches dictate that costs be lowered by breaking the process into steps, and by ensuring that each of these steps minimizes the cost and maximizes the efficiency. This discrete approach has resulted in machines placed apart from each other to maximize the efficiency and throughput of each machine. The traditional accounting for machine capitalization is based on the number of parts produced, and this approach reinforces the idea of lowering the cost of each machine (by having them produce as many parts as possible.) Increasing the number of parts adds waste in areas such as Inventory and Transportation.

Large amounts of excess Inventory often now accumulate between the machines in the process for reasons to do with "unbalanced" line capacities and batch processing. In addition, the parts must now be transported between the machines. An increase in the number of machines involved also will reduce each worker's multi-skilling proficiency (since that would need them to learn how to operate multiple machines, and they too will need to move between those machines.)

Lean focuses on optimizing the end-to-end process as a whole. This enables a focus on the process on creating a finished product at the lowest cost (instead of lowering the cost of each step.) A common approach to achieve this is known as the work cell. Machines involved in building a product are placed next to each other to minimize transportation of both parts and people (an L-shaped desk with upper shelves is a good office example, which enables many office equipment to be within the reach of a worker). This will minimize waste both in the transportation and in the storage of excess inventory.

At first glance, lean work cells may appear to be similar to traditional work cells, but they are inherently different. For instance, lean work cells must be designed for minimal wasted motion, which refers to any unnecessary time and effort required to assemble a product. Excessive twists or turns, uncomfortable reaches or pickups, and unnecessary walking all contribute to wasted motion and may put error inducing stress upon the operator. Work cells can often be reconfigured easily to allow the adaptation of the process to fit takt time. This flexibility allows the work content to be adapted as demand or product mix changes.

Another lean approach is aimed at having flexible manufacturing through small production lot sizes since this smoothes production. Small lot sizes usually increase transportation waste, but this can be eliminated if machines are placed in a back-to-back manner in a work cell.

# 项目4 装配单元的安装与调试

## 【项目要点】

核心知识：伺服控制技术。

主要内容：机械结构的安装与调试、气路的连接、电路的设计与连接、伺服系统参数设置与调试、装配单元控制程序的编写与调试。

**装配单元工作任务单**

| 工作情境 | 装配单元的安装与调试 |
|---|---|
| 核心知识 | 伺服控制技术 |
| 任务流程 | 单元结构安装→气动系统设计、气动连接→电气设计、连接→伺服系统连线、参数设置及单轴调试→PLC编程→单元调试 |
| 任务描述 | 1. 装配单元的拆装<br>1）将装配单元的机械构件、气管、电气电路全部拆除，拆除的各个部件、管线收纳整齐<br>2）测量主要机械构件，按规范格式绘制至少三个构件的零件图<br>3）根据加工单元相关资料，重新组装装配单元<br>2. 装配单元气动原理图的设计<br>独立设计装配单元气动原理图，按图完成气路的安装及连接<br>3. 装配单元电气原理图的绘制<br>根据 PLC 接线图、端子排接线图，绘制装配单元的电气原理图，完成电气电路的布线、接线<br>4. 伺服驱动参数设置与调试<br>认识伺服电动机及伺服驱动器，能够完成伺服驱动系统的接线，进行参数设置，编写 PLC 程序实现单轴的精确位置控制<br>5. 编制装配单元 PLC 控制程序（主令信号由主站的按钮模块发出）<br>根据装配单元的工艺流程，完成 PLC 控制程序的编写，并下载至 PLC<br>6. 装配单元设备调试<br>完成装配单元电气调试、气动系统调试、PLC 程序调试，使装配单元能实现工艺流程 |

## 4.1 装配单元结构及工艺流程

### 4.1.1 装配单元结构（图 4-1）

装配单元结构如图 4-1 所示，由井式供料机构（小工件库、顶料气缸、挡料气缸）、三工位旋转工作台、平面轴承、冲压气缸、光电传感器、电感传感器、磁性传感器、电磁阀、交流伺服电动机及驱动器、警告灯、底板及机械零部件构成，主要完成工件紧合装配。装配单元主要完成以下三个动作：旋转工作台的三工位旋转、装配区的工件装配和冲压区的冲压。

伺服电动机及驱动器用于控制三工位旋转工作台，如图 4-2 所示。伺服电动机驱动器驱动伺服电动机旋转，电动机主轴通过平面轴承与三工位旋转工作台连接。

工件心轴与轴套的装配由顶料气缸和挡料气缸的配合完成，如图 4-3 所示。轴套储存在井式工件库中，需要供料时，顶料气缸伸出顶住工件库倒数第二个轴套；挡料气缸缩回，工件库中最底层的轴套在重力作用下落到待装配的心轴上，挡料气缸伸出复位，顶料气缸缩

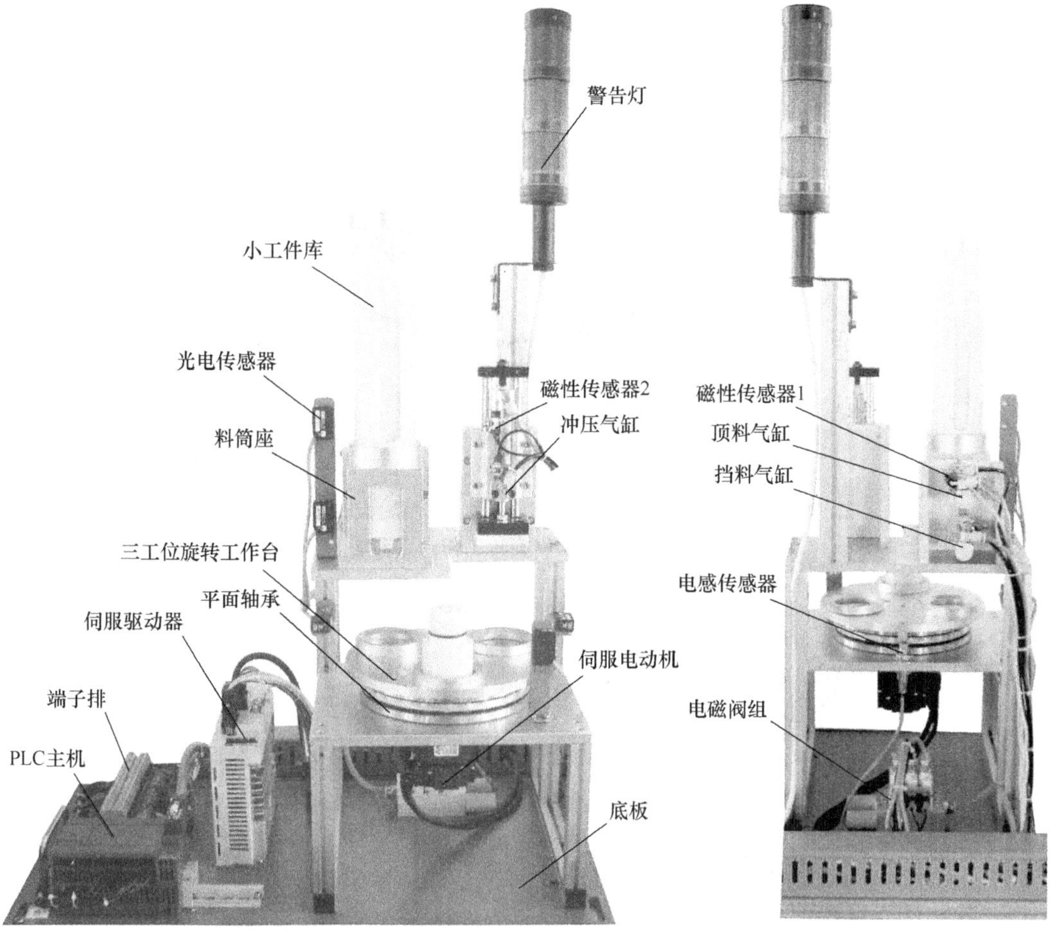

# 项目 4  装配单元的安装与调试

图 4-1  装配单元结构图

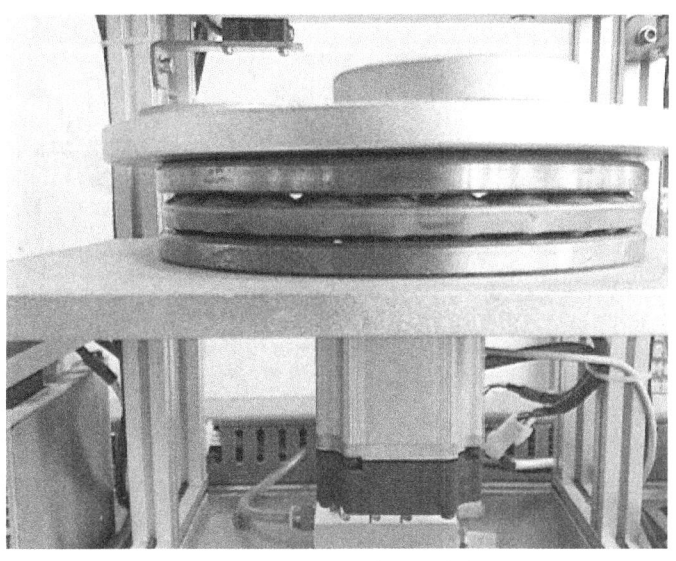

图 4-2  三工位旋转工作台

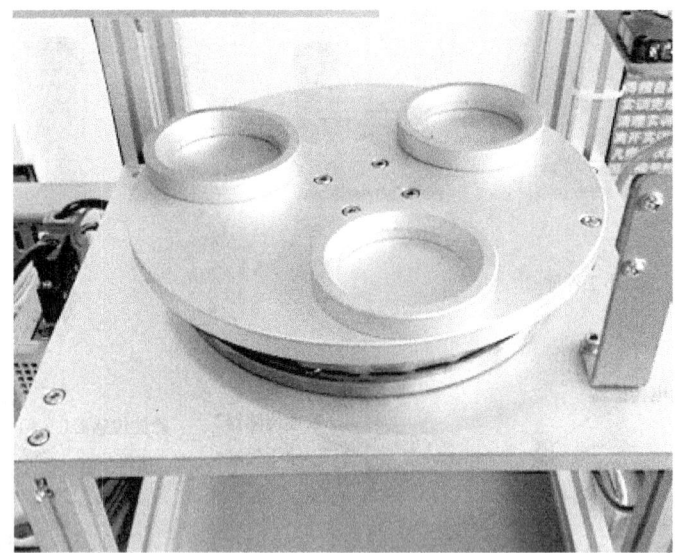

图 4-2 三工位旋转工作台（续）

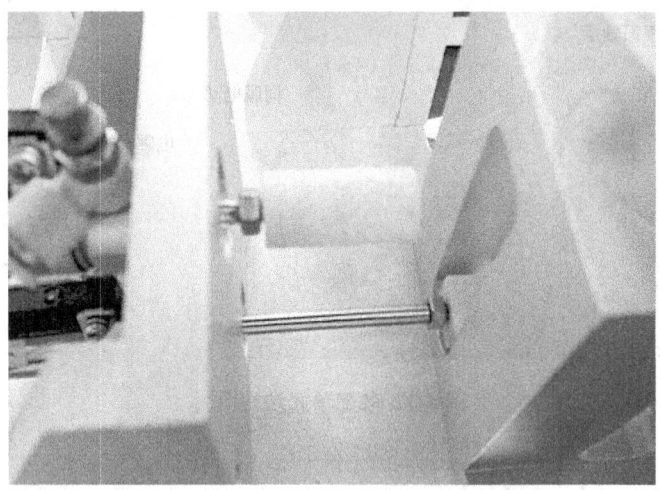

图 4-3 顶料气缸和挡料气缸

回，上层工件落到工件库底层，完成一次供料周期。

冲压区的冲压动作由冲压气缸完成，当供料完成后，工件回转到冲压区后，冲压气缸伸出，实现两工件紧合装配，如图4-4所示。

装配单元主要的元件及作用见表4-1。

表4-1 装配单元主要元件及作用表

| 序号 | 元件 | 作用 | 型号 |
|---|---|---|---|
| 1 | PLC主机 | 系统动作的控制 | FX2N—48MT |
| 2 | 伺服电动机 | 控制三工位旋转工作台 | R88M—G20030H—Z |
| 3 | 伺服驱动器 | | R7D—BP02HH—Z |
| 4 | 光电传感器 | 物料有无检测 | E3Z—LS61 |
| 5 | 电感传感器 | 工作台原点检测 | LE4—1K |
| 6 | 磁性传感器 | 气缸位置检测 | D—C73L、MT—22 |
| 7 | 电磁阀 | 控制气缸动作 | SY5120 |
| 8 | 顶料气缸 | 完成装配动作 | CDJ2B16—30 |
| 9 | 挡料气缸 | | CDJ2B16—45 |
| 10 | 冲压气缸 | 完成冲压动作 | GD16×50MT2 |
| 11 | 警告灯 | 指示系统工作状态 | |
| 12 | 端子排 | 连接PLC端口与I/O设备 | |

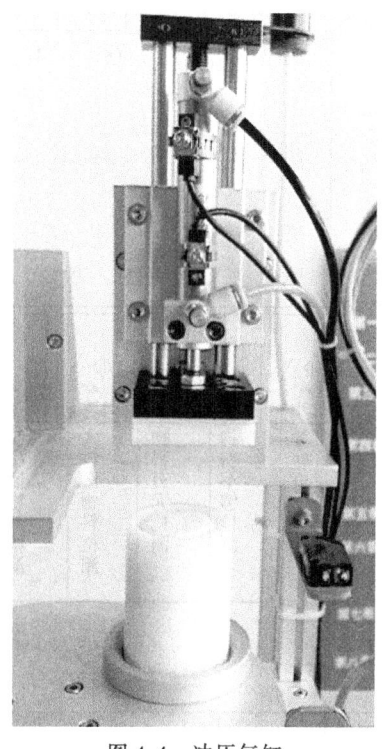

图4-4 冲压气缸

### 4.1.2 PLC原理图和端子接线图

装配单元选用三菱可编程序控制器，型号为FX2N—48MT。供料单元的复位信号、启动信号、停止信号和急停信号均由连接在搬运单元的按钮/指示灯模块上的按钮、开关通过三菱N:N通信网络给出。PLC原理图如图4-5所示。

装配单元的端子接线如图4-6所示。

说明：

(1) 光电传感器引出线 棕色接"24V"电源，蓝色接"0V"，黑色接PLC输入。

(2) 电感传感器 棕色接"24V"电源，蓝色接"0V"，黑色接PLC输入。

(3) 磁性传感器引出线 蓝色接"0V"，棕色接PLC输入。

(4) 电磁阀引出线 红色接"24V"，黑色接PLC输出。

(5) 警告灯 黄绿线接公共端"24V"，黑色线、蓝色线和棕色线分别接PLC输出端口。

### 4.1.3 气动控制原理

气动控制系统是装配单元的执行机构，该执行机构的逻辑控制功能是由PLC实现的。图4-7是装配单元的气动原理图。

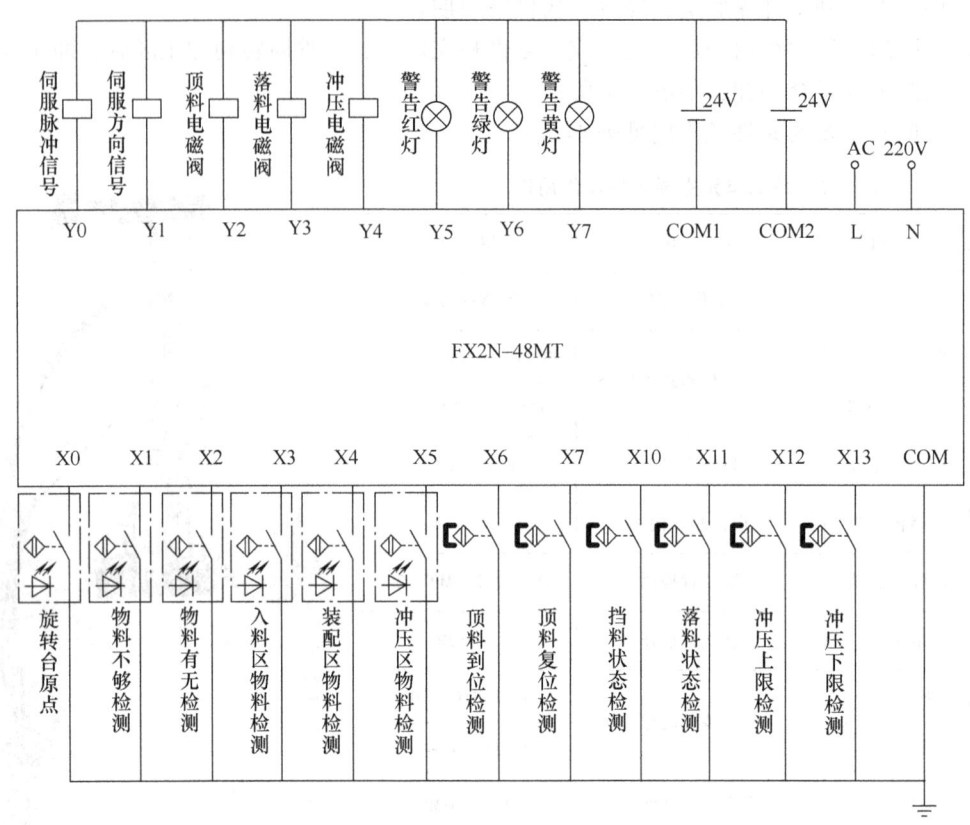

图 4-5 装配单元 PLC 原理图

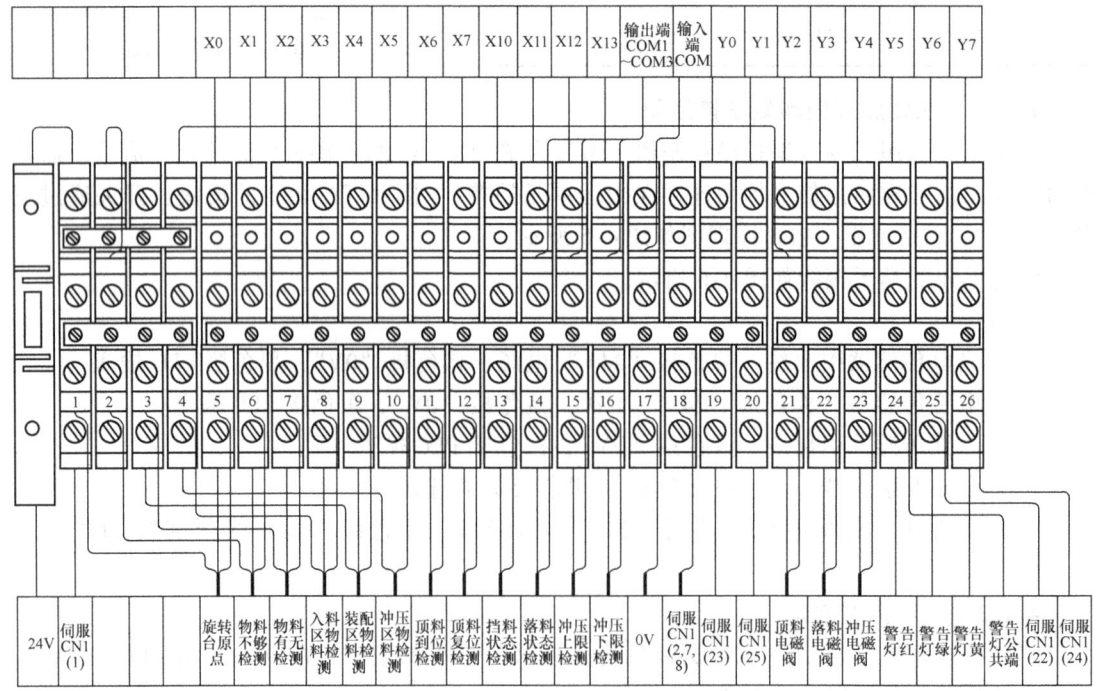

图 4-6 装配单元端子接线图

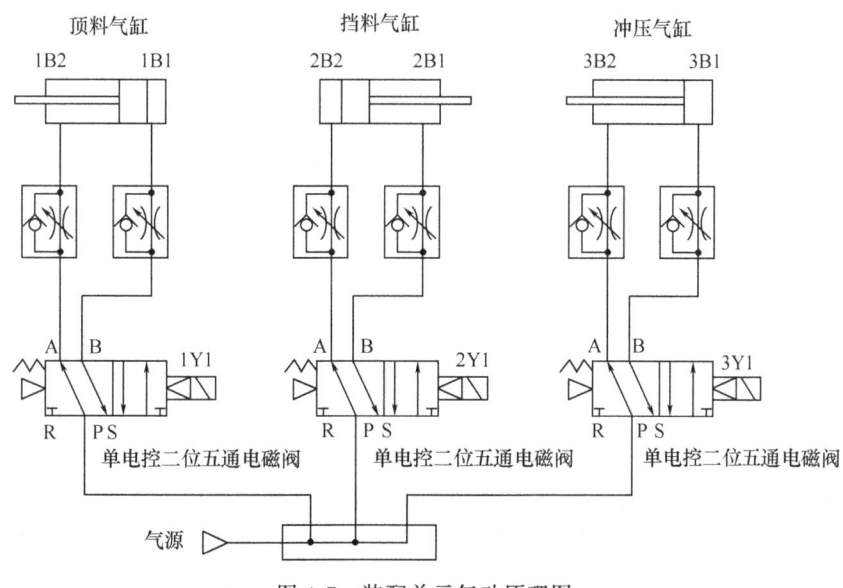

图 4-7 装配单元气动原理图

### 4.1.4 装配单元单站运行工艺流程

系统启动后，装配单元接收到复位信号后进行初始状态检查并复位，复位完成后接收到启动信号，装配单元旋转工作台的原点传感器检测到工件后，旋转工作台首先顺时针旋转 120°，将工件旋转到井式供料机构下方，井式供料机构的顶料气缸伸出顶住倒数第二个工件；挡料气缸缩回，工件库中最底层的工件落到待装配工件上，挡料气缸伸出复位，顶料气缸缩回，上层工件落到工件库底层，同时旋转工作台顺时针旋转 120°，将工件旋转到冲压装配单元下方，冲压气缸下压，完成工件紧合装配后，气缸回到原位，旋转工作台顺时针旋转 120° 到待搬运位置。工件被搬运走以后，操作结束，等待下一次待加工工件。若工作过程中接收到停止信号，则在完成该次循环后停止工作。若接收到急停信号，则立即停止所有动作，急停解除后需重新复位才可以启动下次流程。

## 4.2 核心知识——伺服控制技术

### 1. 伺服控制系统

伺服控制系统是一种能够跟踪输入的指令信号进行动作，从而获得精确的位置、速度及动力输出的自动控制系统。

伺服控制系统如图 4-8 所示，是具有反馈的闭环自动控制系统，它由位置检测部分（被控量）、放大器、执行部分（伺服驱动电动机）和被控对象（负载）组成。

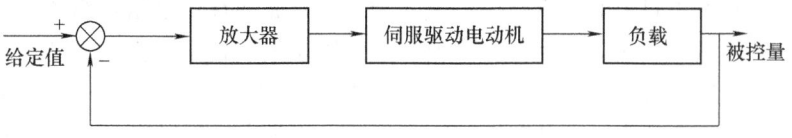

图 4-8 伺服驱动闭环控制系统

伺服控制系统必须具备可控性良好、稳定性高和响应快的基本性能。其中，可控性好是指信号消失以后，能立即自行停止；稳定性高是指转速随转矩的增加而匀速下降；响应快是指反应快、灵敏度高、响态品质好。

伺服控制系统的分类方法很多，常见的分类方法如下。

(1) 按被控量参数特性分类　按被控量不同，伺服控制系统可分为位移、速度、力矩等各种伺服系统。

(2) 按驱动元件的类型分类　根据电动机类型的不同，伺服控制系统又可分为直流伺服系统、交流伺服系统和步进电动机控制伺服系统。

(3) 按控制原理分类　按自动控制原理，伺服控制系统又可分为开环控制伺服系统、闭环控制伺服系统和半闭环控制伺服系统。

2. 伺服电动机

伺服电动机又称执行电动机，在自动控制系统中，用作执行元件。它把所收到的电信号转换成电动机轴上的角位移或角速度输出，同时电动机自带的编码器反馈信号给驱动器，驱动器根据反馈值与目标值进行比较，调整转子转动的角度。伺服电动机的精度决定于编码器的精度（线数）。伺服电动机的主要特点，是当信号电压为零时无自转现象，转速随着转矩的增加而匀速下降。

伺服电动机主要分为直流和交流伺服电动机两大类。

直流伺服电动机分为有刷和无刷电动机。有刷电动机成本低，结构简单，启动转矩大，调速范围宽，控制容易，需要维护但维护方便（换碳刷），电磁干扰大，对环境有要求。因此它可以用于对成本敏感的普通工业和民用场合。无刷电动机体积小，重量轻，出力大，响应快，速度高，惯量小，转动平滑，力矩稳定。无刷电动机控制复杂，容易实现智能化，其电子换相方式灵活，可以方波换相或正弦波换相。电动机免维护，效率很高，运行温度低，电磁辐射很小，寿命长，可用于各种环境。

交流伺服电动机也是无刷电动机，分为同步和异步电动机，目前运动控制中一般都用同步电动机。

(1) 异步型交流伺服电动机　异步型交流伺服电动机指的是交流感应电动机。它有三相和单相之分，也有笼式和线绕式，通常多用笼式三相感应电动机。这种电动机结构简单，与同容量的直流电动机相比，质量轻1/2，价格仅为直流电动机的1/3。缺点是不能经济地实现范围很广的平滑调速，必须从电网吸收滞后的励磁电流。因而令电网的功率因数变坏。

这种笼式转子的异步型交流伺服电动机简称为异步型交流伺服电动机，用 IM 表示。

(2) 同步型交流伺服电动机　同步型交流伺服电动机虽比感应电动机复杂，但比直流电动机简单。它的定子与感应电动机一样，都在定子上装有对称三相绕组。而转子却不同，按不同的转子结构又分电磁式及非电磁式两大类。非电磁式又分为磁滞式、永磁和反应式多种。其中磁滞式和反应式同步电动机存在效率低、功率因数较差、制造容量不大等缺点。数控机床中多用永磁式同步电动机。与电磁式相比，永磁式优点是结构简单、运行可靠、效率较高；缺点是体积大、起动特性欠佳。但永磁式同步电动机采用高剩磁感应，高矫顽力的稀土类磁铁后，可比直流电动机外形尺寸约小1/2，质量减轻60%，转子惯量减小到直流电动机的1/5。它与（感应异步）电动机相比，由于采用了永磁铁励磁，消除了励磁损耗及有关的杂散损耗，所以效率高。又因为没有电磁式同步电动机所需的集电环和电刷等，其机械可靠性与感应（异步）电动机相同，而功率因数却大大感应电动机，从而使永磁同步电动机的体积比感应电动机小些。这是因为在低速时，感应（异步）电动机由于功率因数低，输出同样的有功功率时，它的视在功率却要大得多，而电动机主要尺寸是依据其视在功率而定的。

3. 永磁交流伺服电动机及驱动器

永磁交流伺服电动机内部的转子采用永磁材料，驱动器控制的 U/V/W 三相电在定子绕组中形成旋转磁场，转子在此磁场的作用下转动。在负载恒定的情况下，电动机的转速随控制电压的大小而变化，当控制电压的相位相反时，伺服电动机将反转。

交流永磁同步伺服驱动器主要由伺服控制单元、功率驱动单元、通信接口单元、伺服电动机及相应的反馈检测器件组成，其中伺服控制单元包括位置控制器、速度控制器、转矩和电流控制器等，结构组成如图 4-9 所示。

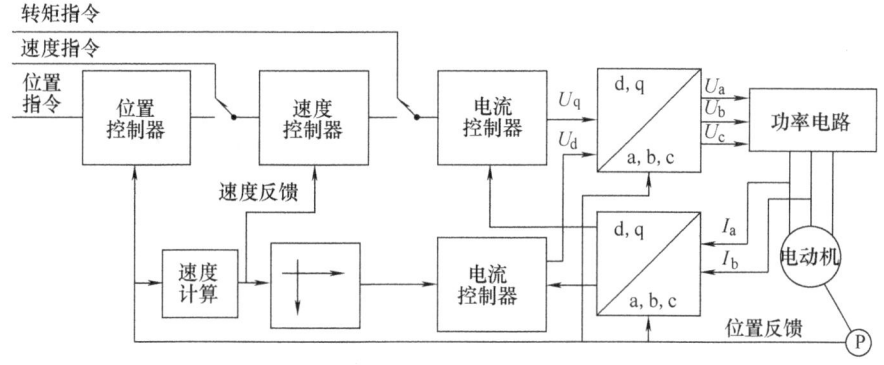

图 4-9　系统控制结构

伺服驱动器均采用数字信号处理器（DSP）作为控制核心，其优点是可以实现比较复杂的控制算法，实现数字化、网络化和智能化。功率器件普遍采用以智能功率模块（IPM）为核心设计的驱动电路。IPM 内部集成了驱动电路，同时具有过电压、过电流、过热、欠电压等故障检测保护电路，在主回路中还加入软启动电路，以减小启动过程对驱动器的冲击。

功率驱动单元首先通过整流电路对输入的三相电或者市电进行整流，得到相应的直流电。再通过三相正弦 PWM 电压型逆变器变频来驱动三相永磁式同步交流伺服电动机。

逆变部分（DC-AC）采用功率器件集驱动电路、保护电路和功率开关于一体的智能功率模块（IPM），主要拓扑结构是采用了三相桥式电路，原理图如图 4-10 所示。该逆变电路利用了脉宽调制技术即 PWM（Pulse Width Modulation），通过改变功率晶体管交替导通的时间来改变逆变器输出波形的频率，改变每半周期内晶体管的通断时间比，也就是说，通过改变脉冲宽度来改变逆变器输出电压幅值的大小以达到调节功率的目的。

4. 常用交流伺服电动机及驱动器

目前市场上常用的交流伺服电动机及驱动器有欧姆龙、松下、三菱等品牌，如图 4-11 所示。

5. 交流伺服系统位置控制模式下电子齿轮的概念

位置控制模式下，等效的单闭环系统框图如图 4-12 所示。

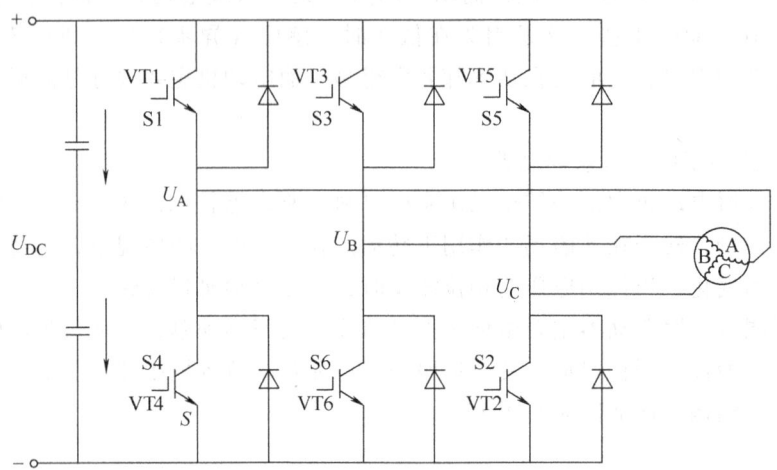

图 4-10 三相逆变电路

a) b)

c)

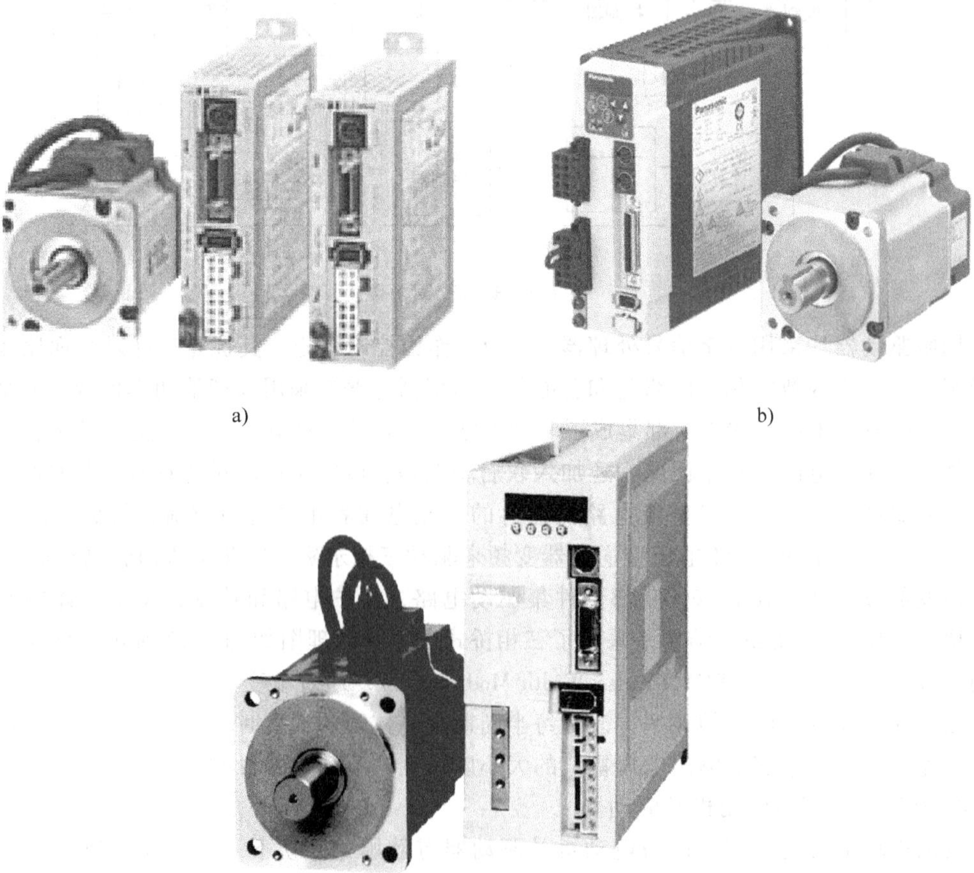

图 4-11 常用的伺服电动机及驱动器

a）欧姆龙 SMARTSTEP2 系列 b）松下伺服电动机 c）三菱伺服电动机 MR—J2S—10A

项目 4　装配单元的安装与调试

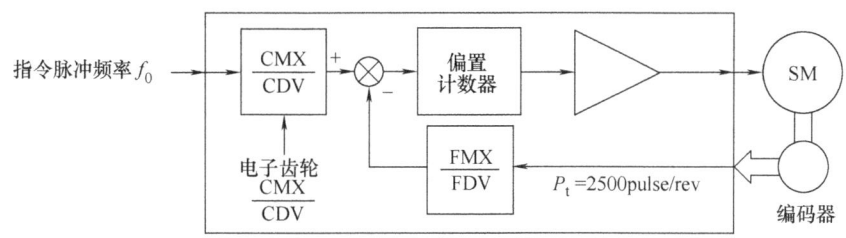

图 4-12　等效的单闭环位置控制系统框图

其中，指令脉冲信号和电动机编码器反馈脉冲信号进入驱动器后，均通过电子齿轮变换才进行偏差计算。电子齿轮实际是一个分频器（或倍频器），合理搭配它们的分—倍频值，可以灵活地设置指令脉冲的行程。

例如，THJDAL—2 型自动线所使用的欧姆龙 SMARTSTEP2 系列 AC 伺服电动机驱动器，电动机编码器反馈脉冲为 2500pulse/r。默认情况下，驱动器反馈脉冲电子齿轮分-倍频值为 4 倍频，即电动机旋转一周，驱动器将收到 10000 个反馈脉冲。如果希望指令脉冲为 80000pulse/r，那么就应把指令脉冲电子齿轮的分-倍频值设置为 10000/80000，从而实现 PLC 每输出 80000 个脉冲，伺服电动机旋转一周。具体设置方法将在下节说明。

6. 欧姆龙 SMARTSTEP2 交流伺服系统的连线及参数设置

欧姆龙 SMARTSTEP2 系列的伺服驱动连接图如图 4-13 所示。

欧姆龙 SMARTSTEP2 系列 AC 伺服系统具有位置控制和速度控制两种模式，而且能够切换位置控制和速度控制进行运行。

欧姆龙 SMARTSTEP2 系列 AC 伺服参数可以通过与 PC 连接后在专门的调试软件上进行设置，也可以在面板上进行设置。

（1）使用软件设置参数的过程

1）将 CX-ONE V2.12 软件光盘放入光驱，计算机将会自动运行安装程序。根据向导提示，完成设置。在安装过程中去掉不用的软件，保留 CX-Drive，这样可以节省安装空间和安装时间，如图 4-14 所示。

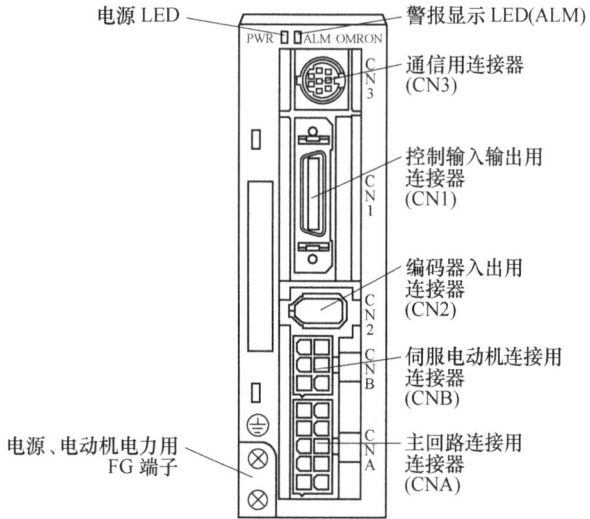

图 4-13　欧姆龙系列的伺服驱动连接图

2）安装完成后，再安装软件 CX-Drive V1.61，根据向导提示，完成软件升级的设置。

3）安装 CX-Drive 软件后，打开 CX-Drive 软件，新建一个工程。选择伺服型号、功率、电源类型以及设置与 PC 的通信方式，如图 4-15 所示。

4）用伺服连接电缆连接伺服驱动器与 PC，打开伺服电源，单击图标 在线工作。

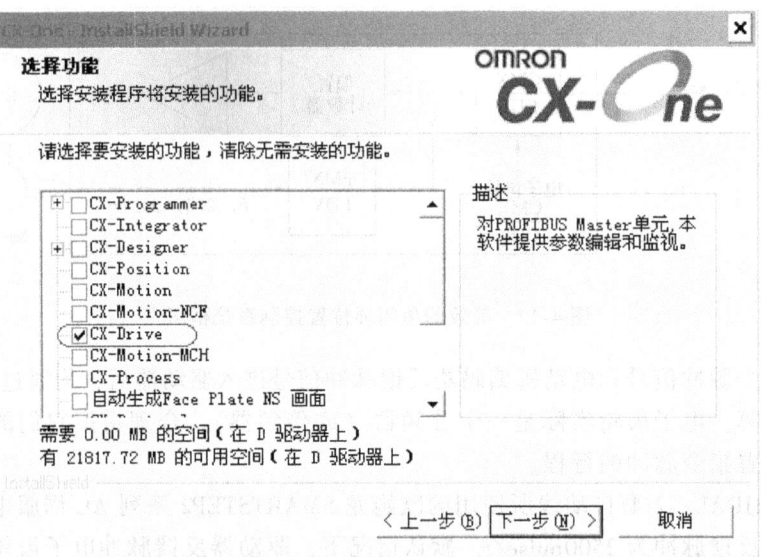

图 4-14 软件安装图

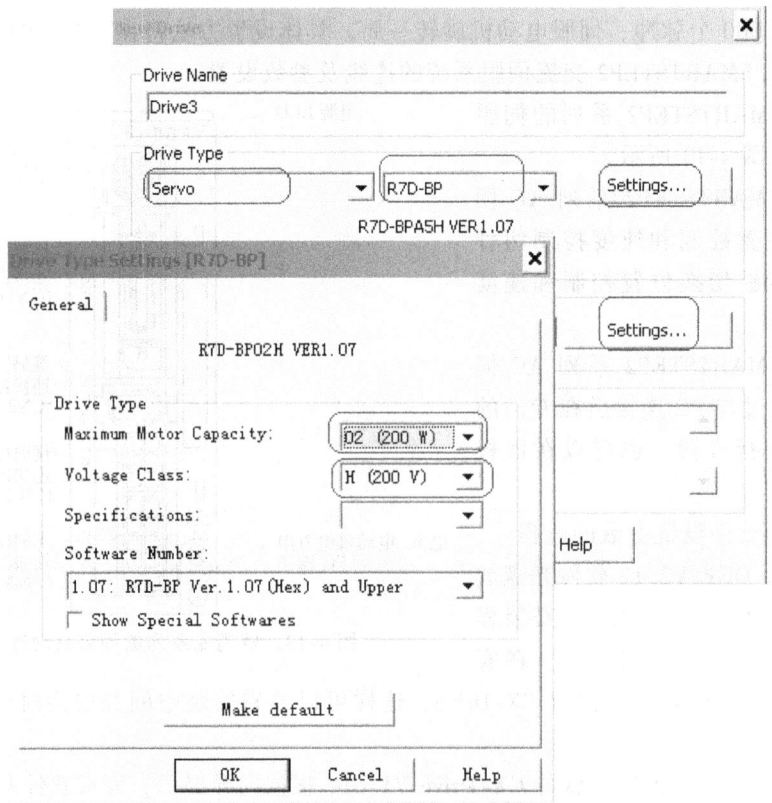

图 4-15 设备的型号选择

5）根据需要修改伺服参数，单击图标 ，将修改好的参数下载到伺服驱动器中。

（2）设置使用面板的操作过程　使用面板的设置如图 4-16 所示。

项目 4 装配单元的安装与调试    91

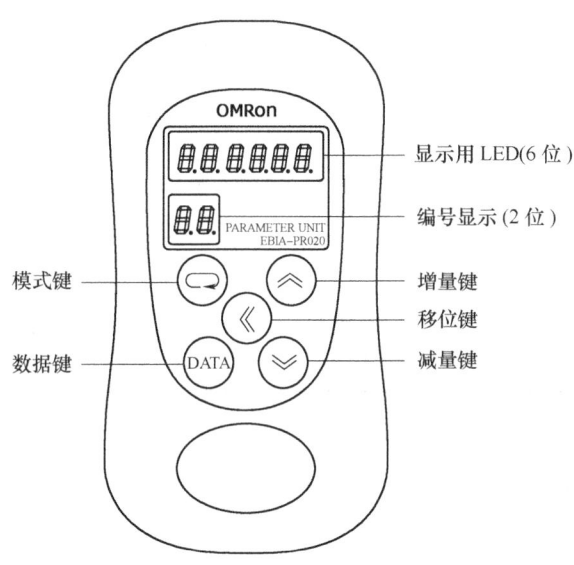

图 4-16 面板布局

1）进入参数设定模式（表 4-2）。

表 4-2 模式显示的设定

| 键操作 | 显示示例 | 说 明 |
|---|---|---|
|  | r 0 | 根据初始状态显示（Pn01）设定进行显示 |
| DATA | Un_SPd. | 按下 DATA 键后，将显示监视器模式 |
| ⊃ | Pn_r00. | 按下 ⊃ 键后，将显示参数设定模式 |

2）设定参数号（表 4-3）。

表 4-3 参数号的设定

| 键操作 | 显示示例 | 说 明 |
|---|---|---|
| 《 ⋀ ⋁ | Pn_ 10. | 通过 《 ⋀ ⋁ 键选择希望设定的参数号<br>参数号较大时，可以使用 《 键改变操作位，这种操作方法可以加快设定<br>改变操作位后，可操作位的 ⎵ 闪烁 |

3）显示参数设定值（表 4-4）。

表 4-4 参数设定值的设定

| 键操作 | 显示示例 | 说 明 |
|---|---|---|
| DATA | 40. | 按下 DATA 键后，显示设定值 |

4）变更参数设定值（表4-5）。

表4-5 参数设定值的变更

| 键操作 | 显示示例 | 说 明 |
|---|---|---|
| ⟪ ⋀ ⋁ | 100. | 通过 ⟪ ⋀ ⋁ 键变更数值<br>改变操作位后,可操作位的 ⌐⌐ 闪烁 |
| DATA | 100. | 按下 DATA 键后,确定变更后的设定值 |

5）返回参数设定模式（表4-6）。

表4-6 参数设定模式的返回

| 键操作 | 显示示例 | 说 明 |
|---|---|---|
| DATA | Pn_ 10. | 按下 DATA 键后,返回参数设定模式 |

7. 欧姆龙 SMARTSTEP2 交流伺服系统位置控制必须设置的参数（表4-7）

表4-7 位置控制模式必须设置的参数及含义

| 参数编号(PnNo.) | 参数名称 | 说 明 |
|---|---|---|
| 02 | 控制模式选择 | 0:高响应位置控制； 1:内部设定速度控制； 2:高功能位置控制 |
| 42 | 指令脉冲模式 | 0 或 2:90°相位差(A/B 相)信号输入;1:反转脉冲/正转脉冲;3:进给脉冲/方向信号 |
| 46 | 第1电子齿轮比分子 | 电子齿轮 = $\dfrac{Pn46 \times 2^{Pn4A}}{Pn4B}$ |
| 4A | 电子齿轮比分子乘数 | |
| 4B | 电子齿轮比分母 | |

进行位置控制时,具体参数设置为 Pn02 设置为 2（高功能位置控制）,Pn42 设置为 3（进给脉冲/方向信号）,Pn46、Pn4A、Pn4B 根据电子齿轮的需要设置。例如,需要的电子齿轮为 10000/80000,则可以设置 Pn46 = 100、Pn4A = 0、Pn4B = 800,设置电动机转动一圈需要 80000 个脉冲量。

8. 位置控制模式下,伺服电动机速度、方向、角位移的控制

图 4-17 是装配单元中三菱 PLC 和欧姆龙 SMARTSTEP2 系列 AC 伺服驱动器的连接,晶体管输出的 FX2N 系列 PLC CPU 单元支持高速脉冲输出功能,但仅限于 Y000 和 Y001。图 4-17 中 Y0 端口是进给脉冲口,Y1 端口是方向信号。伺服电动机最简单的控制方法可以使用 FX2N 的脉冲输出指令 FNC57（PLSY）。

PLSY 指令格式如图 4-18 所示。

其中,$S_1\cdot$ 为指定脉冲的频率；$S_2\cdot$ 为指定产生的脉冲数,若为 0 则连续发脉冲；$D\cdot$ 为指定频率输出的端口。

# 项目 4　装配单元的安装与调试

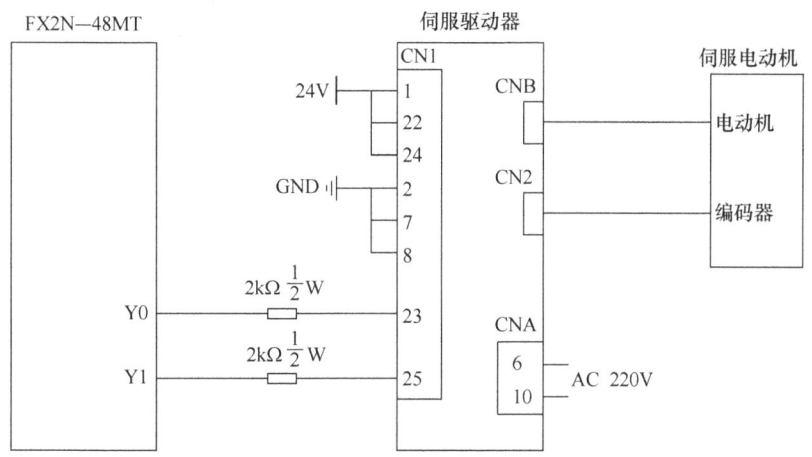

图 4-17　PLC 和伺服电动机的连接

例如，图 4-17 中，若电动机以 5000Hz 的频率正转 120°（电子齿轮 =10000/80000），则上述参数设置中脉冲频率 $S_1 = 5000$、$S_2 = \dfrac{10000}{10000/80000} \times \dfrac{1}{3} = 26667$，则指令为 [(D) PLSY k5000 k26677 y0]，方向由 Y1 端口得电与否来决定。

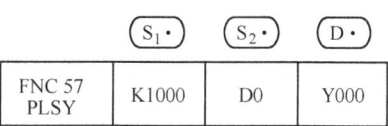

图 4-18　PLSY 指令格式

通过调节上述参数可以控制伺服电动机的转动频率、转动角度、转动方向。

9. 知识技能训练

【例 4-1】　通过三菱 FX2N-48MT 的 PLC 控制欧姆龙 SMARTSTEP2 系列的伺服电动机，达到以下功能：按下启动按钮，伺服电动机以 30r/min 的速度顺时针转动 270°。

**解：**

1）设计电路，画出原理图（图 4-19），并接线。

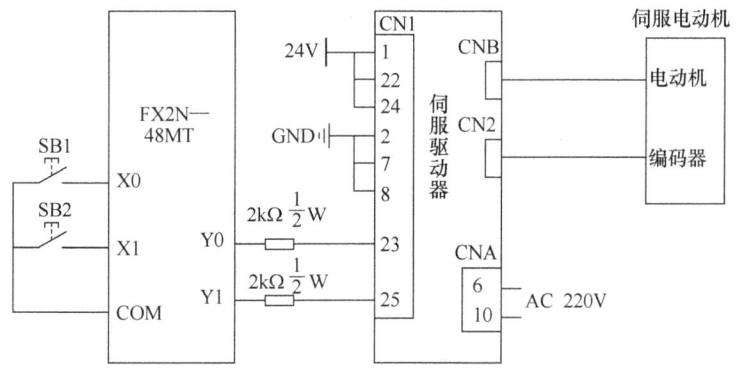

图 4-19　电气原理图

2）设置伺服驱动器的参数。根据题意，设置主要参数为 Pn02 设置为 2，Pn42 设置为 3，Pn46、Pn4A、Pn4B 设置为 Pn46 = 100、Pn4A = 0、Pn4B = 80。参数设置后电子齿轮比为 1.25，即 Y0 端口发出 8000 个脉冲，伺服电动机转动一圈，现电动机的转速要求为 30r/min，所以脉冲频率为 4000Hz。转动 270°，需要的脉冲数为 8000×0.75=6000。

3）编写程序，调试程序（图 4-20）。

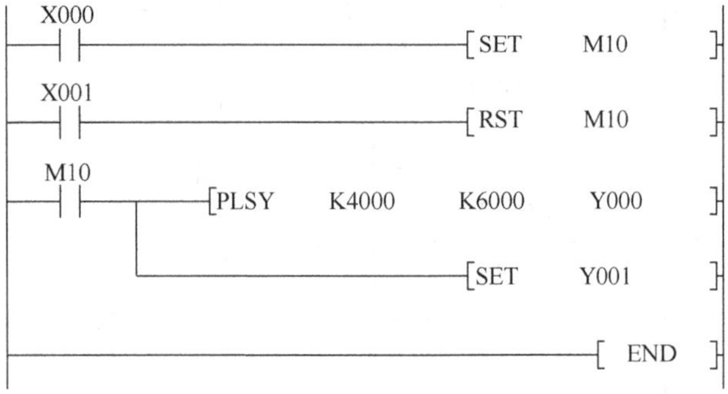

```
X000
─┤├─────────────────────[SET   M10 ]
X001
─┤├─────────────────────[RST   M10 ]
M10
─┤├──[PLSY   K4000   K6000   Y000 ]
     │
     └──────────────────[SET   Y001 ]
                        [     END   ]
```

图 4-20 控制伺服电动机的程序

【技能操作】 设置装配单元伺服电动机驱动器参数，并按照控制要求，编写伺服电动机的控制程序，调试程序，达到控制要求。

1）连接好伺服系统，接通电源，确认伺服驱动器的信号灯显示正常。

2）编写伺服电动机驱动程序送入 PLC，实现以下要求，观察伺服电动机运行状况。

① PLC 开始运行后，工作台首先进行复位；按下 SB5 按钮，物料台电动机正转，按下 SB6 按钮，物料台电动机反转。

② 复位完成后，若物料台有工件，工作台顺时针回转角度 $\alpha$，停留 2s 后，逆时针回转角度 $\beta$，停留 2s，然后回到原点，2s 后再次循环（其中：$\alpha$ = 组号×20°，$\beta$ = 组号×30°）。

## 4.3 装配单元安装与调试项目实施

### 4.3.1 装配单元资讯单（表 4-8）

表 4-8 装配单元资讯单

| 姓名 | | 组号 | | 班级/学号 | | 工作时间 | |
|---|---|---|---|---|---|---|---|
| 元件认知 | | | | | | | |
| 元件名称 | | 外观图 | | | 相关问题 | | |
| 电感式传感器 | | | | | ①其特点是什么？②电气符号怎么画？③怎么进行电气接线？④在本单元中起到什么作用 | | |
| 伺服电动机 | | | | | ①本单元使用的伺服电动机是哪种类型的？②该伺服电动机的编码器分辨率为每转分度多少线 | | |

(续)

| 元件名称 | 外观图 | 相关问题 |
|---|---|---|
| 伺服电动机驱动器 | 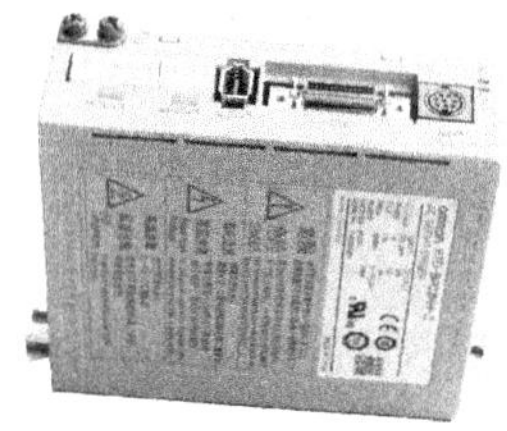 | ①伺服驱动器的控制方式有几种？本单元中伺服驱动器采用的是哪种控制方式？②此控制方式下，驱动器参数应如何设置？③若电动机转动一周需要 9000 个脉冲，电子齿轮参数如何设置 |
| FX2N—48MT | 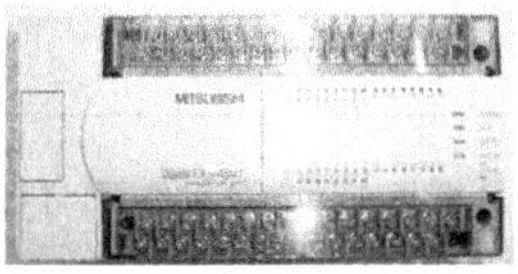 | ①该 PLC 型号的含义是什么？②为什么本单元选用该型号的 PLC |

### 4.3.2 装配单元安装与调试计划单（表 4-9）

**表 4-9 装配单元安装与调试计划单**

| 装配单元工艺流程熟悉 | | |
|---|---|---|
| 观察教师操作样机，掌握装配单元工作过程 | □ 是 | □ 否 |
| 工艺流程描述 | | |

| 制订工作计划 |
|---|
| （小组讨论，咨询教师，将下述文件填写完整） |

| | |
|---|---|
| 装配单元设备安装 | （分工情况，安装顺序、需要的设备工具等） |
| 气路连接与调试 | （分工情况，连接顺序、需要的设备工具等） |
| 电路原理及接线 | （分工情况，连接顺序、需要的设备工具等） |
| 伺服系统的调试 | （分工情况，调试步骤、需要的设备工具等） |
| 程序编写与调试 | （分工情况，编程思路、需要的设备工具等） |
| 整体调试 | （分工情况，调试步骤、需要的设备工具等） |

### 4.3.3 装配单元各项任务实施单（表4-10～表4-15）

**表4-10 任务一 装配单元机械结构安装实施单**

| 项目计划已与教师沟通,可以实施 | □ 是　　□ 否 |
|---|---|

| 任务一 装配单元机械结构安装 ||
|---|---|
| 训练目标 | 将装配单元的机械部分拆开成组件和零件的形式,然后再组装成原样。着重掌握机械设备的安装、调整方法与技巧 |
| 安装要求 | 正确完成装配,满足机构动作要求,无紧固件松动 |
| 装配注意事项 | 1）装配前,应认真分析结构组成,认真思考。先装组件,再进行总装<br>2）选择合适螺栓（长度、直径）,完成结构件之间安装<br>3）预先在安装位置的铝型材"T"形槽中放置预留与之相配的螺母。完成底板与工作台之间牢固连接<br>4）光电传感器和磁性传感器的安装位置以准确反应出动作为准<br>5）建议先进行装配,但不要一次拧紧各固定螺栓,待相互位置基本确定后,再依次进行调整固定 |
| 结构安装过程记录 | |

实施过程中遇到的问题与对策

| 遇到的问题 | 对　　策 |
|---|---|
|  |  |

总　　结

# 项目4 装配单元的安装与调试

**表 4-11　任务二　装配单元气动原理图绘制与气路连接实施单**

| 任务一已完成,经教师认可进行下一项目 | □ 是　　□ 否 |
|---|---|

<table>
<tr><td colspan="2" align="center">任务二 装配单元气动原理图绘制与气路连接</td></tr>
<tr><td>训练目标</td><td>进行气路设计,通过气动原理图的绘制与气路的连接,掌握常用气动元器件的功用,具有设计简单气动原理图的能力,能正确连接气路</td></tr>
<tr><td>连接要求</td><td>正确连接气路,无漏气现象,气管排布均匀美观</td></tr>
<tr><td>注意事项</td><td>1)气体汇流板与电磁阀组的连接要求密封良好,无漏气现象<br>2)气管一定要在快速接头中插紧,不能够有漏气现象<br>3)气路气管在连接走向时,应按序排布,均匀美观,不能出现交叉、打折、叠落、凌乱现象,所有外露气管用尼龙扎带进行绑扎,松紧程度以不使气管变形为宜<br>4)调整节流阀的开度控制气缸的伸出速度,要求伸出、缩回平稳</td></tr>
<tr><td>绘制气动原理图</td><td>在图4-21所示图纸中绘制装配单元气动原理图,气动符号使用规范</td></tr>
<tr><td>气路连接过程记录</td><td></td></tr>
</table>

<table>
<tr><td colspan="2" align="center">实施过程中遇到的问题与对策</td></tr>
<tr><td align="center">遇到的问题</td><td align="center">对　　策</td></tr>
<tr><td></td><td></td></tr>
<tr><td colspan="2" align="center">总　　结</td></tr>
</table>

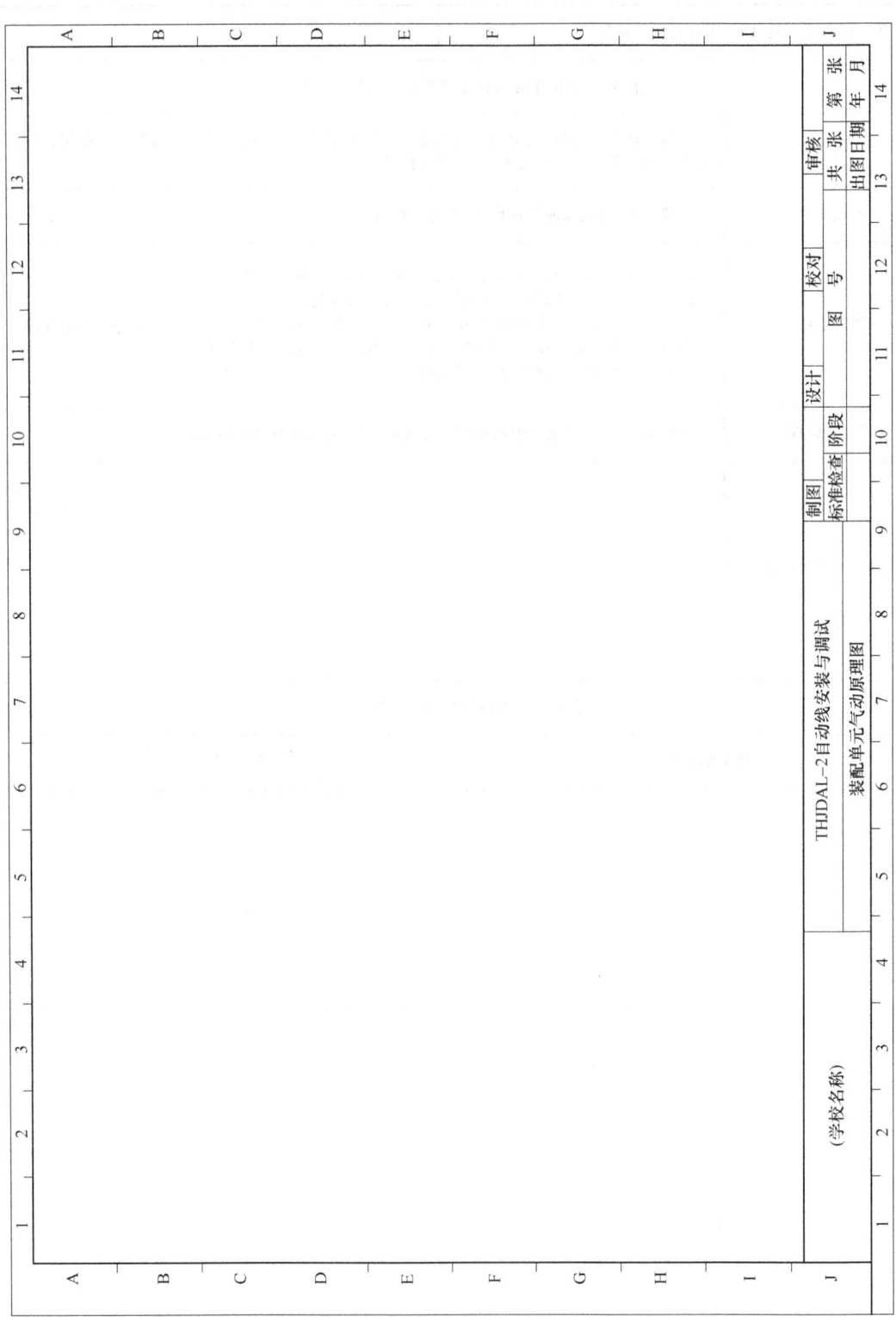

图 4-21 装配单元气动原理图

# 项目4 装配单元的安装与调试

**表 4-12　任务三　装配单元电气原理图的设计、电气电路的连接实施单**

| 任务二已完成,经教师认可进行下一项目 | □ 是　　□ 否 |
|---|---|
| 任务三 装配单元电气原理图的设计、电气电路的连接 | |
| 训练目标 | 能够设计装配单元的电气原理图,使用电气符号规范,电气电路连接符合标准 |
| 设计要求 | 电气原理图正确,能实现控制功能,正确连接电路,连接可靠,无松动,布线美观 |
| 注意事项 | 1) PLC 的 AC 220V 电源需要单独供给,不能接入端子排,更不可与 DC 24V 电源混淆<br>2) 导线线端应该作冷压针型端子处理<br>3) 导线在端子上的压接以用手稍用力外拉为宜<br>4) 导线走向应该平顺有序,用尼龙扎带进行绑扎 |
| 绘制电气原理图 | 在图 4-22 所示图纸中绘制电气原理图,电气符号使用规范,I/O 分配正确、合理 |
| 电气线路连接过程记录 | |

实施过程中遇到的问题与对策

| 遇到的问题 | 对　　策 |
|---|---|
| | |

总　　结

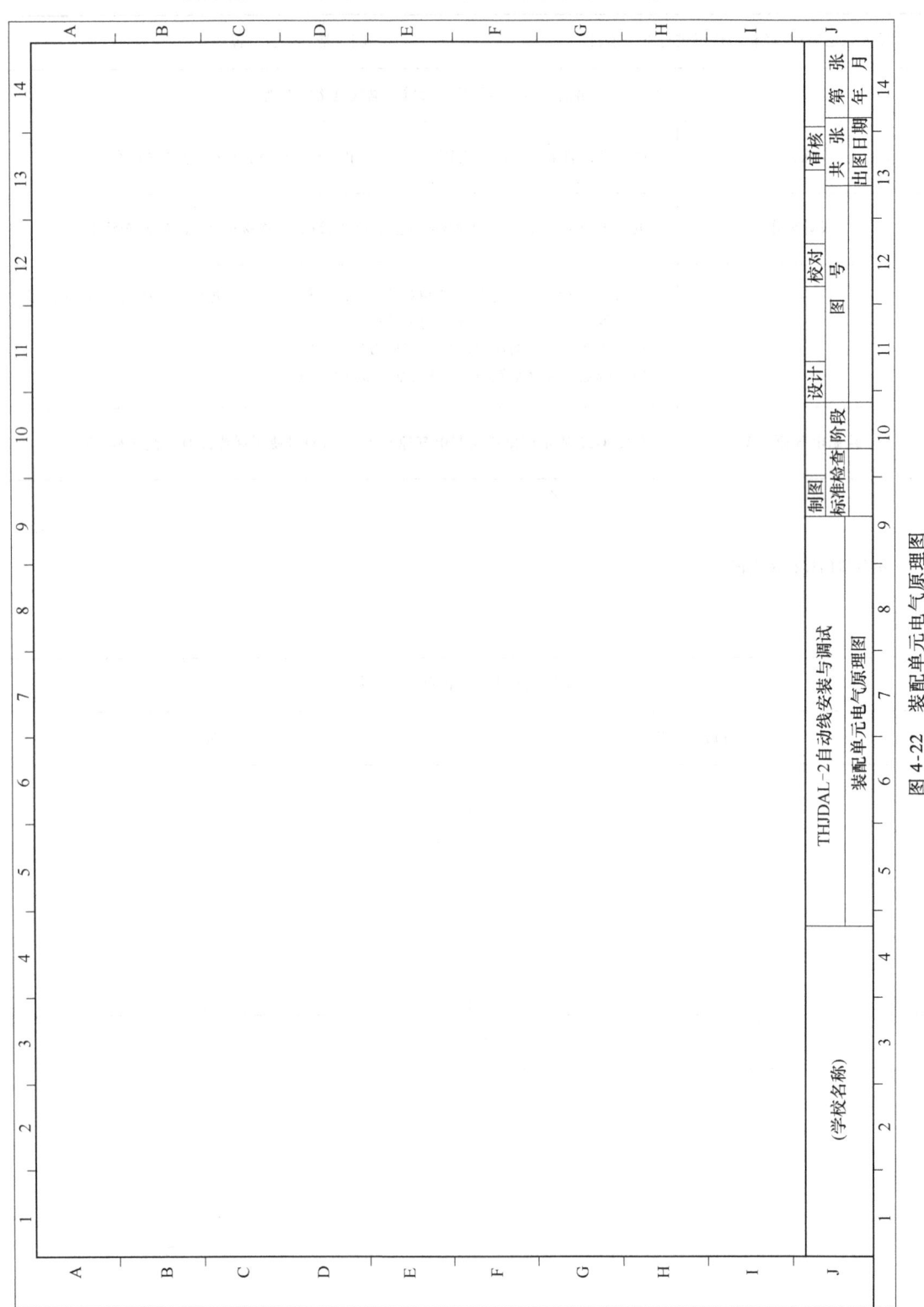

图 4-22 装配单元电气原理图

# 项目 4 装配单元的安装与调试

**表 4-13 任务四 交流伺服驱动器参数设置与调试实施单**

| 任务三已完成,经教师认可进行下一项目 | □ 是    □ 否 |
|---|---|

<table>
<tr><td colspan="2">任务四 交流伺服驱动器参数设置与调试</td></tr>
<tr><td>训练目标</td><td>熟练进行交流伺服驱动器参数的设置,掌握伺服电动机控制的方法</td></tr>
<tr><td>操作步骤</td><td>设置装配单元伺服电动机驱动器参数,并按照控制要求,编写伺服电动机的控制程序,调试程序,达到控制要求<br>1)连接好伺服系统,接通电源,确认伺服驱动器的信号灯显示正常<br>2)编写伺服电动机驱动程序并下载至 PLC,实现以下要求,观察伺服电动机运行状况<br>①PLC 开始运行后,工作台首先进行复位<br>②复位完成后,若物料台有工件,工作台顺时针回转角度 $\alpha$,停留 2s 后,逆时针回转角度 $\beta$,停留 2s,然后回到原点,2s 后再次循环(其中:$\alpha$ = 组号 × 20°,$\beta$ = 组号 × 30°)</td></tr>
<tr><td>调试过程记录</td><td></td></tr>
</table>

**实施过程中遇到的问题与对策**

| 遇到的问题 | 对　策 |
|---|---|
|  |  |

**总　结**

表 4-14 任务五 装配单元控制程序编写实施单

| 任务四已完成,经教师认可进行下一项目 | □ 是　　□ 否 |
|---|---|

任务五 装配单元控制程序编写

| 训练目标 | 熟练掌握 PLC 编程,能够正确编写装配单元的控制程序 |
|---|---|
| 控制程序编写步骤 | 1)根据装配单元功能要求,确定初始状态,写出工作流程<br>2)编写装配单元控制程序 |
| 程序编写过程记录<br>(步进状态转移图) | |

实施过程中遇到的问题与对策

| 遇到的问题 | 对　　策 |
|---|---|
| | |

总　　结

## 项目 4　装配单元的安装与调试

表 4-15　任务六　装配单元设备调试实施单

| 任务五已完成,经教师认可进行下一项目 | □ 是　　□ 否 |
|---|---|

| 任务六　装配单元设备调试 ||
|---|---|
| 训练目标 | 能够合理、快速地进行设备调试,掌握设备调试的一般步骤 |
| 设备调试步骤 | 1)调整气动部分,检查气路是否正确,气压是否合理,气缸的动作速度是否合理<br>2)检查磁性传感器的安装位置是否到位,磁性传感器工作是否正常<br>3)检查 I/O 接线是否正确<br>4)检查光电传感器、电感传感器安装是否合理,灵敏度是否合适,保证检测的可靠性<br>5)放入工件,运行程序看加工单元动作是否满足任务要求<br>6)调试各种可能出现的情况,如在任何情况下都有可能加入工件,系统都要能可靠工作<br>7)优化程序 |
| 设备调试过程记录 |  |

| 实施过程中遇到的问题与对策 ||
|---|---|
| 遇到的问题 | 对　策 |
|  |  |
| 总　结 ||

### 4.3.4 装配单元安装与调试评价表（表4-16）

**表4-16 装配单元安装与调试评价表**

| 姓名 | | 同组 | | 专业/班级 | | | |
|---|---|---|---|---|---|---|---|
| 项目内容 | 考核要求 | 配分 | 评分标准 | 扣分 | 自评 | 互评 | |
| 装配单元安装 | 正确安装装配单元 | 20 | 装配未完成，扣10分 | | | | |
| | | | 装配完成，但不符合机械装配工艺要求，每处扣2分，最多扣10分 | | | | |
| 装配单元气路装配 | 正确安装装配单元气路 | 15 | 气路连接未完成或有错，每处扣2分，最多扣6分 | | | | |
| | | | 气路连接有漏气现象，每处扣2分，最多扣4分 | | | | |
| | | | 气缸节流阀调整不当，每处扣1分，最多扣2分 | | | | |
| | | | 气管没有绑扎或气路连接凌乱，扣3分 | | | | |
| 电气原理图及电路连接工艺 | 正确设计、绘制电气原理图 电气原理图符号规范 | 20 | 制图草率，徒手画图，扣8分；符号不规范，每处扣2分，最多6分；两项最多扣8分 | | | | |
| | | | 端子连接错误，每处扣1分，最多扣4分 | | | | |
| | | | 插针压接不牢或超过两根导线，每处扣1分，最多扣4分 | | | | |
| | | | 电路接线没有绑扎或电路接线凌乱，扣4分 | | | | |
| 交流伺服驱动器参数设置与调试 | 正确设置驱动器参数 | 15 | 未能正确设置参数，扣5分 | | | | |
| | | | 连线错误，扣5分 | | | | |
| | | | 测试程序未能调试完成，扣5分 | | | | |
| 装配单元程序编写 | 程序调试成功 | 20 | 装配单元无法复位、启动，扣4分 | | | | |
| | | | 装配单元零件装配不满足控制要求，扣4分 | | | | |
| | | | 装配单元回转台动作顺序不正确，扣4分 | | | | |
| | | | 不能按照控制要求发出"零件不足"和"零件没有"的信号扣4分 | | | | |
| | | | 指示灯亮灭状态不符合要求，扣4分 | | | | |
| 职业素养与安全 | | 10 | 现场操作安全保护符合安全操作规程；工具摆放、包装物品、导线线头等的处理符合职业岗位的要求；团队合作既有分工又有合作，配合紧密；遵守纪律，爱惜设备和器材，保持工位的整洁 | | | | |

## 4.4 项目拓展

### 4.4.1 编码器

1. 编码器分类

旋转编码器是用来测量转速的装置，其结构外形如图 4-23 所示。它分为单路输出和双路输出两种。技术参数主要有每转脉冲数（几十个到几千个都有）、输出方式和供电电压等。单路输出是指旋转编码器的输出是一组脉冲，而双路输出的旋转编码器输出两组相位差 90°的脉冲，通过这两组脉冲不仅可以测量转速，还可以判断旋转的方向。编码器若以信号原理来分，有增量型编码器，绝对型编码器两种，如图 4-23 所示。

图 4-23 编码器

（1）增量型编码器（旋转型）工作原理　增量型编码器有一个中心有轴的光电码盘，其上有环形通、暗的刻线，由光电发射和接收器件读取，获得四组正弦波信号组合成 A、B、C、D，每个正弦波相差 90°相位差（相对于一个周波为 360°），将 C、D 信号反向，叠加在 A、B 两相上，可增强稳定信号；另每转输出一个 Z 相脉冲以代表零位参考位。

由于 A、B 两相相差 90°，可通过比较 A 相在前还是 B 相在前，以判别编码器的正转与反转，通过零位脉冲，可获得编码器的零位参考位。

编码器码盘的材料有玻璃、金属、塑料。玻璃码盘是在玻璃上沉积很薄的刻线，其热稳定性好，精度高。金属码盘直接以通和不通刻线，不易碎，但由于金属有一定的厚度，精度有限制，其热稳定性要比玻璃的差一个数量级。塑料码盘是经济型的，其成本低，但精度、热稳定性、寿命均要差一些。

编码器以每旋转 360°提供多少条通或暗刻线称为分辨率，也称解析分度或直接称多少线，一般在每转分度 100 ~ 10000 线。

信号输出：信号输出有正弦波（电流或电压），方波（TTL、HTL），集电极开路（PNP、NPN），推拉式多种形式，其中 TTL 为长线差分驱动（对称 A，A - ；B，B - ；Z，Z - ），HTL 也称推拉式、推挽式输出，编码器的信号接收设备接口应与编码器对应。

编码器的脉冲信号一般连接计数器、PLC、计算机，PLC 和计算机连接的模块有低速模块与高速模块之分，开关频率有低有高。

如单相连接，用于单方向计数，单方向测速。A、B 两相连接，用于正反向计数、判断正反向和测速。A、B、Z 三相连接，用于带参考位修正的位置测量。A、A - ，B、B - ，Z、

Z-连接，由于带有对称负信号的连接，电流对于电缆贡献的电磁场为 0，衰减最小，抗干扰最佳，可传输较远的距离。

对于 TTL 的带有对称负信号输出的编码器，信号传输距离可达 150m。对于 HTL 的带有对称负信号输出的编码器，信号传输距离可达 300m。

增量式编码器的问题：增量型编码器存在零点累计误差，抗干扰较差，接收设备的停机需断电记忆，开机应找零或参考位等问题，这些问题如选用绝对型编码器可以解决。

增量型编码器的一般应用：测速，测转动方向，测移动角度、距离（相对）。

（2）绝对型编码器（旋转型）  绝对编码器光码盘上有许多道光通道刻线，每道刻线依次以 2 线、4 线、8 线、16 线……编排，这样，在编码器的每一个位置，通过读取每道刻线的通、暗，获得一组从 $2^0 \sim 2^{n-1}$ 的唯一的二进制编码（格雷码），这就称为 $n$ 位绝对编码器。这样的编码器是由光电码盘的机械位置决定的，它不受停电、干扰的影响。

绝对编码器由机械位置决定的每个位置是唯一的，它无需记忆，无需找参考点，而且不用一直计数，什么时候需要知道位置，什么时候就去读取它的位置。这样，编码器的抗干扰特性、数据的可靠性大大提高了。

绝对编码器包括单圈绝对值编码器和多圈绝对值编码器。

旋转单圈绝对值编码器，以转动中测量光电码盘各道刻线，以获取唯一的编码，当转动超过 360°时，编码又回到原点，这样就不符合绝对编码唯一的原则，这样的编码只能用于旋转范围 360°以内的测量，称为单圈绝对值编码器。

如果要测量旋转超过 360°范围，就要用到多圈绝对值编码器。编码器生产厂家运用钟表齿轮机械的原理，当中心码盘旋转时，通过齿轮传动另一组码盘（或多组齿轮，多组码盘），在单圈编码的基础上再增加圈数的编码，以扩大编码器的测量范围，这样的绝对编码器就称为多圈式绝对编码器，它同样是由机械位置确定编码，每个位置编码唯一不重复，而无需记忆。

多圈编码器另一个优点是由于测量范围大，实际使用往往富裕较多，这样在安装时不必要找零点，将某一中间位置作为起始点就可以了，而大大简化了安装调试难度。

2. FX2N 型 PLC 的高速计数器与编码器连接

高速计数器是 PLC 的编程软元件，相对于普通计数器，高速计数器用于频率高于机内扫描频率的机外脉冲计数，由于计数信号频率高，计数以中断方式进行，计数器的当前值等于设定值时，计数器的输出接点立即工作。

FX2N 型 PLC 内置有 21 点高速计数器 C235～C255，每一个高速计数器都规定了其功能和占用的输入点。

（1）高速计数器的功能分配

1）C235～C245 共 11 个高速计数器用作一相一计数输入的高速计数，即每一计数器占用 1 点高速计数输入点，计数方向可以是增序或者减序计数，取决于对应的特殊辅助继电器 M8□□□的状态。例如，C245 占用 X002 作为高速计数输入点，当对应的特殊辅助继电器 M8245 被置位时，作增序计数。C245 还占用 X003 和 X007 分别作为该计数器的外部复位和置位输入端。

2）C246～C250 共 5 个高速计数器用作一相二计数输入的高速计数，即每一计数器占用 2 点高速计数输入，其中 1 点为增计数输入，另一点为减计数输入。例如，C250 占用 X003

作为增计数输入，占用 X004 作为减计数输入，另外占用 X005 作为外部复位输入端，占用 X007 作为外部置位输入端。同样，计数器的计数方向也可以通过编程对应的特殊辅助继电器 M8□□□状态指定。

3) C251～C255 共 5 个高速计数器用作两相二计数输入的高速计数，即每一计数器占用 2 点高速计数输入，其中一点为 A 相计数输入，另一点为与 A 相相位差 90°的 B 相计数输入。

C251～C255 的功能和占用的输入点见表 4-17。

表 4-17 高速计数器 C251～C255 的功能和占用的输入点

|  | X000 | X001 | X002 | X003 | X004 | X005 | X006 | X007 |
|---|---|---|---|---|---|---|---|---|
| C251 | A | B |  |  |  |  |  |  |
| C252 | A | B | R |  |  |  |  |  |
| C253 |  |  |  | A | B | R |  |  |
| C254 | A | B | R |  |  |  | S |  |
| C255 |  |  |  | A | B | R |  | S |

如前所述，装配单元所使用的是具有 A、B 两相 90°相位差的通用型旋转编码器，且 Z 相脉冲信号没有使用。若选用高速计数器 C251，这时编码器的 A、B 两相脉冲输出应连接到 X000 和 X001 点。

(2) 高速计数器的规定　每一个高速计数器都规定了不同的输入点，但所有的高速计数器的输入点都在 X000～X007 范围内，并且这些输入点不能重复使用。例如，若使用了 C251，那么 X000、X001 被占用，则规定为占用这两个输入点的其他高速计数器，如 C252、C254 等都不能使用。

(3) 高速计数器的编程　如果外部高速计数源（旋转编码器输出）已经连接到 PLC 的输入端，那么在程序中就可直接使用相对应的高速计数器进行计数。例如，在图 4-24 中，设定 C255 的设置值为 100，当 C255 的当前值等于 100 时，计数器的输出接点立即工作。从而控制相应的输出 Y010 ON。

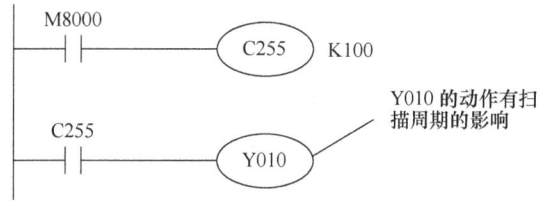

图 4-24 高速计数器的编程示例

由于是中断方式计数，且当前值等于预置值时，计数器会及时动作，但实际输出信号却依赖于扫描周期。

如果希望计数器动作时即立即输出信号，就要采用中断工作方式，使用高速计数器的专用指令，FX2N 型 PLC 高速处理指令中有 3 条是关于高速计数器的，都是 32 位指令。它们的具体使用方法，请参考 FX2N 编程手册。

3. 三菱 FX1N PLC 定位控制指令介绍

(1) 原点回归指令 FNC156 (ZRN)  原点回归指令格式如图 4-25 所示。

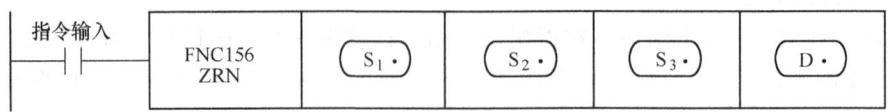

图 4-25  ZRN 的指令格式

1) 原点回归指令格式说明如下。

① $S_1 \cdot$：原点回归速度，指定原点回归开始的速度。

当 16 位指令时，10~32,767（Hz）；

当 32 位指令时，10~100（kHz）。

② $S_2 \cdot$：爬行速度，指定近点信号（DOG）变为 ON 后的低速部分的速度。

③ $S_3 \cdot$：近点信号，指定近点信号输入。当指令输入继电器（X）以外的元件时，由于会受到可编程序控制器运算周期的影响，会引起原点位置的偏移增大。

④ $D \cdot$：指定有脉冲输出的 Y 编号（仅限于 Y000 或 Y001）。

2) 原点回归动作按照下述顺序进行（图 4-26）。

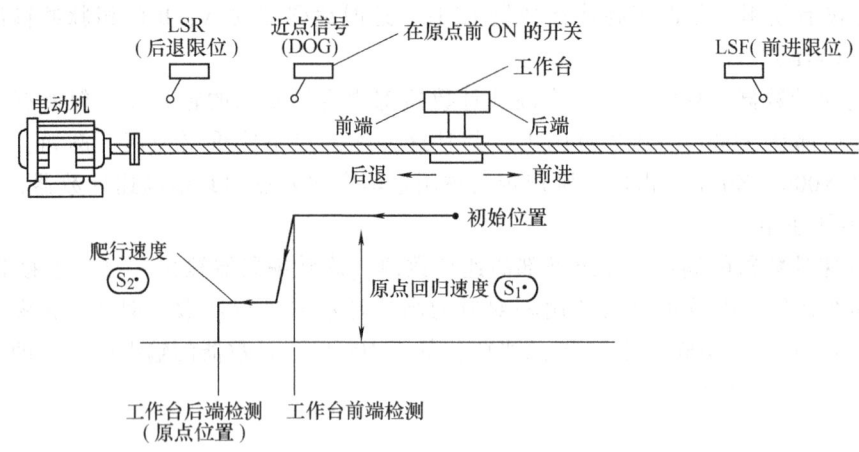

图 4-26  原点归零示意图

① 驱动指令后，以原点回归速度 $S_1 \cdot$ 开始移动。

② 当在原点回归过程中，指令驱动接点变 OFF 状态时，将不减速而停止。

③ 指令驱动接点变为 OFF 后，在脉冲输出中监控（Y000：M8147，Y001：M8148）处于 ON 时，将不接受指令的再次驱动。

④ 当近点信号（DOG）由 OFF 变为 ON 时，减速至爬运速度 $S_2 \cdot$。

⑤ 当近点信号（DOG）由 ON 变为 OFF 时，在停止脉冲输出的同时，向当前值寄存器（Y000：[D8141, D8140]，Y001：[D8143, D8142]）中写入 0。另外，M8140（清零信号输出功能）ON 时，同时输出清零信号。随后，当执行完成标志（M8029）动作的同时，脉冲输出中监控变为 OFF。

(2) 相对位置控制指令 FNC158（DRVI） 以相对驱动方式执行单速位置控制的指令，指令格式如图 4-27 所示。

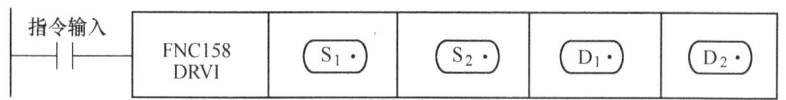

图 4-27 DRVI 的指令格式

指令格式说明如下。

① $(S_1 \cdot)$：输出脉冲数（相对指定）。

当 16 位指令时，-32,768 ~ 32,767；

当 32 位指令时，-999,999 ~ 999,999。

② $(S_2 \cdot)$：输出脉冲频率。

当 16 位指令时，10 ~ 32,767（Hz）；

当 32 位指令时，10 ~ 100（kHz）。

③ $(D_1 \cdot)$：脉冲输出起始地址，仅能指令 Y000、Y001。

④ $(D_2 \cdot)$：旋转方向信号输出起始地。

根据 $(S_1 \cdot)$ 的正负，按照以下方式动作。

[ + ( 正 ) ]→ON

[ − ( 负 ) ]→OFF

输出脉冲数指定 $(S_1 \cdot)$，以对应下面的当前值寄存器作为相对位置。

向 [Y000] 输出时→[D8141（高位），D8140（低位）]（使用 32 位）

向 [Y001] 输出时→[D8143（高位），D8142（低位）]（使用 32 位）

反转时，当前值寄存器的数值减小。

旋转方向通过输出脉冲数 $(S_1 \cdot)$ 的正负符号指令。

在指令执行过程中，即使改变操作数的内容，也无法在当前运行中表现出来，只在下一次指令执行时才有效。

若在指令执行过程中，指令驱动的接点变为 OFF 时，将减速停止。此时执行完成标志 M8029 不动作。

指令驱动接点变为 OFF 后，在脉冲输出中标志（Y000：[M8147]，Y001：[M8148]）处于 ON 时，将不接受指令的再次驱动。

此外，在编程 DRVI 指令时还要注意各操作数的相互配合。

加、减速时的变速级数固定在 10 级，故一次变速量是最高频率的 1/10。因此设定最高频率时应考虑在步进电动机不失步的范围内。

加、减速时间至少不小于 PLC 的扫描时间最大值（D8012 值）的 10 倍，否则加、减速各级时间不均等（更具体的设定要求，参阅 FX1N 编程手册）。

(3) 绝对位置控制指令 FNC159（DRVA） 以绝对驱动方式执行单速位置控制的指令，指令格式如图 4-28 所示。

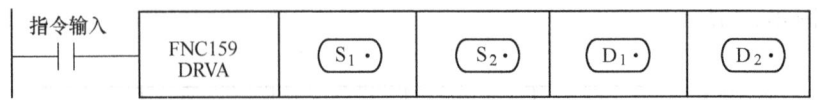

图 4-28 绝对位置控制指令

指令格式说明如下。

① $S_1\cdot$：输出脉冲数（绝对指定）。

当 16 位指令时，-32,768 ~ 32,767；

当 32 位指令时，-999,999 ~ 999,999。

② $S_2\cdot$：输出脉冲频率。

当 16 位指令时，10 ~ 32,767（Hz）；

当 32 位指令时，10 ~ 100（kHz）。

③ $D_1\cdot$：脉冲输出起始地址，仅能指令 Y000、Y001。

④ $D_2\cdot$：旋转方向信号输出起始地。

根据 $S_1\cdot$ 和当前位置的差值，按照以下方式动作。

[ +（正）]→ ON

[ -（负）]→ OFF

目标位置指令 $S_1\cdot$，以对应下面的当前值寄存器作为绝对位置。

向[Y000]输出时→[D8141(高位),D8140(低位)]（使用 32 位）

向[Y001]输出时→[D8143(高位),D8142(低位)]（使用 32 位）

反转时，当前值寄存器的数值减小。

旋转方向通过输出脉冲数 $S_1\cdot$ 的正负符号指令。

在指令执行过程中，即使改变操作数的内容，也无法在当前运行中表现出来。只在下一次指令执行时才有效。

若在指令执行过程中，指令驱动的接点变为 OFF 时，将减速停止。此时执行完成标志 M8029 不动作。

指令驱动接点变为 OFF 后，在脉冲输出中标志（Y000：[M8147]，Y001：[M8148]）处于 ON 时，将不接受指令的再次驱动。

4. 与脉冲输出功能有关的主要特殊内部存储器

[D8141, D8140] 输出至 Y000 的脉冲总数；

[D8143, D8142] 输出至 Y001 的脉冲总数；

[D8136, D8137] 输出至 Y000 和 Y001 的脉冲总数；

[M8145] Y000 脉冲输出停止（立即停止）；

[M8146] Y001 脉冲输出停止（立即停止）；

[M8147] Y000 脉冲输出中监控；

[M8148] Y001 脉冲输出中监控；

各个数据寄存器内容可以利用"（D）MOV K0 D81□□"执行清除。

## 4.4.2 科技文献阅读——Assembly Lines

1. 设备词汇（图4-29）

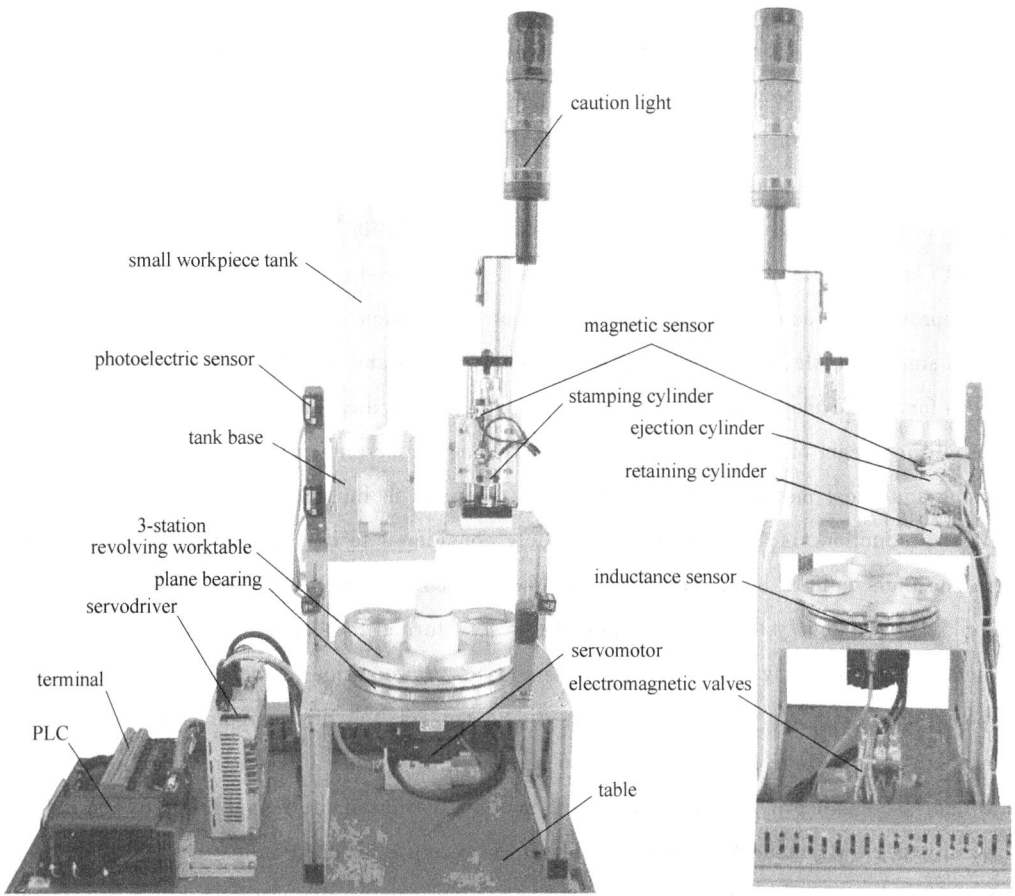

Fig. 4-29  Assembly lines

| Words & Phrases | |
|---|---|
| servomotor | 伺服电动机 |
| servodriver | 伺服驱动器 |
| plane bearing | 平面轴承 |
| 3-station revolving worktable | 三工位旋转工作台 |
| tank base | 料筒座 |
| photoelectric sensor | 光电传感器 |
| caution light | 警告灯 |
| stamping cylinder | 冲压气缸 |
| ejection cylinder | 顶料气缸 |
| retaining cylinder | 挡料气缸 |
| inductance sensor | 电感传感器 |
| electromagnetic valves | 电磁阀组 |

2. 延伸阅读

## Assembly Lines

An assembly line is a manufacturing process in which parts (usually interchangeable parts) are added to a product in a sequential manner using optimally planned logistics to create a finished product much faster than with handcrafting-type methods. The assembly line developed by Ford Motor Company between 1908 and 1915 made assembly lines famous in the following decade through the social ramifications of mass production, such as the affordability of the Ford Model T and the introduction of high wages for Ford workers. Henry Ford was the first to master the assembly line and was able to improve other aspects of the industry by doing so (such as reducing labor hours required to produce a single vehicle, and increasing production numbers and parts). However, the various preconditions for the development at Ford stretched far back into the 19th century, from the gradual realization of the dream of interchangeability, to the concept of reinventing workflow and job descriptions using analytical methods. Ford was the first company to build large factories around the concept. Mass production via assembly lines is widely considered to be the catalyst which initiated the modern consumer culture by making possible low unit-cost for manufactured goods. It is often said that Ford's production system was ingenious because it turned the company's own workers into new customers. Put another way, Ford innovated its way to a lower price point and by doing so turned a huge potential market into a reality. Not only did this mean that the company enjoyed much larger demand, but the resulting larger demand also allowed further scale of economies to be exploited and further depressed unit price, which tapped yet another portion of the demand curve. This bootstrapping quality of growth made Ford famous and set an example for other industries.

Consider the assembly of a car: assume that certain steps in the assembly line are to install the engine, install the hood, and install the wheels (in that order, with arbitrary interstitial steps); only one of these steps can be done at a time. In traditional production, only one car would be assembled at a time. If engine installation takes 20 minutes, hood installation takes 5 minutes, and wheel installation takes 10 minutes, then a car can be produced every 35 minutes.

In an assembly line, car assembly is split between several stations, all working simultaneously. When one station is finished with a car, it passes it on to the next. By having three stations, a total of three different cars can be operated on at the same time, each one at a different stage of its assembly.

After finishing its work on the first car, the engine installation crew can begin working on the second car. While the engine installation crew works on the second car, the first car can be moved to the hood station and fitted with a hood, then to the wheels station and be fitted with wheels. After the engine has been installed on the second car, the second car moves to the hood assembly. At the same time, the third car moves to the engine assembly. When the third car's engine has been mounted, it then can be moved to the hood station; meanwhile, subsequent cars (if any) can be moved to the engine installation station.

Assuming no loss of time when moving a car from one station to another, the longest stage on the assembly line determines the throughput (20 minutes for the engine installation) so a car can be produced every 20 minutes, once the first car taking 35 minutes has been produced.

# 项目5  分拣单元的安装与调试

## 【项目要点】

核心知识：变频调速技术

主要内容：机械结构的安装与调试、气路的连接、电路的设计与连接、变频器参数的设置、控制程序的编写与调试等项目

**分拣单元工作任务单**

| 工作情境 | 分拣单元安装与调试 |
|---|---|
| 核心知识 | 变频调速技术 |
| 任务流程 | 结构安装→气动系统设计、连接及安装→电气设计、连接及安装→变频器连接及参数设置→PLC 编程→单元调试 |
| 任务描述 | 1. 完成分拣单元的结构安装<br>1）认识分拣单元的元器件<br>2）完成分拣单元的结构组装<br>3）认识分拣单元的工艺过程<br>2. 分拣单元的气动原理图<br>熟练使用分拣单元的气动元件，设计分拣单元气动原理图，按图完成气路连接及安装<br>3. 分拣单元的电气原理图<br>设计 PLC 的 I/O 分配，绘制电气原理图，按照原理图完成电气电路的布线、连接<br>4. 变频器的参数设置<br>认识变频器，完成变频器的电路连接和面板操作，掌握变频器的参数设置<br>1）完成变频器的连接<br>2）掌握变频器操作面板的使用<br>3）完成变频器参数的设置<br>5. 编制分拣单元的 PLC 控制程序<br>根据分拣单元的工艺流程，完成 PLC 控制程序的编写，并下载至 PLC 中<br>6. 分拣单元调试<br>完成分拣单元电气调试、气动系统调试、PLC 程序调试，使分拣单元能实现工艺流程 |

## 5.1  分拣单元结构及工艺流程

### 5.1.1  分拣单元结构（图5-1）

分拣单元的结构如图 5-1 所示，是由传送带、变频器（位于工作台抽屉内）、三相交流减速电动机、旋转气缸、磁性传感器（图中未标注）、电磁阀组、光电传感器、光纤传感器、对射光电传感器、物料槽、支架等元器件及机械零部件构成，主要完成来料的检测、分类、入库。

变频器：用于控制三相交流减速电动机，驱动带传动，实现工件在传送带上的传送。

光电传感器：用于检测入料口是否有工件，当入料口有工件时，给 PLC 提供输入信号。

光纤传感器：根据不同颜色，材料反射光强度的不同来区分不同颜色的工件。光纤传感

项目 5　分拣单元的安装与调试　　115

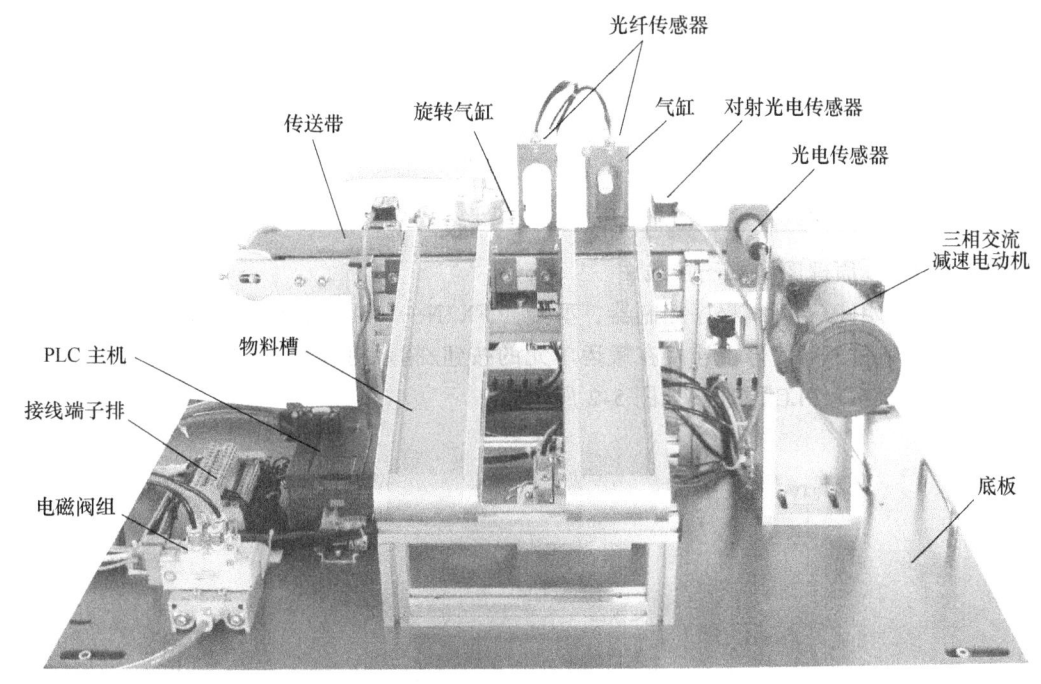

图 5-1　分拣单元结构示意图

器的检测灵敏度可通过光纤放大器的灵敏度调节旋钮进行调节。

对射光电传感器：用于检测工件是否到达物料槽。当检测到有工件到达物料槽时，给 PLC 提供信号。

推料气缸、旋转气缸：均由二位五通的带手控开关的单控电磁阀控制，两个单控电磁阀集中安装在带有消声器的汇流板上。当 PLC 给推料气缸电磁阀一个信号，电磁阀动作，气缸伸出，将白色工件推入第一个物料槽，当安装在推料气缸上的磁性传感器检测到气缸准确到位后给 PLC 发出一个到位信号。当 PLC 给旋转气缸电磁阀一个信号，电磁阀得电，旋转气缸旋转一定角度（该角度可根据装配情况调节），将黑色物料导入第二个物料槽，当安装在旋转气缸上的磁性传感器检测到气缸准确到位后给 PLC 发出一个到位信号。

端子排：用于连接 PLC 输入、输出端口与各传感器、电磁阀。其中，下排 1~3 号端子和上排 1~3 号端子短接，经过带熔断器的端子与 24V 相连。上排 4~16 号端子与 0V 相连。

分拣单元的主要元器件及作用见表 5-1。

表 5-1　分拣单元主要元器件

| 序号 | 元器件名称 | 作　　用 | 型　　号 |
| --- | --- | --- | --- |
| 1 | PLC 主机 | 系统动作的控制 | FX2N—16MR |
| 2 | 变频器 | 交流电动机变频调速 | FR—E740—0.75K—CHT |
| 3 | 三相交流减速电动机 | 工件的传送 | 41K25GN—S3 |
| 4 | 光电传感器 | 入料口有无物料检测 | SB03—1K |
| 5 | 光纤传感器 | 判断工件颜色 | E3X—NA11 |
| 6 | 对射传感器 | 工件入库检测 | WS100—D1032 |

(续)

| 序号 | 元器件名称 | 作用 | 型号 |
|---|---|---|---|
| 7 | 磁性传感器 | 气缸的位置检测 | D—C73L、D—A73L |
| 8 | 电磁阀 | 控制气缸动作 | SY5120 |
| 9 | 推料气缸 | 完成白色工件分拣 | CDJ2B16—60 |
| 10 | 旋转气缸 | 完成黑色工件分拣 | MSQB10A |

### 5.1.2 PLC 原理图和端子接线图

分拣单元选用三菱可编程序控制器，型号为 FX2N—16MR。分拣单元的复位信号、启动信号、停止信号和急停信号由连接在搬运单元的按钮/指示灯模块上的按钮、开关通过三菱 N:N 通信网络给出。PLC 原理图如图 5-2 所示。

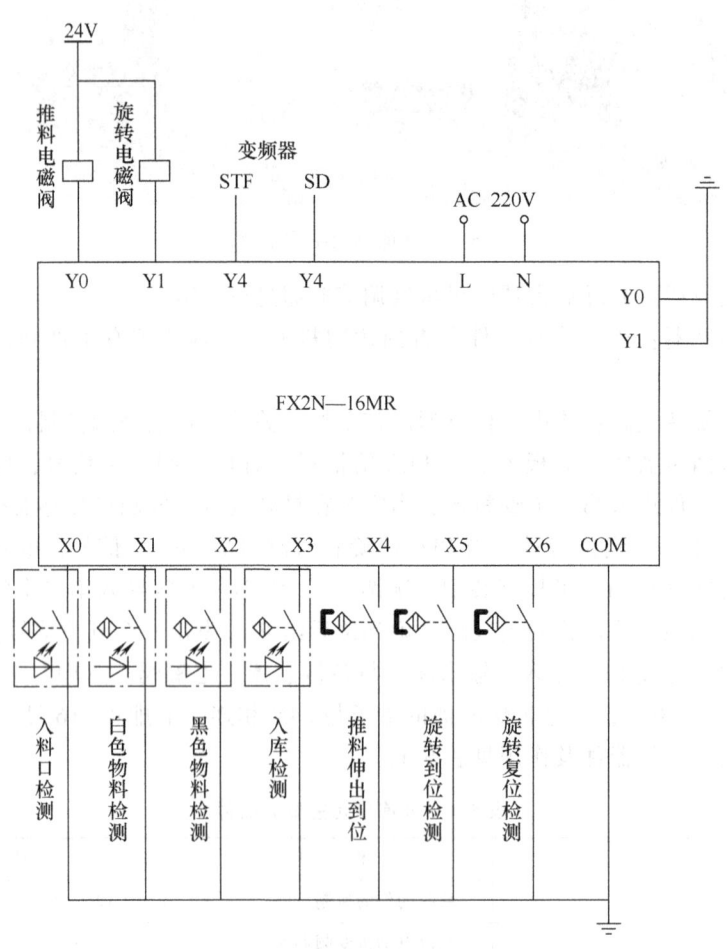

图 5-2 分拣单元 PLC 原理图

端子接线图如图 5-3 所示。

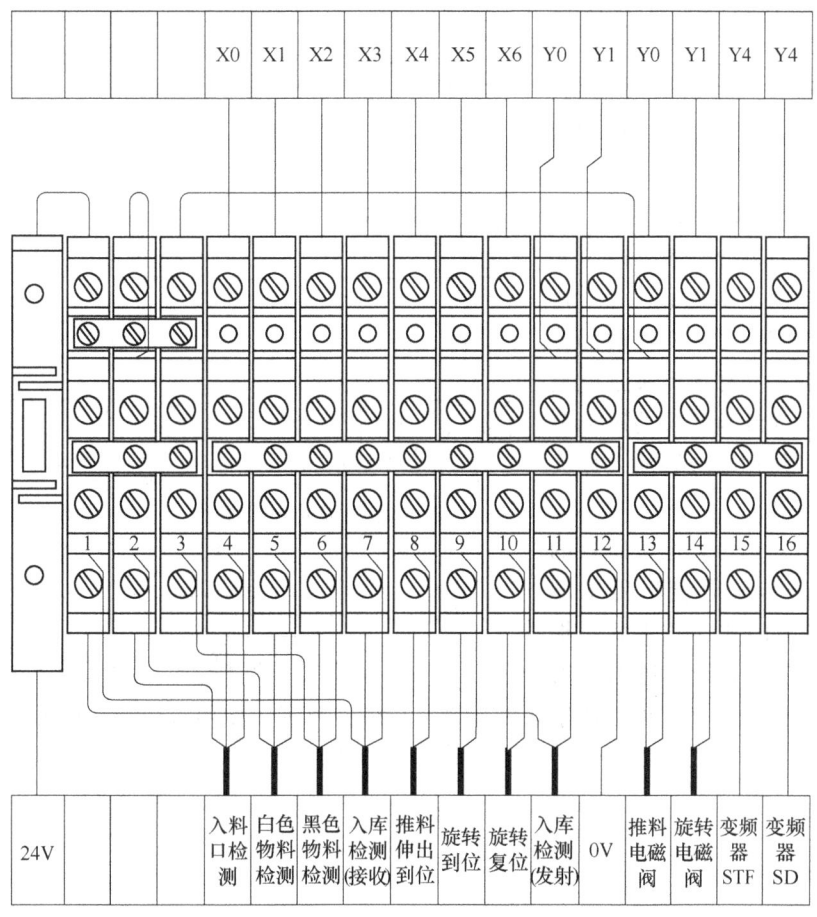

图 5-3 分拣站端子接线图

说明:
(1) 光电传感器引出线 棕色接"24V"电源,蓝色接"0V",黑色接 PLC 输入。
(2) 磁性传感器引出线 蓝色接"0V",棕色接 PLC 输入。
(3) 电磁阀引出线 红色接"24V",黑色接 PLC 输出。

### 5.1.3 气动控制原理

(1) 气动控制工作原理 本单元气动控制的工作原理如图 5-4 所示。其中执行机构分别为推料气缸和旋转气缸。1B1 为安装在推料气缸的前极限工作位置的磁性传感器,2B1 为安装在旋转气缸的前极限工作位置的磁性传感器。1Y1 和 2Y1 分别为控制推料气缸和旋转气缸的电磁阀的电磁控制端。

(2) 电磁阀组 分拣单元的电磁阀组只使用了两个由二位五通的带手控开关的单电控电磁阀,它们安装在汇流板上。这两个阀分别对白料推动气缸和黑料推动气缸的气路进行控制,以改变各自的动作状态,如图 5-5 所示。

分拣单元的推料气缸安装时需注意,一是安装位置,应使得工件从滑槽中间推出,二是要安装水平,或稍微向下,否则推出时易导致工件翻转。

采用的电磁阀带手控开关,有锁定(LOCK)和开启(PUSH)两种位置。在进行设备调试时，使手控开关处于开启位置，可以使用手控开关对阀进行控制，从而实现对相应气路的控制，以改变推料缸等执行机构的控制，达到调试的目的。

### 5.1.4 光纤传感器

在传送带上方分别装有两个光纤传感器，如图 5-6 所示。光纤传感器由光纤检测头、放大器两部分组成，放大器和光纤检测头是分离的两个部分，光纤检测头的尾端分成两条光纤，使用时分别插入放大器的两个光纤孔。

光纤传感器也是光电传感器的一种，相对于传统电量型传感器（热电偶、热电阻式、压阻式、振弦式、磁电式），光纤传感器具有

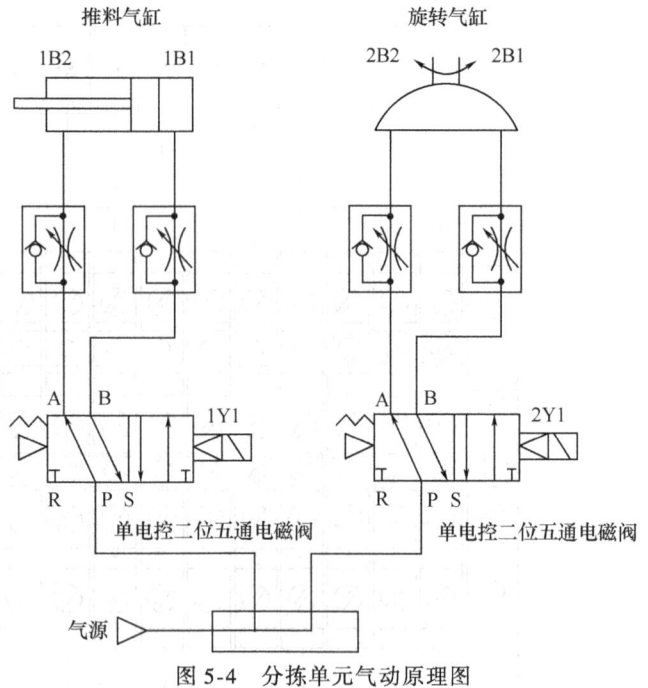

图 5-4 分拣单元气动原理图

下述优点：抗电磁干扰、可工作于恶劣环境，传输距离远，使用寿命长。此外，由于光纤头具有较小的体积，所以可以安装于狭小空间进行检测。

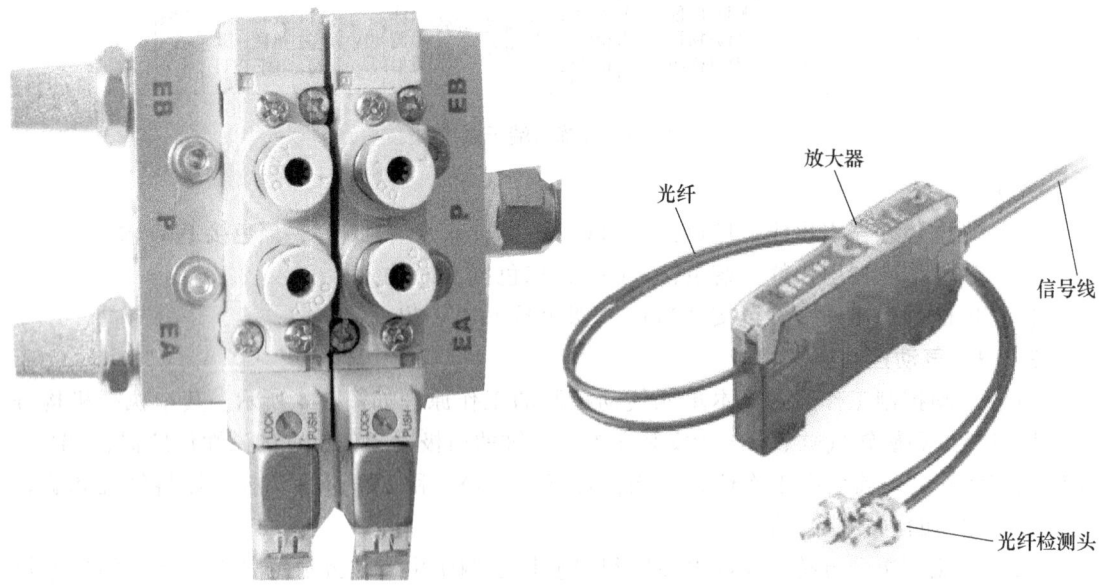

图 5-5 分拣单元电磁阀组　　　　　　图 5-6 光纤传感器组件

光纤传感器的放大器的灵敏度调节范围较大。当光纤传感器灵敏度调得较小时，反射性较差的黑色物体，光电探测器无法接收到反射信号；而反射性较好的白色物体，光电探测器就可以接收到反射信号。反之，若调高光纤传感器灵敏度，则即使对反射性较差的黑色物

体,光电探测器也可以接收到反射信号。从而可以通过调节灵敏度判别黑白两种颜色物体,将两种物料区分开,从而完成自动分拣。图 5-7 是放大器的安装示意图。

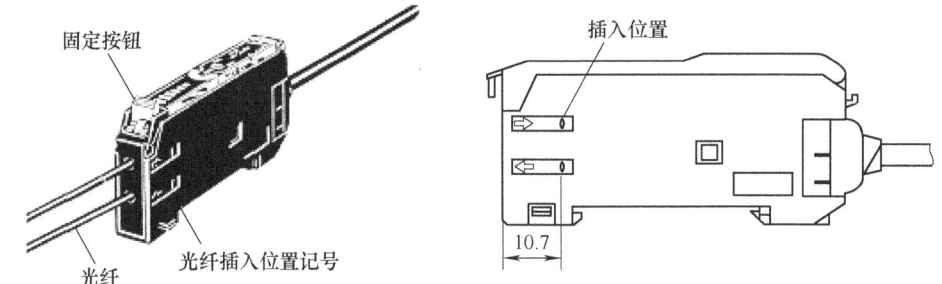

图 5-7　光纤传感器组件外形及放大器的安装示意图

E3X-NA11 型光纤传感器电路框图如图 5-8 所示,接线时注意根据导线颜色判断电源极性和信号输出线,切勿把信号输出线直接连接到电源 24V 端。

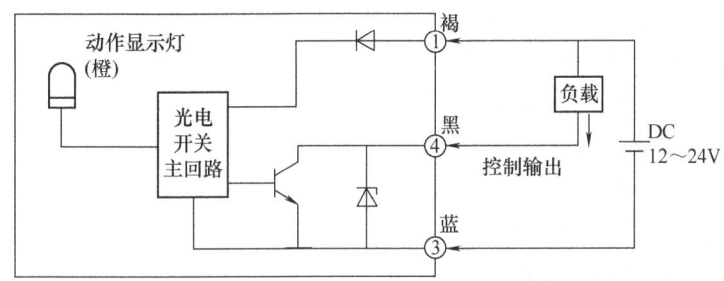

图 5-8　E3X-NA11 型光纤传感器电路框图

图 5-9 给出了放大器单元的俯视图,调节其中的"8 旋转灵敏度高速旋钮"就能进行放大器灵敏度调节(顺时针旋转灵敏度增大)。调节时,会看到"入光量显示灯"发光的变化。当探测器检测到物料时,"动作显示灯"会亮,提示检测到物料。

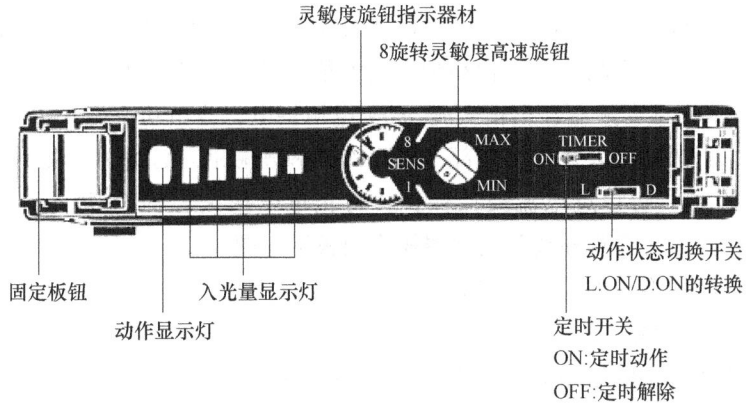

图 5-9　光纤传感器放大器的单元俯视图

### 5.1.5　传动机构

传动机构如图 5-10 所示,采用的三相交流减速电动机,用于拖动传送带从而输送物料。它主要由电动机支架、电动机、联轴器等组成。

三相交流减速电动机是传动机构的主要部分，电动机转速的快慢由变频器来控制。在安装和调整时，要注意电动机的轴和传送带主动轮的轴必须要保持在同一直线上。

### 5.1.6 分拣单元单站运行工艺流程

系统启动，分拣单元接收到复位信号后进行初始状态检查并复位，复位完成后接收到启动信号，传送带入料口位置的漫射式光电传感器检测到有工件时，变频器启动，驱动传动电动机，把工件带入分拣区。如果工件为白色，则该工件到达1号物料槽，传送带停止，工件被推料气缸推到1号物料槽中；如果为黑色，旋转气缸旋转，工件被导入2号物料槽中。当分拣槽对射传感器检测到有工件输入时，完成分拣任务。接收到停止信号，则在完成本次循环后停止工作。工作过程中接收到急停信号，则立即停止所有动作，急停解除后需重新复位才可以启动下次流程。

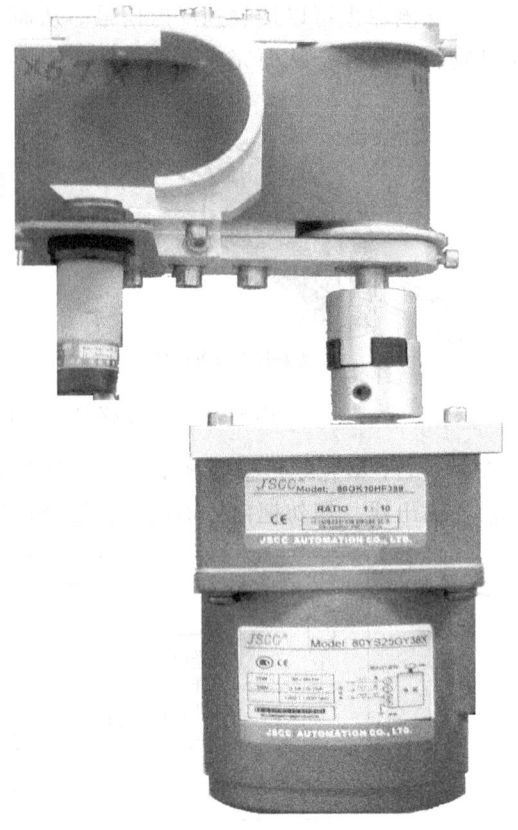

图5-10 传动机构

## 5.2 核心知识——变频器技术

1. 三菱变频器简介

THJDAL—2型生产自动线拆装与调试实训装置采用FR-E700系列高性能变频器，是FR-E500系列变频器的升级产品，是一种小型、高性能变频器。选用了E700系列变频器中的FR-E740-0.75K-CHT型变频器，三相交流380V电源供电，输出功率为0.75kW。具有八段速控制制动功能、再试功能以及根据外部SW调整频率增减和记忆功能。具备电流控制保护、跳闸（停止）保护、防止过电流失控保护、防止过电压失控保护功能。图5-11～图5-13分别为变频器模块、变频器外观及变频器操作面板示意图。

FR-E700系列变频器型号的通用形式如图5-14所示。

2. 变频器的安装和接线

FR-E740系列变频器主电路的通用接线如图5-15所示。

主电路图中有关说明：

1）端子P1、P/+之间用以连接直流电抗器，不需连接时，两端子间短路。

2）P/+与PR之间用以连接制动电阻器，P/+与N/-之间用以连接制动单元选件。设备均未使用，故用虚线画出。

# 项目 5　分拣单元的安装与调试

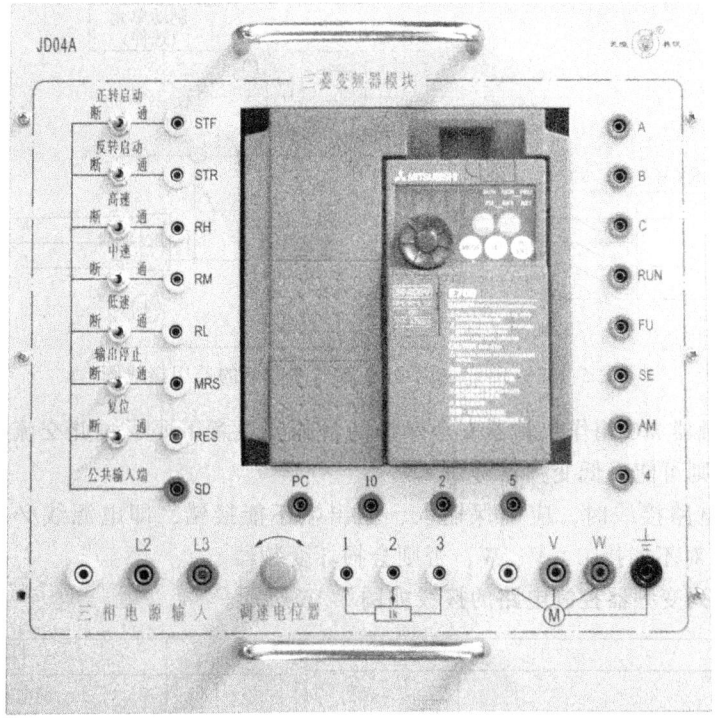

图 5-11　变频器模块

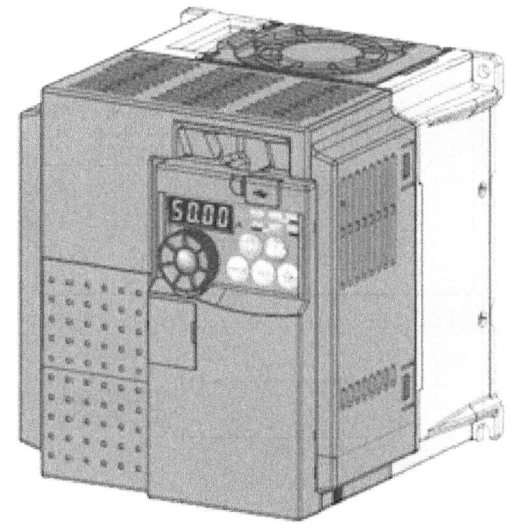

图 5-12　变频器外观

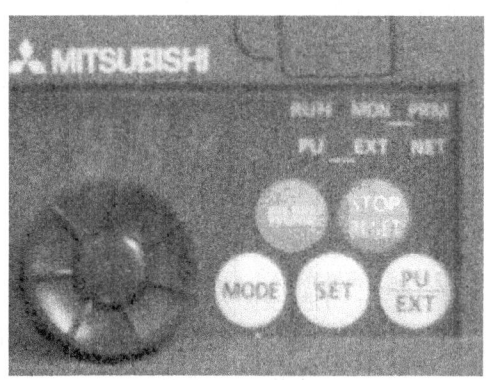

图 5-13　变频器操作面板

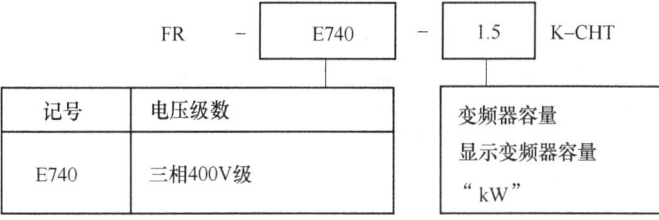

图 5-14　变频器型号

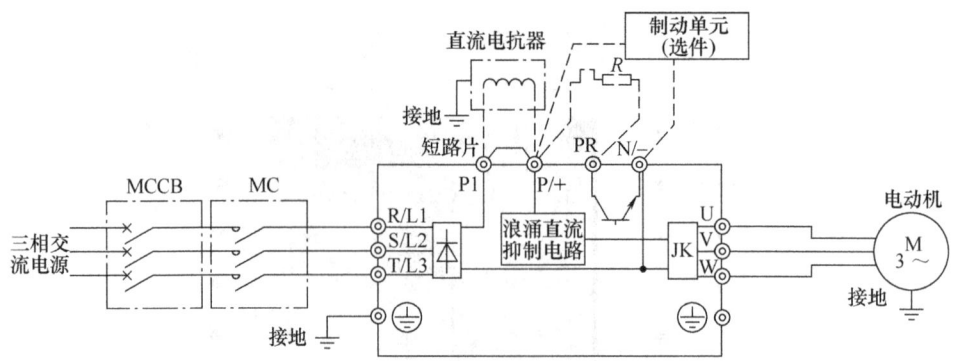

图 5-15　FR-E740 系列变频器主电路的通用接线图

3）交流接触器 MC 用作变频器安全保护的目的，注意不要通过此交流接触器来启动或停止变频器，否则可能降低变频器寿命。

4）进行主电路接线时，应确保输入、输出端不能接错，即电源线必须连接至 R/L1、S/L2、T/L3，绝对不能接 U、V、W，否则会损坏变频器。

FR-E740 系列变频器控制电路的接线如图 5-16 所示。

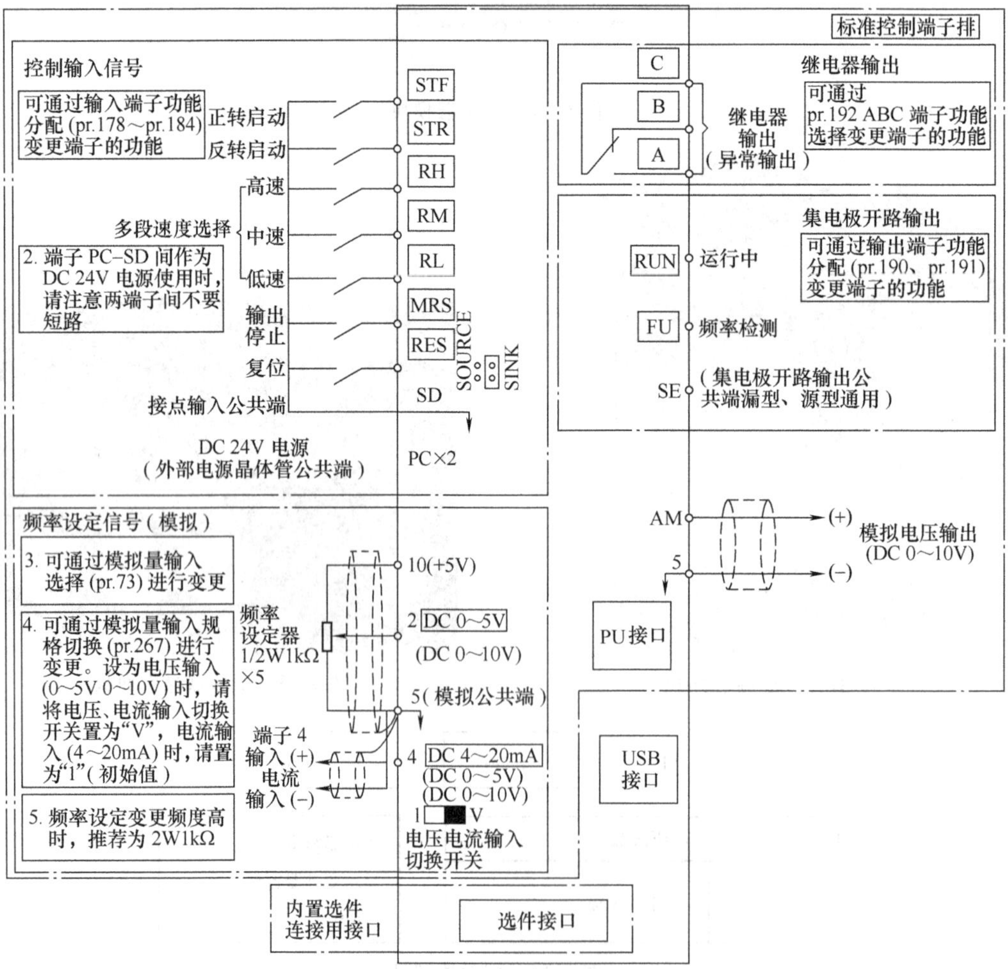

图 5-16　FR-E740 变频器控制电路接线图

FR-E740 系列变频器控制输入信号端子功能说明见表 5-2。

**表 5-2　控制输入信号端子功能说明**

| 种类 | 端子记号 | 端子名称 | 端子功能说明 | |
|---|---|---|---|---|
| 接点输入 | STF | 正转启动 | STF 信号 ON 时为正转、OFF 时为停止指令 | STF、STR 信号同时 ON 时变成停止指令 |
| | STR | 反转启动 | STR 信号 ON 时为反转、OFF 时为停止指令 | |
| | RH<br>RM<br>RL | 多段速度选择 | 用 RH、RM 和 RL 信号的组合可以选择多段速度 | |
| | MRS | 输出停止 | MRS 信号 ON（20ms 或以上）时，变频器输出停止<br>用电磁制动器停止电动机时用于断开变频器的输出 | |
| | RES | 复位 | 用于解除保护电路动作时的报警输出。使 RES 信号处于 ON 状态 0.1s 或以上，然后断开<br>初始设定为始终可进行复位。但进行了 Pr.75 的设定后，仅在变频器报警发生时可进行复位。复位时间约为 1s | |
| | SD | 接点输入公共端（漏型）（初始设定） | 接点输入端子（漏型逻辑）的公共端子 | |
| | | 外部晶体管公共端（源型） | 源型逻辑时当连接晶体管输出（即集电极开路输出），例如，可编程序控制器（PLC）时，将晶体管输出用的外部电源公共端接到该端子时，可以防止因漏电引起的误动作 | |
| | | DC 24V 电源公共端 | DC 24V 0.1A 电源（端子 PC）的公共输出端子<br>与端子 5 及端子 SE 绝缘 | |
| | PC | 外部晶体管公共端（漏型）（初始设定） | 漏型逻辑时当连接晶体管输出（即集电极开路输出），例如，可编程序控制器（PLC）时，将晶体管输出用的外部电源公共端接到该端子时，可以防止因漏电引起的误动作 | |
| | | 接点输入公共端（源型） | 接点输入端子（源型逻辑）的公共端子 | |
| | | DC 24V 电源 | 可作为 DC 24V、0.1A 的电源使用 | |

FR-E740 系列变频器频率设定模拟信号输入端子的功能说明见表 5-3。

**表 5-3　输入端子的功能说明**

| 种类 | 端子编号 | 端子名称 | 端子功能说明 |
|---|---|---|---|
| 频率设定 | 10 | 频率设定用电源 | 作为外接频率设定（速度设定）用电位器时的电源使用（按照 Pr.73 模拟量输入选择） |
| | 2 | 频率设定（电压） | 如果输入 DC 0~5V（或 0~10V），在 5V（10V）时为最大输出频率，输入、输出成正比。通过 Pr.73 进行 DC 0~5V（初始设定）和 DC 0~10V 输入的切换操作 |
| | 4 | 频率设定（电流） | 若输入 DC 4~20mA（或 0~5V，0~10V），在 20mA 时为最大输出频率，输入、输出成正比。只有 AU 信号为 ON 时端子 4 的输入信号才会有效（端子 2 的输入将无效）。通过 Pr.267 进行 4~20mA（初始设定）和 DC 0~5V、DC 0~10V 输入的切换操作<br>电压输入（0~5V/0~10V）时，将电压/电流输入切换开关切换至"V"。 |
| | 5 | 频率设定公共端 | 频率设定信号（端子 2 或 4）及端子 AM 的公共端子。勿接大地 |

FR-E740 系列变频器控制电路接点输出端子功能说明见表 5-4。

表 5-4 控制电路接点输出端子的功能说明

| 种类 | 端子记号 | 端子名称 | 端子功能说明 | |
|---|---|---|---|---|
| 继电器 | A、B、C | 继电器输出(异常输出) | 指示变频器因保护功能动作时,输出停止的1c接点输出。异常时:B-C间不导通(A-C间导通),正常时:B-C间导通(A-C间不导通) | |
| 集电极开路 | RUN | 变频器正在运行 | 变频器输出频率大于或等于启动频率(初始值0.5Hz)时为低电平,已停止或正在直流制动时为高电平 | |
| | FU | 频率检测 | 输出频率大于或等于任意设定的检测频率时为低电平,未达到时为高电平 | |
| | SE | 集电极开路输出公共端 | 端子 RUN、FU 的公共端子 | |
| 模拟 | AM | 模拟电压输出 | 可以从多种监示项目中选一种作为输出。变频器复位中不被输出。输出信号与监示项目的大小成比例 | 输出项目:输出频率(初始设定) |

FR-E740 系列变频器控制电路网络接口功能说明见表 5-5。

表 5-5 控制电路网络接口的功能说明

| 种类 | 端子记号 | 端子名称 | 端子功能说明 |
|---|---|---|---|
| RS-485 | — | PU 接口 | 通过 PU 接口,可进行 RS-485 通信<br>·标准规格:EIA-485(RS-485)<br>·传输方式:多站点通信<br>·通信速率:4800~38400bit/s<br>·总长距离:500m |
| USB | — | USB 接口 | 与个人电脑通过 USB 连接后,可以实现 FR Configurator 的操作<br>·接口:USB1.1 标准<br>·传输速度:12Mbit/s<br>·连接器:USB 迷你-B 连接器(插座:迷你-B 型) |

3. 三菱变频器操作面板的基本功能

三菱变频器操作面板如图 5-17 所示。其上半部为面板显示器,下半部为 M 旋钮和各种按键。FR-E700 系列变频器的参数设置,通常利用固定在其上的操作面板(不能拆下)实现,也可以使用连接到变频器 PU 接口的参数单元(FR-PU07)实现。使用操作面板可以进行运行方式、频率的设定,运行指令监视,参数设定、错误表示等。它们的具体功能分别见表 5-6 和表 5-7。

4. 参数设置方法

三菱变频器参数设置方法见表 5-8 ~ 表 5-10。

## 项目 5 分拣单元的安装与调试

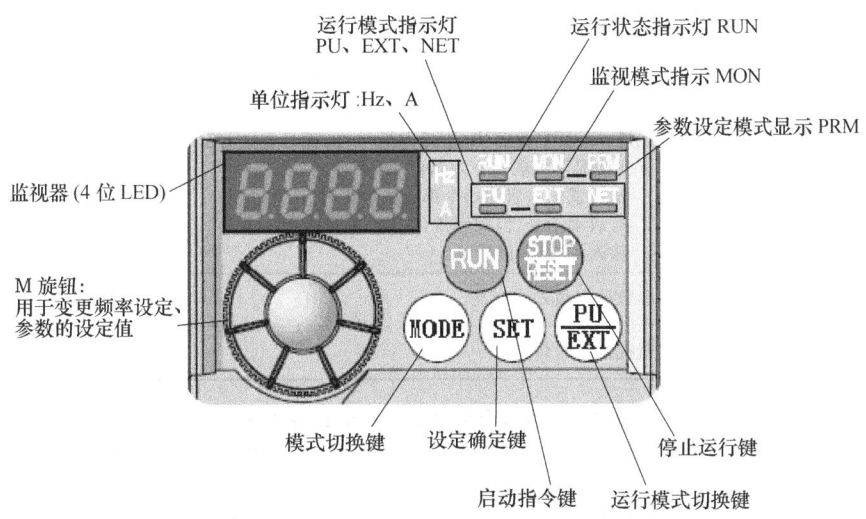

图 5-17　FR-E700 的操作面板

表 5-6　旋钮、按键功能

| 旋钮和按键 | 功　能 |
|---|---|
| M 旋钮(三菱变频器旋钮) | 旋动该旋钮用于变更频率设定、参数的设定值。按下该旋钮可显示以下内容：<br>· 监视模式时的设定频率<br>· 校正时的当前设定值<br>· 报警历史模式时的顺序 |
| 模式切换键 MODE | 用于切换各设定模式。和运行模式切换键同时按下也可以用来切换运行模式。长按此键(2s)可以锁定操作 |
| 设定确定键 SET | 各设定的确定<br>此外，当运行中按此键则监视器出现以下显示：<br>运行频率 → 输出电流 → 输出电压 |
| 运行模式切换键 PU/EXT | 用于切换 PU/外部运行模式<br>使用外部运行模式(通过另接的频率设定电位器和启动信号启动的运行)时按此键，使表示运行模式的 EXT 处于亮灯状态<br>切换至组合模式时，可同时按 MODE 键 0.5s，或者变更参数 Pr.79 |
| 启动指令键 RUN | 在 PU 模式下，按此键启动运行<br>通过 Pr.40 的设定，可以选择旋转方向 |
| 停止运行键 STOP/RESET | 在 PU 模式下，按此键停止运转<br>保护功能(严重故障)生效时，也可以进行报警复位 |

表 5-7　运行状态显示

| 显　示 | 功　能 |
|---|---|
| 运行模式显示 | PU：PU 运行模式时灯亮<br>EXT：外部运行模式时灯亮<br>NET：网络运行模式时灯亮 |
| 监视器(4 位 LED) | 显示频率、参数编号等 |
| 监视数据单位显示 | Hz：显示频率时灯亮；　A：显示电流时灯亮<br>(显示电压时灯灭，显示设定频率监视时灯闪烁) |

(续)

| 显 示 | 功 能 |
|---|---|
| 运行状态显示 RUN | 当变频器动作中亮灯或者闪烁，其中：<br>亮灯——正转运行中；缓慢闪烁(1.4s循环)——反转运行中<br>下列情况下出现快速闪烁(0.2s循环)：<br>· 按键或输入启动指令都无法运行时<br>· 有启动指令，但频率指令在启动频率以下时<br>· 输入了 MRS 信号时 |
| 参数设定模式显示 PRM | 参数设定模式时灯亮 |
| 监视器显示 MON | 监视模式时灯亮 |

表 5-8 恢复参数为出厂值的设置方法

| 设置步骤 | 操 作 | 显 示 |
|---|---|---|
| 1 | 电源接通时显示的监视器画面 | 0.00 |
| 2 | 按"PU"键，进入 PU 运行模式 | PU 显示灯亮 |
| 3 | 按"MODE"键，进入参数设定模式 | P0 |
| 4 | 旋转"M 旋钮"，将参数编号设定为 ALLC | ALLC |
| 5 | 按"SET"键，读取当前的设定值 | 0 |
| 6 | 旋转"M 旋钮"，将值设定为 1 | 1 |
| 7 | 按"SET"键确定 | 闪烁 |

表 5-9 变更参数的设定值

| 设置步骤 | 操 作 | 显 示 |
|---|---|---|
| 1 | 电源接通时显示的监视器画面 | 0.00 |
| 2 | 按"PU"键，进入 PU 运行模式 | PU 显示灯亮 |
| 3 | 按"MODE"键，进入参数设定模式 | P0 |
| 4 | 旋转"M 旋钮"，将参数编号设定为 P1 | P1 |
| 5 | 按"SET"键，读取当前的设定值 | 120.0 |
| 6 | 旋转"M 旋钮"，将参数编号设定为 50.00HZ | 50.00 |
| 7 | 按"SET"键确定 | 闪烁 |

表 5-10 主要参数设置

| 序 号 | 参数代号 | 初始值 | 设置值 | 功能说明 |
|---|---|---|---|---|
| 1 | P1 | 120 | 50 | 上限频率(Hz) |
| 2 | P2 | 0 | 0 | 下限频率(Hz) |
| 3 | P3 | 50 | 50 | 电动机额定频率 |
| 7 | P7 | 5 | 2 | 加速时间 |
| 8 | P8 | 5 | 0 | 减速时间 |
| 9 | P79 | 0 | 3 | 运行模式选择 |

如果分拣单元的机械部分已经装配好，在完成主电路接线后，就可以用变频器驱动电动机试运行。若变频器的运行模式参数 Pr.79 为出厂设置值，把调速电位器的三个引出端 1、

2、3 端分别连接到变频器的端子 10、2、5，并向左旋动电位器到底；接通电源后，拨通 STF 端子左边的钮子开关，慢慢向右旋动电位器，可以看到电动机正向转动，变频器输出频率逐渐增大，电动机转速逐渐升高。

在分拣单元的机械部分装配完成后，进行电动机试运行是必要的，这可以检查机械装配的质量，以便作进一步的调整。

5. 变频器的运行模式设定

由表 5-6 和表 5-7 可见，在变频器不同的运行模式下，各种按键、M 旋钮的功能各异。所谓运行模式是指对输入到变频器的启动指令和设定频率的命令来源的指定。

一般来说，使用控制电路端子、在外部设置电位器和开关来进行操作的是"外部运行模式"；使用操作面板或参数单元输入启动指令、设定频率的是"PU 运行模式"；通过 PU 接口进行 RS-485 通信或使用通信选件的是"网络运行模式（NET 运行模式）"。在进行变频器操作以前，必须了解其各种运行模式，才能进行各项操作。

FR-E700 系列变频器通过参数 Pr.79 的值来指定变频器的运行模式，设定值范围为 0，1，2，3，4，6，7；这 7 种运行模式的内容以及相关 LED 指示灯的状态见表 5-11。

表 5-11 运行模式选择 (Pr.79)

| 设定值 | 内容 | LED 显示状态（■：灯灭 □：灯亮） |
|---|---|---|
| 0 | 外部/PU 切换模式,通过 PU/EXT 键可切换 PU 与外部运行模式。<br>注意:接通电源时为外部运行模式 | 外部运行模式:<br>PU 运行模式: |
| 1 | 固定为 PU 运行模式 | |
| 2 | 固定为外部运行模式<br>可以在外部、网络运行模式间切换运行 | 外部运行模式:<br>网络运行模式: |
| 3 | 外部/PU 组合运行模式 1<br><br>频率指令：用操作面板设定或用参数单元设定,或外部信号输入（多段速设定,端子 4-5 间,AU 信号 ON 时有效）<br>启动指令：外部信号输入（端子 STF、STR） | |
| 4 | 外部/PU 组合运行模式 2<br><br>频率指令：外部信号输入（端子 2、4、JOG、多段速选择等）<br>启动指令：通过操作面板的 RUN 键,或通过参数单元的 FWD、REV 键来输入 | |
| 6 | 切换模式,可以在保持运行状态的同时,进行 PU 运行、外部运行、网络运行的切换 | PU 运行模式:<br>外部运行模式:<br>网络运行模式: |
| 7 | 外部运行模式（PU 运行互锁）<br>X12 信号 ON 时,可切换到 PU 运行模式（外部运行中输出停止）<br>X12 信号 OFF 时,禁止切换到 PU 运行模式 | PU 运行模式:<br>外部运行模式: |

变频器出厂时，参数 Pr.79 设定值为 0。当停止运行时用户可以根据实际需要修改其设定值。

修改 Pr.79 设定值的一种方法，是按"MODE"键使变频器进入参数设定模式；旋动"M 旋钮"，选择参数 Pr.79，用"SET"键确定；然后再旋动"M 旋钮"选择合适的设定值，用"SET"键确定；两次按"MODE"键后，变频器的运行模式将变更为设定的模式。

图 5-18 是设定参数 Pr.79 的一个例子。该例子把变频器从固定外部运行模式变更为组合运行模式 1。

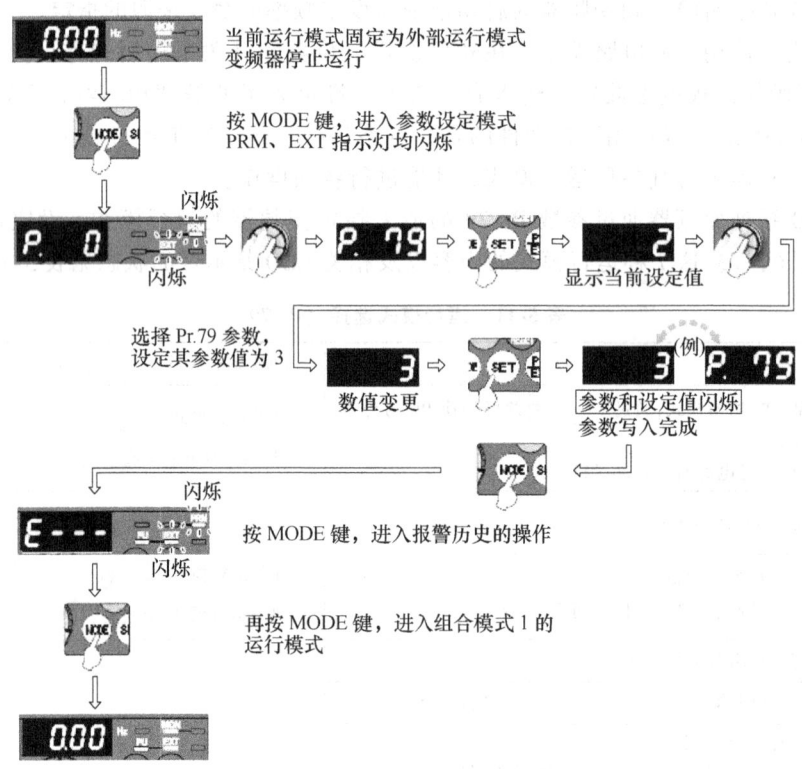

图 5-18 变频器的运行模式变更例子

6. 参数设定

变频器参数的出厂设定值被设置为完成简单的变速运行。如需按照负载和操作要求设定参数，则应进入参数设定模式，先选定参数号，然后设置其参数值。设定参数分两种情况，一种是停机（STOP）方式下重新设定参数，这时可设定所有参数；另一种是在运行时设定，这时只允许设定部分参数，但是可以核对所有参数号及参数。图 5-19 是参数设定过程的一个例子，所完成的操作是把参数 Pr.1（上限频率）由出厂设定值 120.0Hz 变更为 50.0Hz，假定当前运行模式为外部/PU 切换模式（Pr.79 =0）。

在图 5-19 的参数设定过程，需要先切换到 PU 模式下，再进入参数设定模式，与图 5-18 的方法有所不同。实际上，在任一运行模式下，按"MODE"键，都可以进入参数设定，如图 5-18 所示，但只能设定部分参数。

FR-E700 变频器有几百个参数，实际使用时，只需根据使用现场的要求设定部分参数，其余按出厂设定即可，熟悉一些常用参数的设置是有必要的。

项目 5 分拣单元的安装与调试

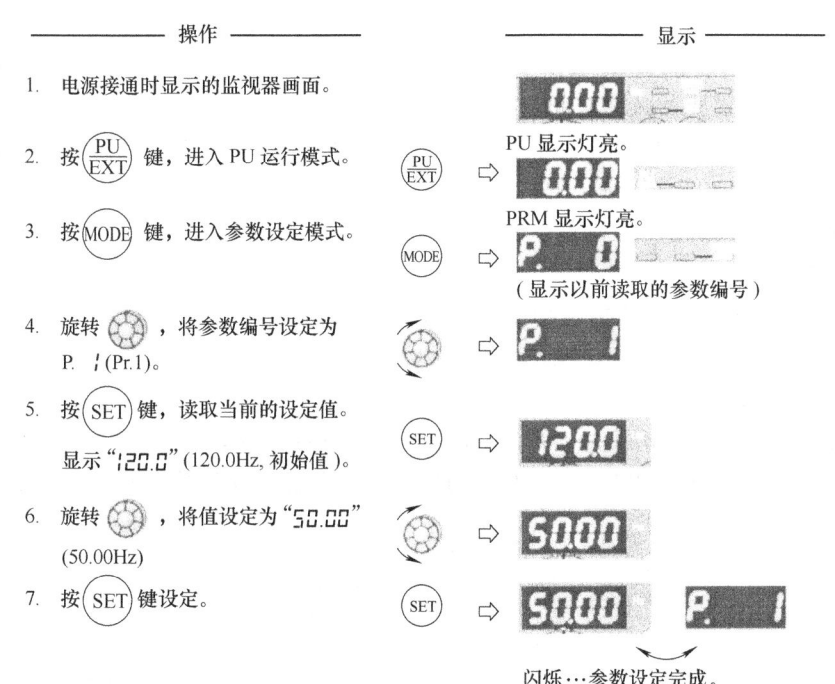

图 5-19 变更参数的设定值示例

下面根据分拣单元工艺过程对变频器的要求,介绍一些常用参数的设定。

(1) 输出频率的限制 (Pr.1、Pr.2、Pr.18)　为了限制电动机的速度,应对变频器的输出频率加以限制。用 Pr.1 "上限频率" 和 Pr.2 "下限频率" 来设定,可将输出频率的上、下限钳位。

当在 120Hz 以上运行时,用参数 Pr.18 "高速上限频率" 设定高速输出频率的上限。

Pr.1 与 Pr.2 出厂设定范围为 0~120Hz,出厂设定值分别为 120Hz 和 0Hz。Pr.18 出厂设定范围为 120~400Hz。输出频率和设定值的关系如图 5-20 所示。

(2) 加、减速时间 (Pr.7、Pr.8、Pr.20、Pr.21)　各参数的意义及设定范围如表 5-12 所示。

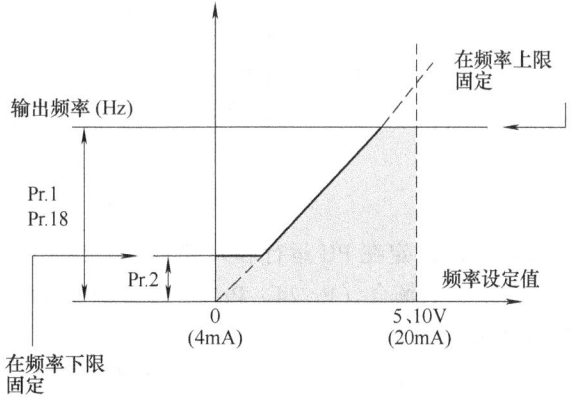

图 5-20 输出频率与设定频率关系

表 5-12 加/减速时间相关参数的意义及设定范围

| 参数号 | 参数意义 | 出厂设定 | 设定范围 | 备　　注 |
|---|---|---|---|---|
| Pr.7 | 加速时间 | 5s | 0~3600/360s | 根据 Pr.21 加/减速时间单位的设定值进行设定。初始值的设定范围为 "0~3600s"、设定单位为 "0.1 s" |
| Pr.8 | 减速时间 | 5s | 0~3600/360s | |
| Pr.20 | 加/减速基准频率 | 50Hz | 1~400Hz | |
| Pr.21 | 加/减速时间单位 | 0 | 0/1 | 0:0~3600s;单位:0.1s<br>1:0~360s;　单位:0.01s |

设定说明：①用 Pr.20 为加/减速的基准频率，在我国就选为 50Hz；②Pr.7 加速时间用于设定从停止到 Pr.20 加/减速基准频率的加速时间；③Pr.8 减速时间用于设定从 Pr.20 加/减速基准频率到停止的减速时间。

（3）多段速运行模式的操作　当运行模式 Pr.79 设置为 2 或 4 时，变频器可以通过外接的开关器件的组合通断改变输入端子的状态来实现。这种控制频率的方式称为多段速控制功能。

FR-E740 变频器的速度控制端子是 RH、RM 和 RL。通过这些开关的组合可以实现 3 段、7 段的控制。

转速的切换：由于转速的档次是按二进制的顺序排列的，故 3 个输入端可以组合成 3 档至 7 档（0 状态不计）转速。其中，3 段速由 RH、RM、RL 单个通断来实现。7 段速由 RH、RM、RL 通断的组合来实现。

7 段速的各自运行频率则由参数 Pr.4 ~ Pr.6（设置前 3 段速的频率）、Pr.24 ~ Pr.27（设置第 4 段速至第 7 段速的频率）。对应的控制端状态及参数关系如图 5-21 所示。

| 参数号 | 出厂设定 | 设定范围 | 备注 |
| --- | --- | --- | --- |
| 4 | 50Hz | 0~400Hz | |
| 5 | 30Hz | 0~400Hz | |
| 6 | 10Hz | 0~400Hz | |
| 24~27 | 9999 | 0~400Hz,9999 | 9999：未选择 |

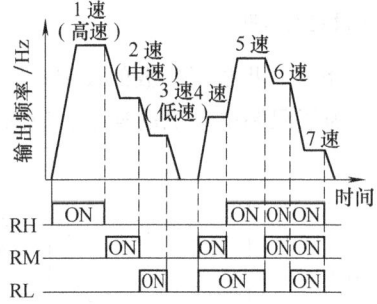

1 速：RH 单独接通，Pr.4 设定频率
2 速：RM 单独接通，Pr.5 设定频率
3 速：RL 单独接通，Pr.6 设定频率
4 速：RM、RL 同时通，Pr.24 设定频率
5 速：RH、RL 同时通，Pr.25 设定频率
6 速：RH、RM 同时通，Pr.26 设定频率
7 速：RH、RM、RL 全通，Pr.27 设定频率

图 5-21　多段速控制对应的控制端状态及参数关系

多段速度设定在 PU 运行和外部运行中都可以设定。运行期间参数值也能被改变。

3 速设定的场合（Pr.24 ~ Pr.27 设定为 9999），2 速以上同时被选择时，低速信号的设定频率优先。

最后指出，如果把参数 Pr.183 设置为 8，将 RMS 端子的功能转换成多速段控制端 REX，就可以用 RH、RM、RL 和 REX（由）通断的组合来实现 15 段速。详细的说明请参阅 FR-E700 使用手册。

（4）通过模拟量输入（端子 2、4）设定频率　分拣单元变频器的频率设定，除了用 PLC 输出端子控制多段速度设定外，也有连续设定频率的需求。例如，在变频器安装和接线完成进行运行试验时，常用调速电位器连接到变频器的模拟量输入信号端，进行连续调速试验。此外，在触摸屏上指定变频器的频率，则此频率也应该是连续可调的。需要注意的是，如果要用模拟量输入（端子 2、4）设定频率，则 RH、RM、RL 端子应断开，否则多段速度设定优先。

1) 模拟量输入信号端子的选择。FR-E700 系列变频器提供两个模拟量输入信号端子 (端子2、4) 用作连续变化的频率设定。在出厂设定情况下，只能使用端子2，端子4 无效。

要使端子 4 有效，需要在各接点输入端子 STF、STR... RES 等之中选择一个，将其功能定义为 AU 信号输入。则当这个端子与 SD 端短接时，AU 信号为 ON，端子 4 变为有效，端子 2 变为无效。

例如，选择 RES 端子用作 AU 信号输入，则设置参数 Pr. 184 = "4"，在 RES 端子与 SD 端之间连接一个开关，当此开关断开时，AU 信号为 OFF，端子 2 有效；反之，当此开关接通时，AU 信号为 ON，端子 4 有效。

2) 模拟量信号的输入规格。如果使用端子2，模拟量信号可为 0~5V 或 0~10V 的电压信号，用参数 Pr. 73 指定，其出厂设定值为 1，指定为 0~5V 的输入规格，并且不能可逆运行。参数 Pr. 73 参数的取值范围为 0，1，10，11，具体内容见表 5-13。

如果使用的端子 4，模拟量信号可为电压输入（0~5V、0~10V）或电流输入（4~20mA 初始值），用参数 Pr. 267 和电压/电流输入切换开关设定，并且要输入与设定相符的模拟量信号。Pr. 267 取值范围为 0，1，2，具体内容见表 5-13。

表 5-13 模拟量输入选择 (Pr. 73、Pr. 267)

| 参数编号 | 名称 | 初始值 | 设定范围 | 内 容 | |
|---|---|---|---|---|---|
| 73 | 模拟量输入选择 | 1 | 0 | 端子 2 输入 0~10V | 无可逆运行 |
| | | | 1 | 端子 2 输入 0~5V | |
| | | | 10 | 端子 2 输入 0~10V | 有可逆运行 |
| | | | 11 | 端子 2 输入 0~5V | |
| 267 | 端子 4 输入选择 | 0 | 0 | 电压/电流输入切换开关 | 内容 |
| | | | | [I ▮ V] | 端子 4 输入 4~20mA |
| | | | 1 | [I ▮ V] | 端子 4 输入 0~5V |
| | | | 2 | | 端子 4 输入 0~10V |

必须注意的，是若发生切换开关与输入信号不匹配的错误（如开关设定为电流输入 I，但端子输入却为电压信号；或反之）时，会导致外部输入设备或变频器故障。

对于频率设定信号（DC 0~5V、0~10V 或 4~20mA）的相应输出频率的大小可用参数 Pr. 125（对端子 2）或 Pr. 126（对端子 4）设定，用于确定输入增益（最大）的频率。它们的出厂设定值均为 50Hz，设定范围为 0~400Hz。

注意：电压输入时，输入电阻为 10kΩ±1kΩ、最大容许电压为 DC 20V。电流输入时，输入电阻为 233Ω±5Ω、最大容许电流为 30mA。

(5) 参数清除  如果用户在参数调试过程中遇到问题，并且希望重新开始调试，可用参数清除的操作方法来实现。即在 PU 运行模式下，设定 Pr. CL 参数清除、ALLC 参数全部清除均为 "1"，可使参数恢复为初始值（但如果设定 Pr. 77 参数写入选择 = "1"，则无法清除）。参数清除操作，需要在参数设定模式下，用 M 旋钮选择参数编号为 Pr. CL 和 ALLC，把它们的值均置为 1，操作步骤如图 5-22 所示。

7. 变频器安全操作注意事项

在对变频器进行安装调试时必须遵守以下安全操作规程。

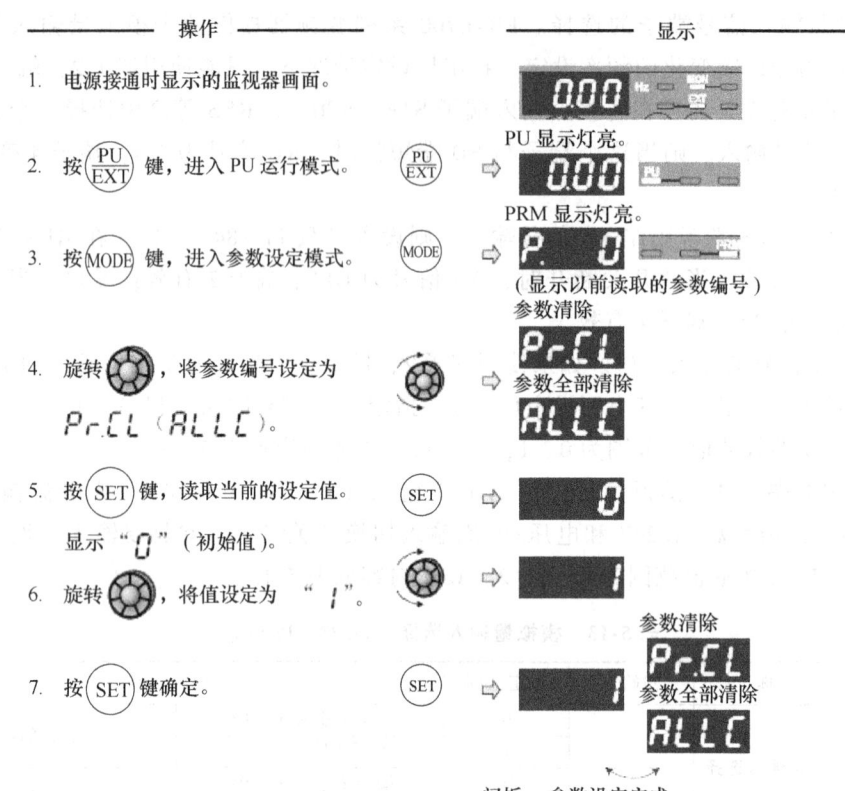

图 5-22 参数全部清除的操作示意图

1）在进行安装、接线等操作时，务必在切断电源后进行，以避免发生事故。

2）在进行配线时，勿将配线屑或导电物落入可编程序控制器或变频器内。

3）勿将异常电压接入 PLC 或变频器电源输入端，以避免损坏 PLC 或变频器。

4）勿将交流电源接于 PLC 或变频器输入/输出端子上，以避免烧坏 PLC 或变频器，需仔细检查接线是否有误。

5）在变频器输出端子（U、V、W）处不要连接交流电源，以避免受伤及火灾，需仔细检查接线是否有误。

6）当变频器通电或正在运行时，勿打开变频器前盖板，否则危险。

7）变频器的电源输入端 L1、L2、L3 分别接到电源模块中三相交流电源 U、V、W 端；变频器输出端 U、V、W 分别接到接线端子排的电动机输入端 1、2、3。

8. 知识技能训练

分拣单元的机械部分已经装配好，在完成主电路接线后，用调试电位器调速进行传送带的调速控制。操作过程如下。

1）调速电位器的三个引出端 1、2、3 端分别连接到变频器的端子 10、2、5，并向左旋动电位器到底。

2）设置运行模式参数 Pr.79 为 2。

3）接通电源后，拨通 STF 端子左边的开关。

4）慢慢向右旋动电位器，电动机正向转动。

5）变频器输出频率逐渐增大，传送带速度加快。

分拣单元的机械部分已经装配好，在完成主电路接线后，工件放在入口处，电动机以 20Hz 正转 2s，工件由入口到终点后，电动机再以 30Hz 反转至入口处。操作过程及步骤如下。

1）设置运行模式参数 Pr.79 为 2。
2）设置中高低速，Pr.4 为 50，Pr.5 为 30，Pr.6 为 20。
3）入口放入工件。
4）拨通 STF 和 RL 端子左边的开关。
5）2s 后，关断 STF 和 RL 端子左边的开关，同时拨通 STR 和 RM 端子左边的开关。

利用按钮模块、主站 PLC 和连接好的分拣单元，完成下述功能：按下"启动"按钮后，工件放在入口处，光电传感器检测到后，电动机以 10Hz 正转 3s，工件停止 2s，然后，电动机再以 30Hz 反转至工件回到入口处完成一次循环。操作过程及步骤如下。

1）设计电路，画出原理图（图 5-23，并接线）。

2）设置变频器的参数，根据题意，设置主要参数如下：设置运行模式参数 Pr.79 为 2；设置中高低速，Pr.4 为 50，Pr.5 为 30，Pr.6 为 10。

3）编写程序，调试程序。分拣单元程序如图 5-24 所示。

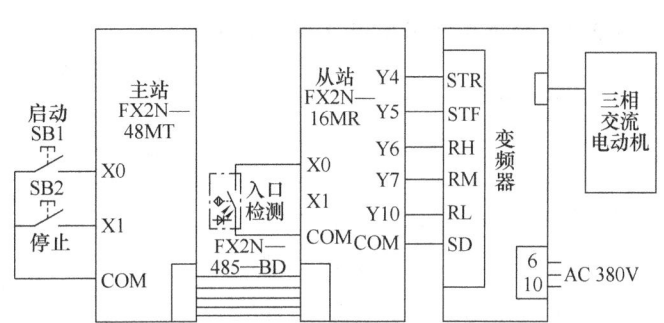

图 5-23　电气原理图

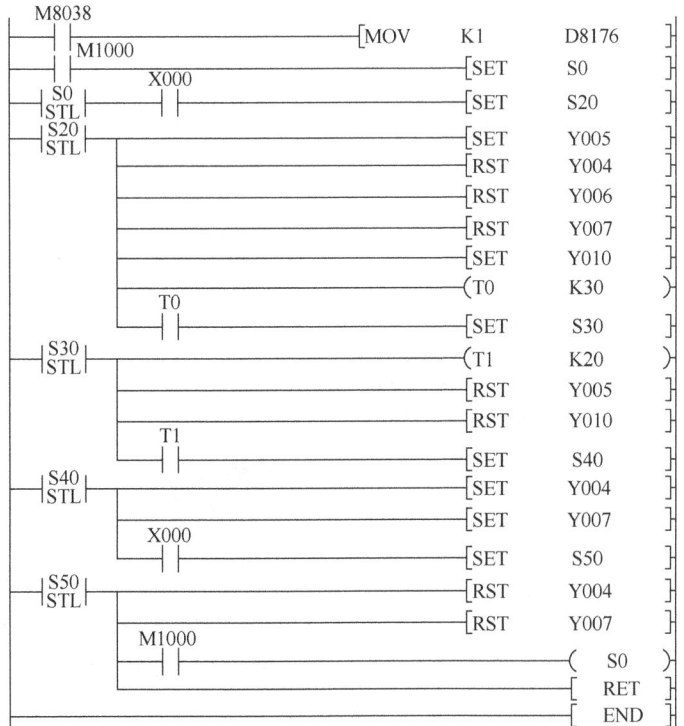

图 5-24　分拣单元程序

主站程序如图 5-25 所示。

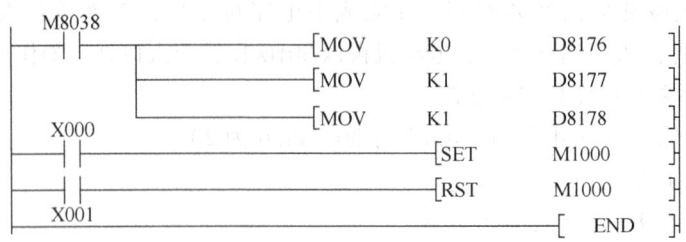

图 5-25 主站程序

## 5.3 分拣单元安装与调试项目实施

### 5.3.1 分拣单元资讯单（表 5-14）

表 5-14 分拣单元资讯单

| 姓名 | | 组号 | | 班级/学号 | | 工作时间 | |
|---|---|---|---|---|---|---|---|
| 元件认知 ||||||||
| 元件名称 | 外 观 图 ||| 相 关 问 题 ||||
| 光电传感器 | ||| ①其工作原理是什么？②怎么进行电气接线？③在本单元中起到什么作用 ||||
| 光纤传感器 | ||| ①其工作原理是什么？②怎么进行电气接线？③在本单元中起到什么作用 ||||
| 摆动气马达 | ||| ①本单元中摆动气马达的工作原理是什么？②其摆动角度如何调节 ||||
| 变频器 | ||| ①变频器的作用是什么？②当用 PLC 控制变频器时，其参数应如何设置？③Pr.5 = 45Hz 的含义是什么 ||||
| FX2N—16MR | ||| ①该 PLC 型号的含义是什么？②为什么本单元选用该型号的 PLC ||||

## 5.3.2 分拣单元安装与调试计划单（表 5-15）

**表 5-15 分拣单元安装与调试计划单**

| 分拣单元工艺流程熟悉 ||
|---|---|
| 观察教师操作样机，掌握分拣单元工作过程 | □ 是　　□ 否 |
| 工艺流程描述 ||
|  ||

| 制订工作计划<br>（小组讨论、咨询教师、将下述文件填写完整） ||
|---|---|
| 分拣单元机械结构安装 | （分工情况，安装顺序、注意点、需要的设备工具等） |
| 气路连接与调试 | （分工情况，连接顺序、注意点、需要的设备工具等） |
| 电路原理及接线 | （分工情况，安装顺序、注意点、需要的设备工具等） |
| 变频器连接及参数设置 | （分工情况，连接顺序及注意事项、面板操作要领、参数设置要领、需要的设备工具等） |
| 程序编写与调试 | （分工情况，编程思路、注意点、需要的设备工具等） |
| 整体调试 | （分工情况，调试步骤、注意点、需要的设备工具等） |

### 5.3.3 分拣单元各项任务实施单（表 5-16 ~ 表 5-21）

**表 5-16 任务一 分拣单元机械结构安装实施单**

| 项目计划已与教师沟通,可以实施 | □ 是　　□ 否 |
|---|---|
| 任务一 分拣单元机械结构安装 | |
| 训练目标 | 将分拣单元的机械部分拆开成组件和零件的形式,然后再组装成原样。着重掌握机械设备的安装、调整方法与技巧 |
| 安装要求 | 完成装配,装配正确,无紧固件松动,传送机构调整恰当 |
| 装配注意事项 | 1）装配前,应认真分析结构组成,认真思考。先装组件,再进行总装<br>2）选择合适螺栓（长度、直径）,完成构件之间安装<br>3）传送带托板与传送带两侧板的固定位置应调整好,以免传送带安装后凹入侧板表面,造成推料被卡住的现象<br>4）主动轴和从动轴的安装位置不能错,主动轴和从动轴的安装板的位置不能相互调换。要保证主动轴和从动轴的平行<br>5）传动带的张紧度应调整适中<br>6）为了使传动部分平稳可靠,噪声减小,特使用滚动轴承为动力回转件,但滚动轴承及其安装配合零件均为精密结构件,对其拆装需一定的技能和专用的工具,建议不要自行拆卸<br>7）预先在安装位置的铝型材"T"形槽中放置或预留与之相配的螺母,完成底板与工作台之间牢固连接<br>8）光电传感器和磁性传感器的安装位置以准确反应出动作为准<br>9）建议先进行装配,但不要一次拧紧各固定螺栓,待相互位置基本确定后,再依次进行调整固定 |
| 结构安装过程记录 | |
| 实施过程中遇到的问题与对策 | |
| 遇到的问题 | 对　　策 |
| | |
| 总　　结 | |

# 项目 5　分拣单元的安装与调试

表 5-17　任务二　分拣单元气动原理图绘制与气路连接实施单

| 任务一已完成,经教师认可进行下一项目 | □是　　□否 |
|---|---|

| 任务二　分拣单元气动原理图绘制与气路连接 | |
|---|---|
| 训练目标 | 进行气路设计,通过气动原理图的绘制与气路的连接,掌握常用气动元件的功用,具有设计简单气动原理图的能力,能正确连接气路 |
| 连接要求 | 正确连接气路,无漏气现象,气管排布整齐美观 |
| 注意事项 | 1)气体汇流板与电磁阀组的连接要求密封良好,无漏气现象<br>2)气管一定要在快速接头中插紧,不能有漏气现象<br>3)气路气管在连接走向时,应按序排布,整齐美观,不能出现交叉、打折、凌乱现象,所有外露气管用尼龙扎带进行绑扎,松紧程度以不使气管变形为宜<br>4)调整节流阀的开度控制气缸的动作速度,要求动作平稳 |
| 绘制气动原理图 | 在图 5-26 所示图纸中绘制分拣单元气动原理图,气动符号使用规范 |
| 气路连接过程记录 | |

| 实施过程中遇到的问题与对策 | |
|---|---|
| 遇到的问题 | 对　策 |
|  |  |
| 总　结 | |

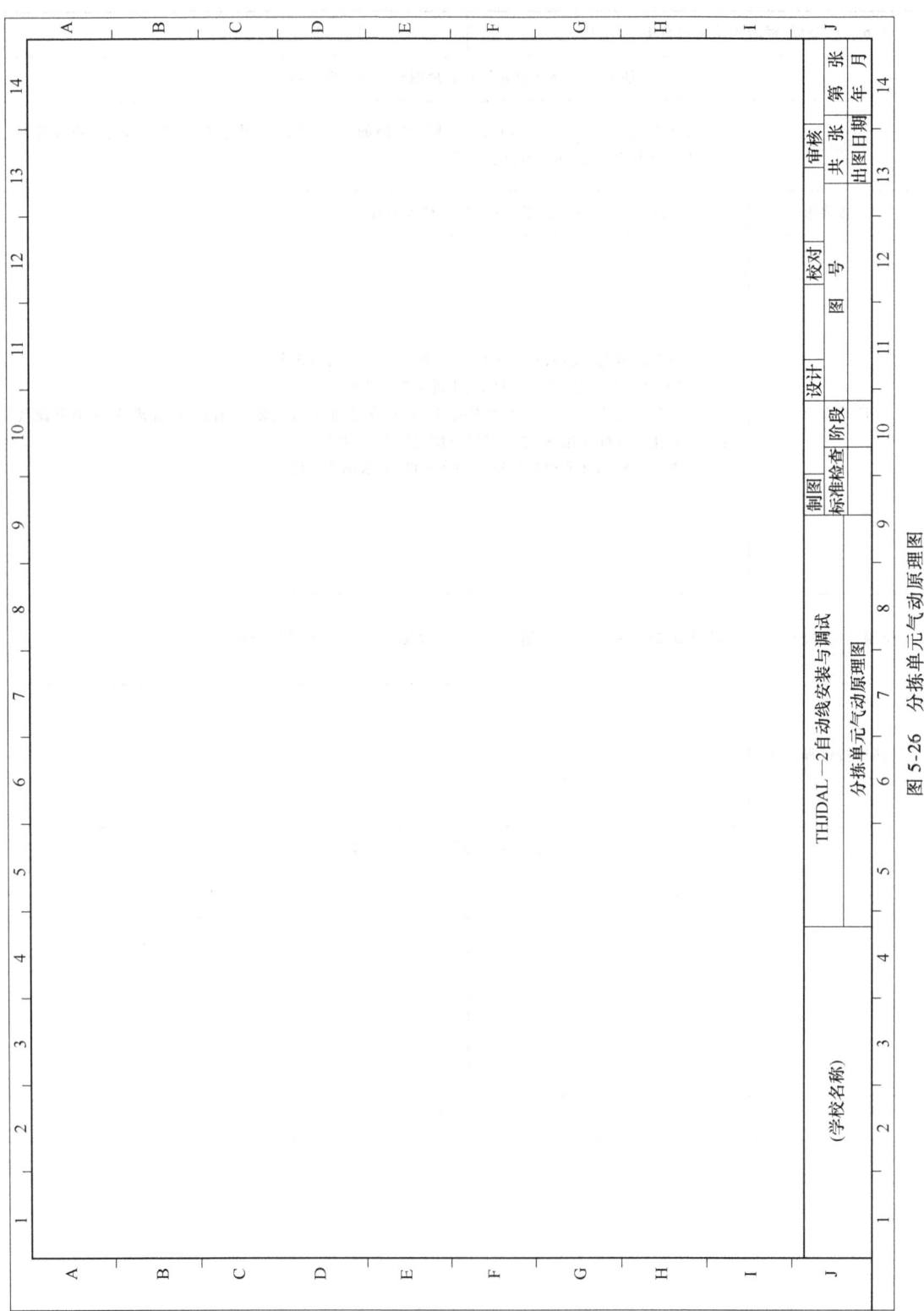

图 5-26 分拣单元气动原理图

## 项目 5  分拣单元的安装与调试

**表 5-18  任务三 分拣单元电气原理图的设计、电气电路的连接实施单**

| 任务二已完成,经教师认可进行下一项目 | □ 是   □ 否 |
|---|---|
| 任务三 分拣单元电气原理图的设计、电气电路的连接 ||
| 训练目标 | 能够设计分拣单元的电气原理图,使用电气符号规范,电气电路连接符合标准 |
| 电气原理图要求 | 电气原理图正确,能实现控制功能,正确连接电路,连接可靠,无松动,布线美观 |
| 注意事项 | 1) PLC AC 220V 电源需要单独供给,不能接入端子排,更不可与 DC 24V 电源混淆<br>2) 导线线端应该做冷压插针处理<br>3) 导线在端子上的压接以用手稍用力外拉为宜<br>4) 导线走向应该平顺有序,用尼龙扎带进行绑扎<br>5) 分拣单元的变频器模块是安装在抽屉式模块放置架上的。因此,该单元 PLC 输出到变频器控制端子的控制线,需首先通过接线端口连接到实训台面上的接线端子排上,然后用安全导线插接到变频器模块上。同样,变频器的驱动输出线也需首先用安全导线插接到实训台面上的接线端子排插孔,再由接线端子排连接到三相交流电动机 |
| 绘制电气原理图 | 在图 5-27 所示图纸中绘制电气原理图,电气符号使用规范,I/O 分配正确、合理 |
| 电气路连接过程记录 | |

| 实施过程中遇到的问题与对策 ||
|---|---|
| 遇到的问题 | 对　策 |
|  |  |

| 总　结 |
|---|
|  |

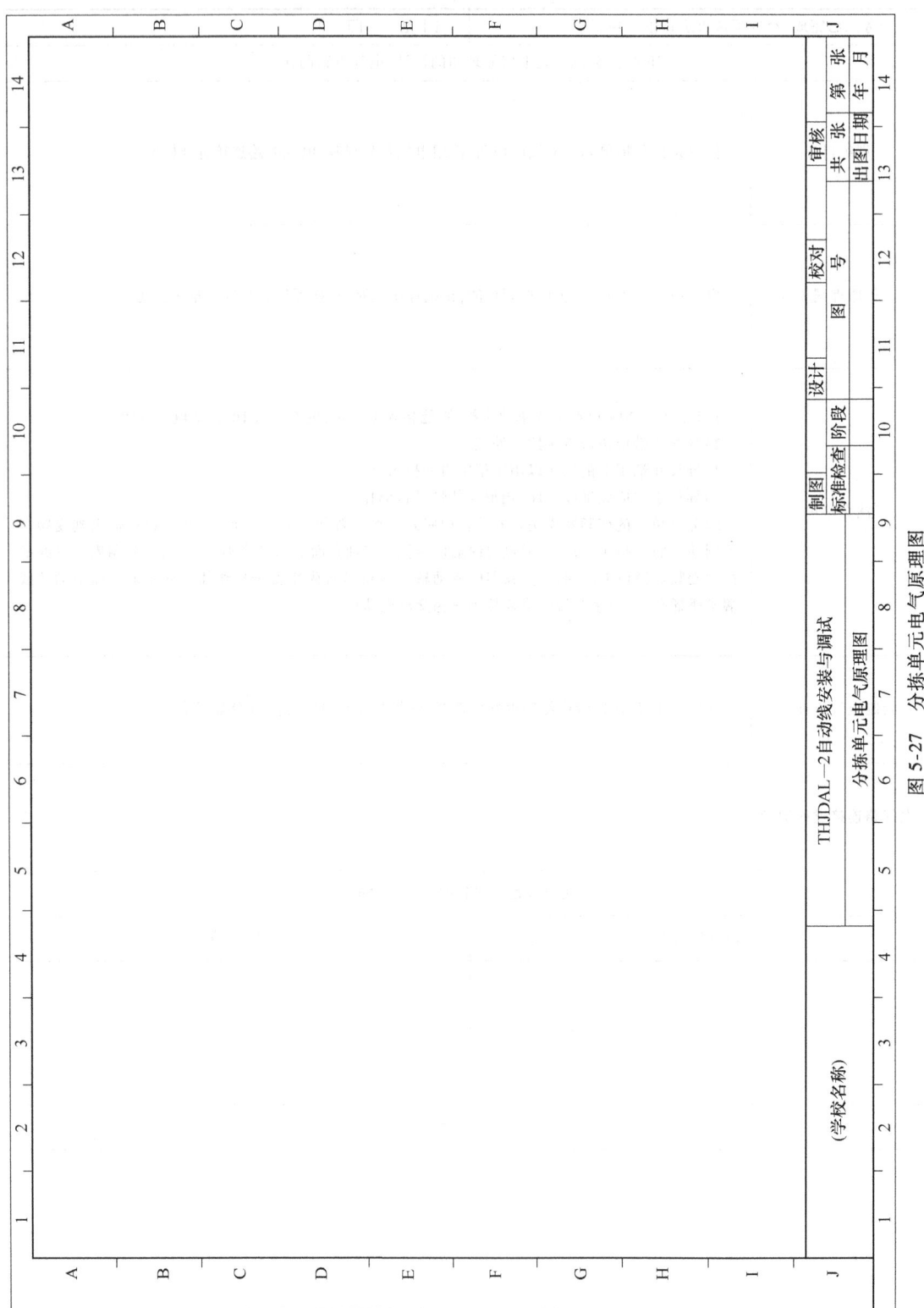

图 5-27 分拣单元电气原理图

## 项目 5　分拣单元的安装与调试

**表 5-19　任务四 变频器的参数设置与调试实施单**

| 任务三已完成,经教师认可进行下一项目 | □ 是　　□ 否 |
|---|---|
| 任务四 变频器参数设置与调试 | |
| 训练目标 | 熟练进行变频器参数的设置,掌握变频器的控制方法 |
| 操作步骤 | 1)完成三相交流电动机、变频器、PLC 的连线<br>2)三相交流电动机的调试要求:按下"复位"按钮,三相交流电动机以 30Hz 正转 5s 后停止,完成复位。按下"启动"按钮后,如入料口 X0 有信号,则三相交流电动机以 20Hz 的频率正向转动 10s 后再以 30Hz 的频率反转 5s,停止<br>3)根据上述要求进行变频器参数的设置<br>4)根据要求完成三相交流电动机的速度控制 |
| 调试过程记录 | |
| 实施过程中遇到的问题与对策 | |
| 遇到的问题 | 对　策 |
|  |  |
| 总　结 | |

表 5-20 任务五 分拣单元控制程序编写实施单

| 任务四已完成,经教师认可进行下一项目 | □ 是　　　　□ 否 |
|---|---|
| 任务五 分拣单元控制程序编写 | |
| 训练目标 | 熟练掌握 PLC 编程,能够正确编写分拣单元的控制程序 |
| 控制程序编写步骤及注意事项 | 1)根据分拣单元功能要求,确定初始状态,写出工作流程<br>2)为了使工件能准确地推出,光纤传感器灵敏度的调整、变频器参数(运转频率等)的设置以及软件编程中定时器设定值的设置等,应相互配合<br>3)通过调整变频器的参数设置,分级调整电动机转速<br>4)编写分拣单元控制程序,下载至 PLC |
| 程序编写过程记录(步进状态转移图) | |

实施过程中遇到的问题与对策

| 遇到的问题 | 对　策 |
|---|---|
| | |

总　结

## 项目 5　分拣单元的安装与调试

表 5-21　任务六 分拣单元设备调试实施单

| 任务五已完成,经教师认可进行下一项目 | □ 是　　　□ 否 |
|---|---|
| 任务六　分拣单元设备调试 ||
| 训练目标 | 能够合理、快速地进行设备调试,掌握设备调试的一般步骤 |
| 设备调试步骤 | 1)调整气动部分,检查气路是否正确,气压是否合理,气缸的动作速度是否合理<br>2)检查磁性传感器的安装位置是否到位,磁性传感器工作是否正常<br>3)检查 I/O 接线是否正确<br>4)检查变频器的连接、参数设置是否正确<br>5)检查光纤传感器安装是否合理,灵敏度是否合适,保证检测的可靠性<br>6)放入工件,运行程序,观察分拣单元动作是否满足任务要求<br>7)调试各种可能出现的情况,如在任何情况下都有可能加入工件,系统都要能可靠工作<br>8)优化程序 |
| 设备调试过程记录 |  |
| 实施过程中遇到的问题与对策 ||
| 遇到的问题 | 对　　策 |
|  |  |
| 总　　结 ||

### 5.3.4 分拣单元安装与调试评价表（表5-22）

表5-22 分拣单元安装与调试评价表

| 姓名 | | | 同组 | | 专业/班级 | | | |
|---|---|---|---|---|---|---|---|---|
| 项目内容 | 考核要求 | 配分 | 评分标准 | | | 扣分 | 自评 | 互评 |
| 分拣单元安装 | 正确安装分拣单元 | 20 | 装配未完成，扣10分 | | | | | |
| | | | 装配完成但不符合机械装配工艺要求，每处扣2分，最多扣10分 | | | | | |
| 分拣单元气路装配 | 正确安装分拣单元气路 | 15 | 气路连接未完成或有错，每处扣2分，最多扣6分 | | | | | |
| | | | 气路连接有漏气现象，每处扣2分，最多扣4分 | | | | | |
| | | | 气缸节流阀调整不当，每处扣1分，最多扣2分 | | | | | |
| | | | 气管没有绑扎或气路连接凌乱，扣3分 | | | | | |
| 电气原理图及电路连接工艺 | 正确设计、绘制电气原理图，符号规范 | 20 | 制图草率，徒手画图扣8分；电气原理图符号不规范，每处扣2分，最多6分；两项最多扣8分 | | | | | |
| | | | 端子连接错误每处扣1分，最多扣4分 | | | | | |
| | | | 插针压接不牢或超过两根导线，每处扣1分，最多扣4分 | | | | | |
| | | | 电路接线没有绑扎或电路接线凌乱，扣4分 | | | | | |
| 变频器参数设置与调试 | 正确设置变频器参数 | 15 | 未能正确设置参数，扣5分 | | | | | |
| | | | 连线错误，扣5分 | | | | | |
| | | | 测试程序未能调试完成，扣5分 | | | | | |
| 分拣单元程序编写 | 程序调试成功 | 20 | 分拣单元无法复位、启动，扣5分 | | | | | |
| | | | 分拣单元传输带无法运转，扣5分 | | | | | |
| | | | 工件分拣不满足控制要求，扣5分 | | | | | |
| | | | 不能按照控制要求发出网络信号，扣5分 | | | | | |
| 职业素养与安全 | | 10 | 现场操作安全保护符合安全操作规程；工具摆放、包装物品、导线线头等的处理符合职业岗位的要求；团队合作既有分工又有合作，配合紧密；遵守纪律，爱护设备及器材，保持工位的整洁 | | | | | |

## 5.4 项目拓展

### 5.4.1 A-D转换模块应用

为了实现变频器输出频率连续调整和远程调整的目的，可在分拣单元PLC连接特殊功能模拟量模块FX0N-3A。启停由外部端子来控制，频率由搬运单元上的触摸屏输入。

因此，通过三菱N:N网络将触摸屏上输入的频率值传输到分拣单元的PLC，PLC将频率值经过 FX0N-3A 模块的 D-A 转换成电压值来驱动变频器。

变频器的参数作相应的调整，要调整的参数设置见表 5-23。

表 5-23 变频器参数设置

| 参数号 | 参数名称 | 默认值 | 设置值 | 设置值含义 |
| --- | --- | --- | --- | --- |
| Pr. 73 | 模拟量输入选择 | 1 | 0 | 0~10V |
| Pr. 79 | 运行模式选择 | 0 | 2 | 外部运行模式固定 |

1. 特殊功能模块 FX0N-3A 的主要性能（表 5-24）

表 5-24 FX0N-3A 输出通道主要性能表

| | 电压输出 | 电流输出 |
| --- | --- | --- |
| 模拟输出范围 | 在出厂时，已为 DC 0~10V 输出选择了 0~250 范围 如果把 FX0N-3A 用于电流输出或非 0~10V 的电压输出，则需要重新调整偏置和增益 | |
| | DC 0~10V，0~5V，外部负载为 1kΩ~1MΩ | 4~20mA，外部负载：500Ω 或更小 |
| 数字分辨率 | 8 位 | |
| 最小输出 信号分辨率 | 40mV：0~10V/0~250 依据输入特性而变 | 64μA：4~20mA/0~250 依据输入特性而变 |
| 总精度 | ±0.1V | ±0.16mA |
| 处理时间 | TO 指令处理时间 ×3 | |

FX0N-3A 是具有两路输入通道和一路输出通道，最大分辨率为 8 位的模拟量 I/O 模块，模拟量输入和输出方式均可以选择电压或电流，取决于用户接线方式。

FX0N-3A 输出通道主要性能见表 5-24，输入通道主要性能见表 5-25。

表 5-25 FX0N-3A 输入通道主要性能表

| | 电压输入 | 电流输入 |
| --- | --- | --- |
| 模拟输入范围 | 在出厂时，DC 电源已为 0~10V 输入选择了 0~250 范围 如果把 FX0N-3A 用于电流输入或非 0~10V 的电压输入，则需要重新调整偏置和增益 模块不允许两个通道有不同的输入特性 | |
| | 0~10V，0~5V DC，输入电阻为 200kΩ 注意：输入电压超过 -0.5V、+15V 可能损坏模块 | 4~20mA，输入电阻 250Ω 注意：输入电流超过 -2mA、+60mA 可能损坏模块 |
| 数字分辨率 | 8 位 | |
| 最小输入 信号分辨率 | 40mV：0~10V/0~250 依据输入特性而变 | 64μA：4~20mA/0~250 依据输入特性而变 |
| 总精度 | ±0.1V | ±0.16mA |
| 处理时间 | TO 指令处理时间 2 + FROM 指令处理时间 | |

使用 FX0N-3A 的注意事项：

1) 模块的电源来自 PLC 主单元的内部电路，其中模拟电路电源要求为 DC 24V±10%，90mA，数字电路电源要求为 DC 5V，30mA。

2) 模拟和数字电路之间光耦合器隔离，但模拟通道之间无隔离。

3）在扩展母线上占用8个I/O点（输入或输出）。

2. 接线

模拟输入和输出的接线原理图分别如图5-28、图5-29所示。接线时要注意，使用电流输入时，端子"Vin"与"Iin"应短接；反之，使用电流输出时，不要短接"$V_{OUT}$"和"$I_{OUT}$"端子。

如果电压输入/输出方面出现较大的电压波动或有过多的噪声，要在相应图中的位置并联一个约25V，0.1~0.47μF的电容。

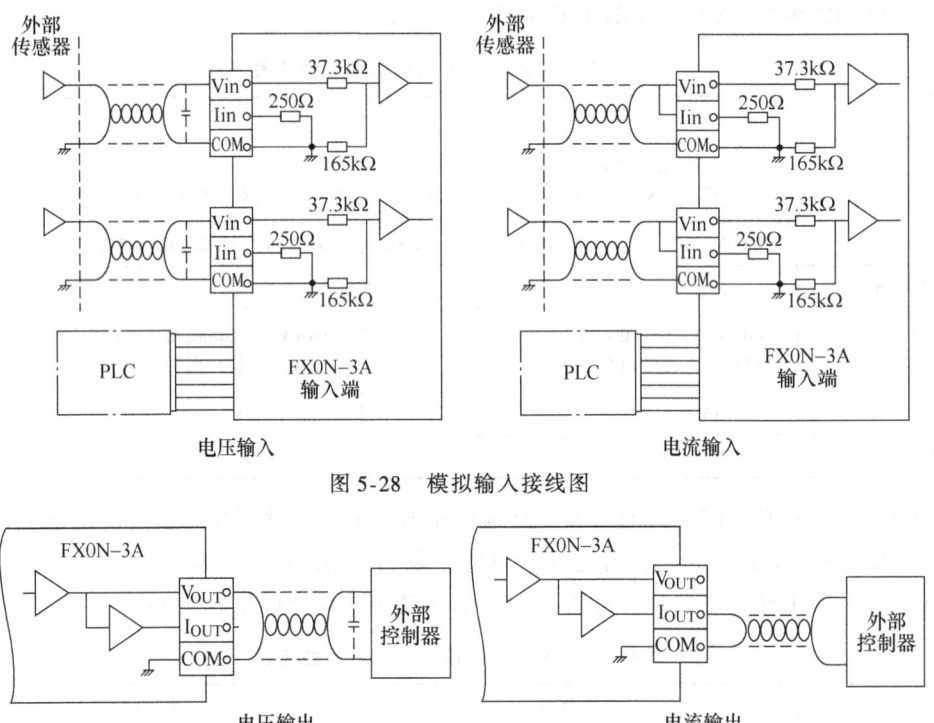

图5-28 模拟输入接线图

图5-29 模拟输出接线图

3. 编程与控制

可以使用特殊功能模块读指令FROM（FNC78）和写指令TO（FNC79）读写FX0N-3A模块实现模拟量的输入和输出。

FROM指令用于从特殊功能模块缓冲存储器（BFM）中读入数据，如图5-30a所示。这条语句是将模块号为m1的特殊功能模块内，从缓冲存储器（BFM）号为m2开始的$n$个数据读入PLC，并存放在从D开始的$n$个数据寄存器中。

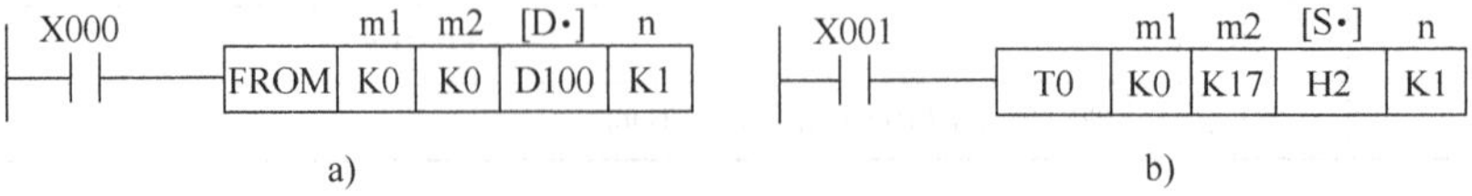

图5-30 特殊功能模块读和写指令
a）FROM指令示例 b）TO指令示例

TO指令用于从PLC向特殊功能模块缓冲存储器（BFM）中写入数据，如图5-30b所示。这条语句是将PLC中从[S·]元件开始的$n$个字的数据，写到特殊功能模块m1中编号为 m2 开始的缓冲存储器（BFM）中。

模块号是指从 PLC 最近的开始按 No. 0→No. 1→No. 2…顺序连接，模块号用于以 FROM/TO 指令指定那个模块工作。

特殊功能模块是通过缓冲存储器（BFM）与 PLC 交换信息的，FX0N-3A 共有 32 通道的 16 位缓冲寄存器（BFM），见表 5-26。

**表 5-26 FX0N-3A 的缓冲寄存器（BFM）分配**

| 通道号 | b15-b8 | b7 | b6 | b5 | b4 | b3 | b2 | b1 | b0 |
|---|---|---|---|---|---|---|---|---|---|
| #0 | 保留 | 当前输入通道的 A-D 转换值（以 8 位二进制数表示） | | | | | | | |
| #16 | | 当前 D-A 输出通道的设置值 | | | | | | | |
| #17 | | | | | | | D-A 转换启动 | A-D 转换启动 | A-D 通道选择 |
| #1 ~ #15<br>#18 ~ #31 | 保留 | | | | | | | | |

其中#17 通道位含义为

b0 = 0，选择模拟输入通道 1；b0 = 1，选择模拟输入通道 2。

b1 从 0 到 1，A-D 转换启动

b2 从 1 到 0，D-A 转换启动

图 5-31 是实现 D-A 转换的示例，图 5-32 是实现 A-D 转换的示例

**例 5-1** 写入模块号为 0 的 FX0N-3A 模块，D2 是其 D-A 转换值。

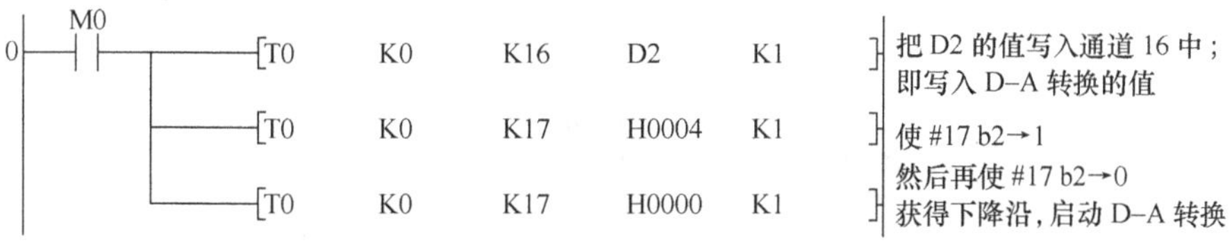

0
M0
[TO K0 K16 D2 K1 ]
[TO K0 K17 H0004 K1 ]
[TO K0 K17 H0000 K1 ]
把 D2 的值写入通道 16 中；
即写入 D–A 转换的值
使 #17 b2→1
然后再使 #17 b2→0
获得下降沿，启动 D–A 转换

图 5-31 D-A 转换编程示例

**例 5-2** 读取模块号为 0 的 FX0N-3A 模块，其通道 1 的 A-D 转换值保存到 D0，通道 2 的 A-D 转换值保存到 D1。

M0
[TO K0 K17 H0000 K1 ]
[TO K0 K17 H0002 K1 ]
[FROM K0 K0 D0 K1 ]
M0
[TO K0 K17 H0001 K1 ]
[TO K0 K17 H0003 K1 ]
[FROM K0 K0 D1 K1 ]
选择 A–D 输入通道 1
启动通道 1 进行 A–D 转换
读取 A–D 转换的结果到 D0
选择 A–D 输入通道 2
启动通道 2 进行 A–D 转换
读取 A–D 转换的结果到 D1

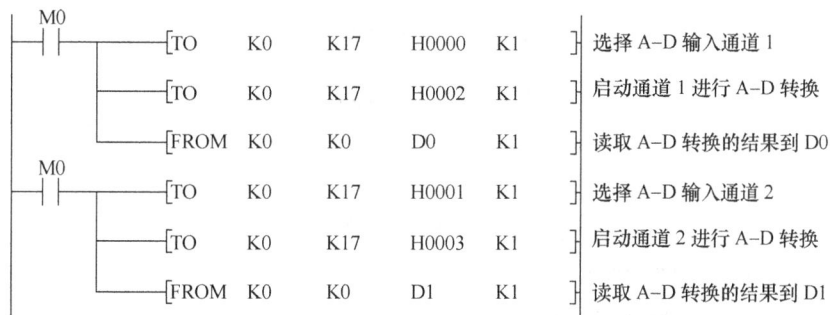

图 5-32 A-D 转换编程示例

分拣单元变频器速度调节部分的程序如图 5-33 所示。

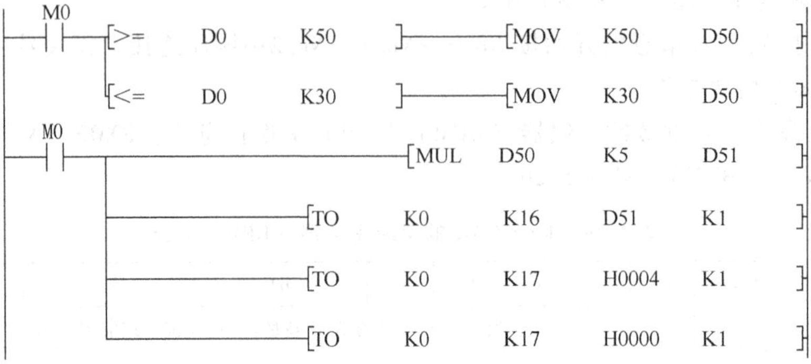

```
   M0
───┤├──[>=  D0   K50 ]────────[MOV  K50  D50 ]
      [<=  D0   K30 ]────────[MOV  K30  D50 ]
   M0
───┤├────────────────[MUL  D50  K5   D51 ]
        ├────────[TO   K0   K16  D51   K1 ]
        ├────────[TO   K0   K17  H0004 K1 ]
        └────────[TO   K0   K17  H0000 K1 ]
```

图 5-33　模拟量处理输出程序

### 5.4.2　科技文献阅读——Sorting

1. 设备词汇（图 5-34）

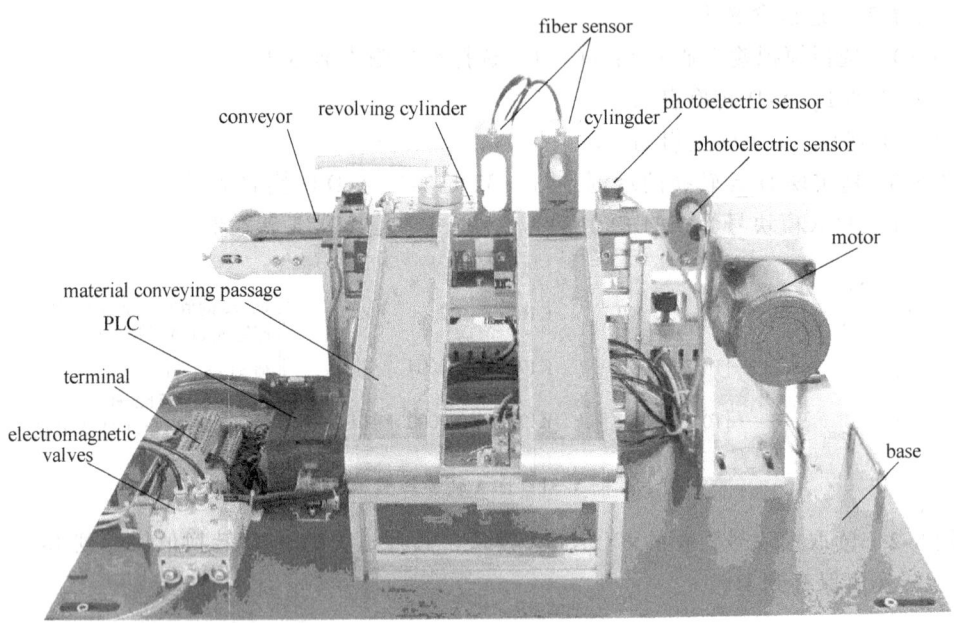

Fig. 5-34　Collection units

**Words & Phrases**

| | |
|---|---|
| electromagnetic valves | 电磁阀组 |
| terminal | 端子 |
| material conveying passage | 物料槽 |
| conveyor | 传送带 |
| revolving cylinder | 旋转气缸 |
| fiber sensor | 光纤传感器 |
| motor | 电动机 |

2. 延伸阅读

## Sorting

Sorting is any process of arranging items in some sequence and/or in different sets, and accordingly, it has two common, yet distinct meanings:

(1) Ordering  arranging items of the same kind, class, nature, etc. in some ordered sequence.

(2) Categorizing  grouping and labeling items with similar properties together (by sorts).

For sorting we can either specify a weak order "should not come after" or a strict order "should come before" (specifying one defines also the other, the two are the complement of the inverse of each other, see operations on binary relations). For the sorting to be unique, these two are restricted to a total order and a strict total order, respectively.

Sorting n-tuples (depending on context, also called, for example, records consisting of fields) can be done based on one or more of its components. More generally objects can be sorted based on a property. Such a component or property is called a sort key.

For example, the items are books, the sort key is the title, subject or author, and the order is alphabetical.

A new sort key can be created from two or more sort keys by lexicographical order. The first is then called the primary sort key, the second the secondary sort key, etc.

For example, addresses could be sorted using the city as primary sort key, and the street as secondary sort key.

If the sort key values are totally ordered, the sort key defines a weak order of the items: items with the same sort key are equivalent with respect to sorting. If different items have different sort key values then this defines a unique order of the items.

A standard order is often called ascending (corresponding to the fact that the standard order of numbers or the alphabet is ascending, i.e. A to Z, 0 to 9), the reverse order descending (Z to A, 9 to 0).

Now if you sort on different keys, then you get different lists of header information (such as the author's name) with the appended tailing records (such as title or publisher). Sorting in computer science is one of the most extensively researched subjects because of the need to speed up the operation on thousands or millions of records during a search operation.

The main purpose of sorting information is to optimize its usefulness for specific tasks. In general, there are two ways of grouping information: by category e.g. a shopping catalogue where items are compiled together under headings such as "home", "sport & leisure", "women's clothes" etc. (nominal scale) and by the intensity of some property, such as price, e.g. from the cheapest to most expensive (ordinal scale). Richard Saul Wurman, in his book Information Anxiety, proposes that the most common sorting purposes are by Name, by Location and by Time (these are actually special cases of category and hierarchy). Together these give the acronym LATCH (Location,

Alphabetical, Time, Category, Hierarchy) and can be used to describe just about every type of ordered information.

Often information is sorted using different methods at different levels of abstraction: e. g. the UK telephone directories which are sorted by location, by category (business or residential) and then alphabetically. New media still subscribe to these basic sorting methods: e. g. a Google search returns a list of web pages in a hierarchical list based on its own scoring system for how closely they match the search criteria (from closest match downwards).

The opposite of sorting, rearranging a sequence of items in a random or meaningless order, is called shuffling.

# 项目6  搬运单元的安装与调试

## 【项目要点】

核心知识：自动线联机调试。

THJDAL—2 系统联机调试。

主要内容：机械结构的安装与调试、气路的连接、电路的设计与连接、步进电动机参数的设置、控制程序的编写、自动线联机调试等项目。

### 搬运单元工作任务单

| 工作情境 | 搬运单元的安装与调试 |
|---|---|
| 核心知识 | 自动线联机调试 |
| 任务流程 | 单元结构安装→气动系统设计、连接→电气设计、连接→步进电动机参数设置及连接→PLC编程→单元调试→联机调试 |
| 任务描述 | 1. 搬运单元的结构安装<br>1）认识搬运单元的元器件<br>2）完成搬运单元的结构组装<br>①完成同步带机构、步进电动机及滑动溜板三部分组件的装配，并将其连接组装形成直线运动传动机构，来回拉动溜板，精细调整导轨位置和同步带轮中心距，确保溜板滑动顺畅<br>②完成气动机械手组件的装配，并将其固定在滑动溜板上<br>③调整直线运动传动机构在工作台上的位置，确保机械手能到达要求的抓取位置，然后将导轨底板固定在工作台上，完成搬运单元的机械结构安装<br>3）认识搬运单元的工艺过程<br>2. 搬运单元气动回路图的设计<br>熟练使用搬运单元的气动元件，设计搬运单元气动控制原理图，按图完成气路连接及安装<br>3. 搬运单元电气原理图的绘制<br>设计PLC的I/O分配表，绘制电气原理图，按照原理图完成电气电路的布线、连接<br>4. 认识三相步进电动机，掌握步进电动机的参数设置及电气连接<br>1）认识搬运单元所采用的步进电动机型号、规格<br>2）完成步进电动机的参数设置<br>5. 编制搬运单元的PLC控制程序<br>控制要求：在收到工件到位信号后，搬运单元机械手抓取工件并移动至下一站入料区放下工件，然后机械手缩回，并原地等待工件到位信号再次出现后搬运工件至下一站，机械手移动路线为供料单元→加工单元→装配单元→分拣单元→返回原点<br>根据机械手功能要求，确定初始工作状态，编写搬运单元运行PLC控制程序，并下载至PLC<br>6. 搬运单元调试<br>7. 编制联机控制程序<br>修改各单元的PLC控制程序，根据网络规划表，加入各单元网络数据控制程序<br>控制要求：四个主令信号（复位、启动、停止、急停）由搬运单元（网络主站）发送；整个系统的工作由复位开始，各单元在收到复位指令后回复至初始状态，并发送复位完成信号；各单元全部复位完成后，启动信号方可有效；系统启动运行后如出现停止信号，则至系统流程末停止；如出现急停信号，则立即停止所有动作，急停解除后需重新复位才可以启动下次流程<br>各单元发送本单元工件到位、工件库状态等信号；装配单元还需要根据系统各单元网络信号，控制红黄绿三色警告灯的状态 |

(续)

| 任务描述 | 8. 联机调试<br>1) 网络调试<br>①检查各单元通信接口板 FX2N-485-BD 电气接线<br>②下载各单元联机程序至对应 PLC，观察通信接口板指示灯是否正常，进行网络状态调试<br>2) PLC 程序调试<br>①在认真、全面检查了程序，并确保无误后，才可以运行程序，进行实际调试，确保系统运行流程符合控制要求<br>②填写调试运行记录表 |
|---|---|

## 6.1 搬运单元结构及工艺流程

### 6.1.1 搬运单元结构（图 6-1）

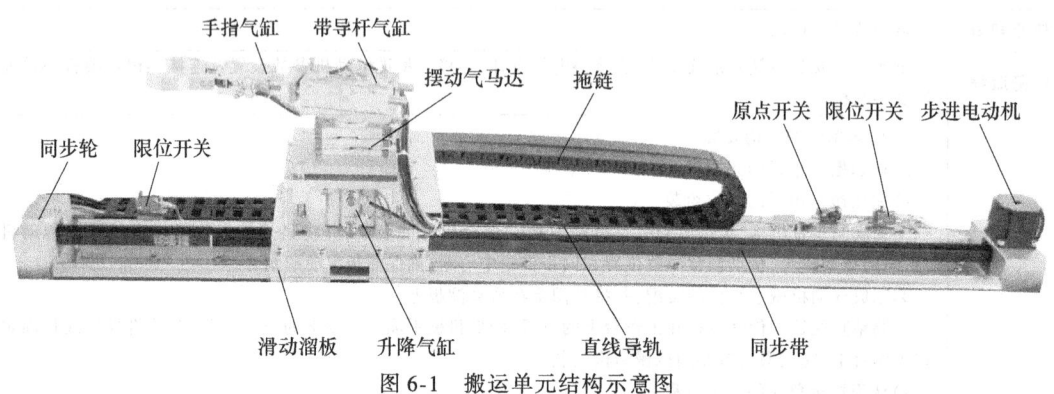

图 6-1 搬运单元结构示意图

搬运单元是 THJDAL—2 系统中最为重要，同时也是承担任务最为繁重的工作单元。该单元主要功能是：抓取机械手装置精确定位到指定单元的物料台，在物料台上抓取工件，把抓取到的工件输送到指定地点然后放下。同时，该单元在 N∶N 网络系统中担任着主站的角色，它接收来自按钮/指示灯模块的系统主令信号，读取网络上各从站的状态信息，加以综合后，向各从站发送控制要求，协调整个系统的工作。

搬运单元包括多只气缸组成的抓取机械手装置、步进电动机及同步带机构组成的直线运动传动组件、拖链装置、PLC 模块、按钮/指示灯模块和接线端子排等部件。

1. 抓取机械手装置

抓取机械手装置是一个能实现三自由度运动（即升降、伸缩和沿垂直轴旋转的三维运动）以及手指气缸夹紧/松开的工作单元，该装置由四个气缸（气马达）构成，整体安装在直线运动传动组件的滑动溜板上，在传动组件带动下整体作直线往复运动，定位到其他各工作单元的物料台，然后完成抓取和放下工件的功能。图 6-2 是该装置实物图。

具体构成如下。

（1）手指气缸  为双作用手指气缸，由一个二位五通双电控阀控制，带状态保持功能，用于抓物搬运。双电控阀工作原理和双稳态触发器类似，即输出状态由输入状态决定，如果输出状态确认了，即使无输入状态，双电控阀一样保持被触发前的状态。

# 项目6 搬运单元的安装与调试

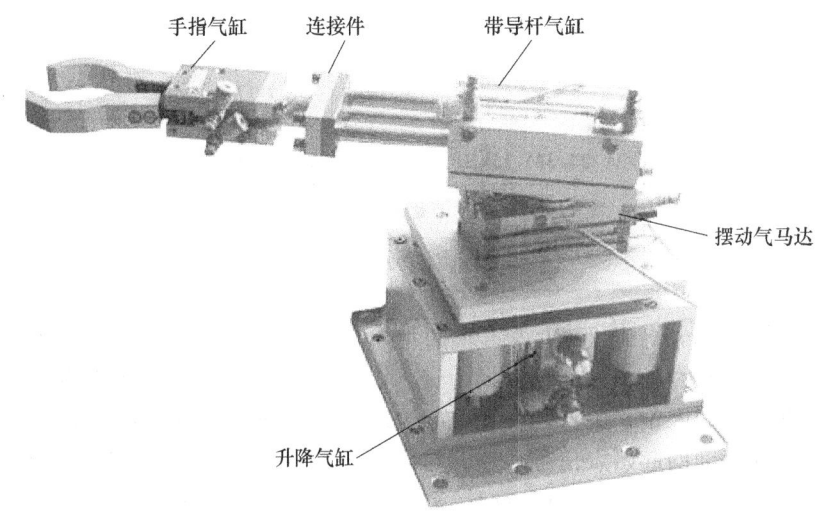

图 6-2 抓取机械手装置

（2）带导杆气缸 为双作用气缸，由一个二位五通单电控阀控制，用于控制手爪伸出或缩回。

（3）摆动气马达 为双作用气马达，由一个二位五通单电控阀控制，用于控制手臂正、反向90°旋转，气马达旋转角度可以在 0～180°范围内任意调节，可通过调节节流阀下方两个固定缓冲器进行调整。

（4）升降气缸 为双作用气缸，由一个二位五通单电控阀控制，用于整个机械手提升下降。

以上气缸（气马达）运行速度快慢由出气口节流阀调整出气量进行速度调节。

2. 直线运动传动组件

直线运动传动组件用于拖动抓取机械手装置作往复直线运动，完成精确定位的功能。图6-3 是该组件的俯视图。

图 6-3 直线运动传动组件图

传动组件由直线导轨底板、步进电动机及驱动器、同步轮、同步带、直线导轨、滑动溜板和原点行程开关、左右限位开关组成。

步进电动机由步进电动机驱动器驱动，通过同步轮和同步带带动滑动溜板沿直线导轨作往复直线运动，从而带动固定于滑动溜板上的抓取机械手装置在各工作单元之间移动。本单元采用圆弧齿同步带机构，同步带型号为 HTD 3000-3M-15，带轮型号为 24-3M-15-BF，其主要参数见表6-1 和表6-2。

表 6-1 HTD3000-3M-15 同步带主要技术参数说明

| 齿型代号 | 节线长/mm | 型号 | 节距/mm | 齿高/mm | 带宽/mm | 带高/mm |
|---|---|---|---|---|---|---|
| HTD | 3000 | 3M | 3 | 1.17 | 15 | 2.4 |

表 6-2 24-3M-15-BF 同步带轮主要技术参数说明

| 齿数 | 节距/mm | 带宽/mm | 节径/mm | 外径/mm | 挡边直径/mm | 轮型 |
|---|---|---|---|---|---|---|
| 24 | 3 | 15 | 22.92 | 22.16 | 26 | BF 型 |

同步轮的节距为 3mm，共 24 个齿，则同步轮旋转一周，抓取机械手移动 72mm。抓取机械手装置上所有气管和导线沿拖链敷设，进入线槽后分别连接到电磁阀组和接线端口上。原点行程开关和左、右限位开关安装在直线导轨底板上，均是有触点的微动开关。原点行程开关用于提供直线运动的起始点信号。左、右限位开关用于提供越程故障时的保护信号：当滑动溜板在运动中越过左或右极限位置时，限位开关会动作，切断步进电动机驱动器电源，禁止运动输入，防止设备因冲撞造成损坏。

3. 按钮/指示灯模块

该模块放置在抽屉式模块放置架上，模块上安装的所有元器件的引出线均连接到面板上的安全插孔，面板布置如图 6-4 所示。

图 6-4 按钮/指示灯模块

按钮/指示灯模块内安装了按钮/开关，指示灯/蜂鸣器和开关稳压电源等三类元器件，具体如下。

(1) 按钮/开关 急停按钮1个，转换开关2个，复位按钮黄、绿、红各1个，自锁按钮黄、绿、红各1个。

(2) 指示灯/蜂鸣器 24V指示灯黄、绿、红各2个，蜂鸣器1个。

(3) 开关稳压电源 DC 24 V/6A、12 V/2A 各一组。

### 6.1.2 气动控制原理

搬运单元的执行机构为气动抓取机械手装置，所有执行动作均由气缸完成。机械手上的所有气缸连接的气管沿拖链敷设，插接到电磁阀组上，其气动控制原理图如图6-5所示。1Y1、2Y1、3Y1、4Y1、4Y2为控制换向的电磁线圈。

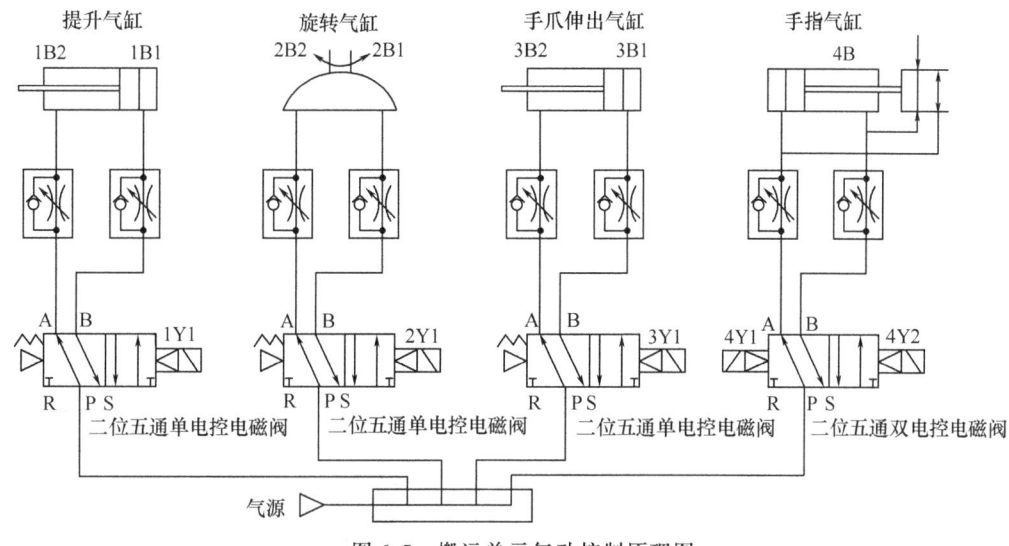

图6-5 搬运单元气动控制原理图

在气动控制中，驱动手指气缸的电磁阀采用的是二位五通双电控电磁阀。

### 6.1.3 搬运单元的PLC控制系统

搬运单元需要的I/O点较多。其中，输入信号包括来自按钮/指示灯模块的按钮、开关等主令信号，各构件的传感器信号等；输出信号包括输出到抓取机械手装置各电磁阀的控制信号和输出到步进电动机驱动器的脉冲信号和驱动方向信号。

由于需要输出驱动步进电动机的高速脉冲，搬运单元选用晶体管输出型PLC，具体型号为三菱 FX2N-48MT，共24点输入，24点输出，其中 Y0、Y1 两个输出端口为晶体管型，可输出高频信号。PLC 输入输出接线图如图6-6所示，搬运单元接线座的接线图如图6-7所示。

搬运单元的PLC放置在抽屉式模块放置架上，PLC的所有I/O端口的引出线均连接到了面板上的安全插孔。搬运单元的电气接线与其他单元不同，PLC与按钮/指示灯/直流电源模块、步进电动机驱动器模块间的接线是通过安全导线插接的，而PLC与该单元的传感器、气动电磁阀等的接线则是用安全导线插接到工作台接线座上的安全插孔，再由接线座引出的。同样，步进电动机驱动器输出电源线、分拣单元变频器的输出线和控制端子引出线也是经接线座引出，此外，其他各工作单元的直流工作电源，也是由按钮/指示灯/直流电源模块提供，再经接线座引到各单元上。

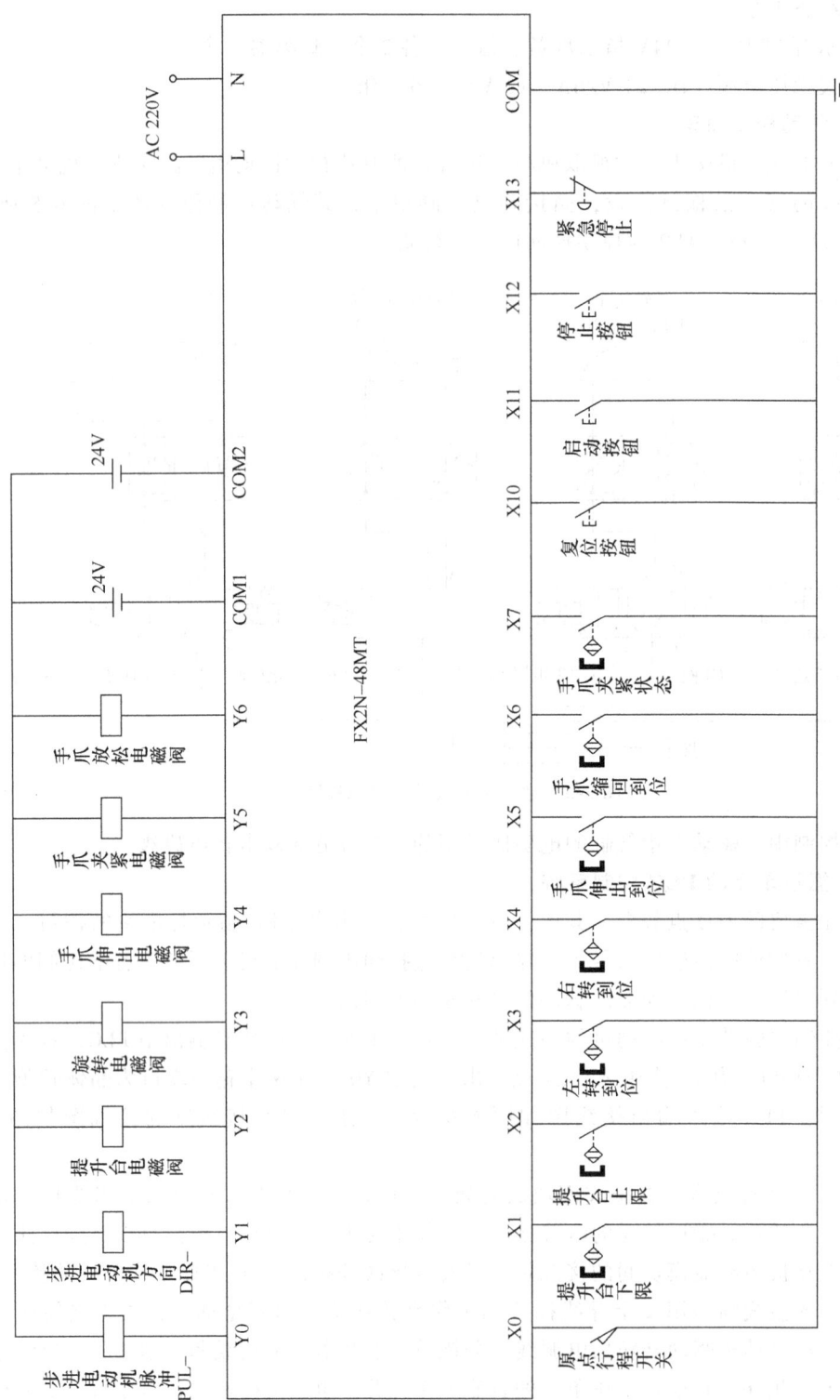

图 6-6 搬运单元 PLC 原理图

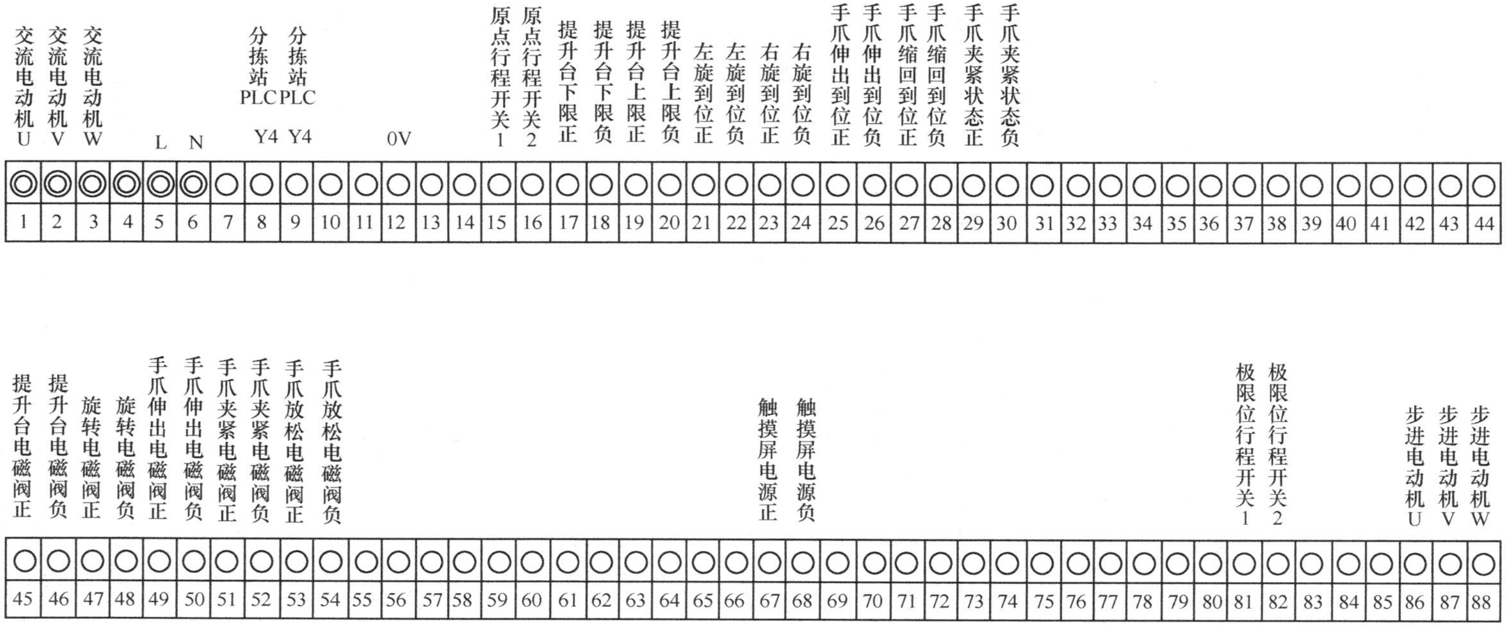

## 项目 6 搬运单元的安装与调试

| 交流电动机 U | 交流电动机 V | 交流电动机 W | | 分拣站 PLC L | 分拣站 PLC N | | | | Y4 PLC Y4 | | 0V | | 原点行程开关 1 | 原点行程开关 2 | 提升台下限 正 | 提升台下限 负 | 提升台上限 正 | 提升台上限 负 | 左旋到位 正 | 左旋到位 负 | 右旋到位 正 | 右旋到位 负 | 手爪伸出到位 正 | 手爪伸出到位 负 | 手爪缩回到位 正 | 手爪缩回到位 负 | 手爪夹紧状态 正 | 手爪夹紧状态 负 | | | | | | | | | | | | |
|---|---|---|---|---|---|---|---|---|---|---|---|---|---|---|---|---|---|---|---|---|---|---|---|---|---|---|---|---|---|---|---|---|---|---|---|---|---|---|---|---|
| ○ | ○ | ○ | ○ | ○ | ○ | ○ | ○ | ○ | ○ | ○ | ○ | ○ | ○ | ○ | ○ | ○ | ○ | ○ | ○ | ○ | ○ | ○ | ○ | ○ | ○ | ○ | ○ | ○ | ○ | ○ | ○ | ○ | ○ | ○ | ○ | ○ | ○ | ○ | ○ | ○ |
| 1 | 2 | 3 | 4 | 5 | 6 | 7 | 8 | 9 | 10 | 11 | 12 | 13 | 14 | 15 | 16 | 17 | 18 | 19 | 20 | 21 | 22 | 23 | 24 | 25 | 26 | 27 | 28 | 29 | 30 | 31 | 32 | 33 | 34 | 35 | 36 | 37 | 38 | 39 | 40 | 41 | 42 | 43 | 44 |

| 提升台电磁阀 正 | 旋转电磁阀 正 | 旋转电磁阀 负 | 手爪伸出电磁阀 正 | 手爪伸出电磁阀 负 | 手爪夹紧电磁阀 正 | 手爪夹紧电磁阀 负 | 手爪放松电磁阀 正 | 手爪放松电磁阀 负 | | | | 触摸屏电源 正 | 触摸屏电源 负 | | | | | | 极限位行程开关 1 | 极限位行程开关 2 | | | | 步进电动机 U | 步进电动机 V | 步进电动机 W | |
|---|---|---|---|---|---|---|---|---|---|---|---|---|---|---|---|---|---|---|---|---|---|---|---|---|---|---|---|
| ○ | ○ | ○ | ○ | ○ | ○ | ○ | ○ | ○ | ○ | ○ | ○ | ○ | ○ | ○ | ○ | ○ | ○ | ○ | ○ | ○ | ○ | ○ | ○ | ○ | ○ | ○ | ○ |
| 45 | 46 | 47 | 48 | 49 | 50 | 51 | 52 | 53 | 54 | 55 | 56 | 57 | 58 | 59 | 60 | 61 | 62 | 63 | 64 | 65 | 66 | 67 | 68 | 69 | 70 | 71 | 72 | 73 | 74 | 75 | 76 | 77 | 78 | 79 | 80 | 81 | 82 | 83 | 84 | 85 | 86 | 87 | 88 |

图 6-7 搬运单元接线座接线图

备注：1. 磁性传感器引出线：蓝色为"负"，接"0V"；棕色为"正"，接 PLC 输入端
2. 电磁阀引出线：红色为"正"，接"24V"；黑色为"负"，接 PLC 输出端

#### 6.1.4 搬运单元单站运行工艺流程

该单元主要完成向各个工作单元输送、搬运工件。系统复位抓取机械手回到原点,当到达原点位置后,系统启动,井式供料单元物料台有工件时,搬运机械手伸出将工件搬运到加工单元物料台上,等加工单元加工完毕后,再将工件送到三工位装配单元完成两种不同工件装配,最后将两种工件成品送到分拣单元分拣入库。

## 6.2 核心知识

#### 6.2.1 搬运单元的步进电动机及其驱动器

搬运单元选用的步进电动机为57系列三相步进电动机,与之配套的驱动器为3MD560型三相步进电动机驱动器。

1. 57系列三相步进电动机主要技术参数(表6-3)

表6-3 57系列三相步进电动机主要技术参数说明

| 参数名称 | 步距角/(°) | 相电流/A | 保持转矩/Nm | 阻尼转矩/Nm | 电动机惯量/kg·cm$^2$ |
|---|---|---|---|---|---|
| 参数值 | 0.6/1.2 | 6 | 0.9 | 0.08 | 0.22 |

2. 3MD560三相步进电动机驱动器

3MD560细分型三相混合式步进电动机驱动器,采用DC 18~50V供电,适合驱动相电流小于6A、外径42~86mm三相混合式步进电动机。此驱动器采用交流伺服驱动器的电流环进行细分控制,电动机的转矩波动很小,低速运行平稳,几乎没有振动和噪声。高速时力矩也大大高于两相混合式步进电机,定位精度高。主要电气参数如下。

供电电压:DC 18~50V;
输出相电流:1.5~6.0A;
控制信号输入电流:7~16mA;
步进脉冲响应频率:0~200kHz;
冷却方式:自然风冷或强制风冷。

该驱动器具有如下特点。

① 纯正弦电流控制,驱动电流可达6.0A。
② 直流供电电压18~50V,可提供更好的高速性能。
③ 光电隔离信号输入/输出,抗干扰能力强。
④ 有过电压、欠电压、过电流、相间短路、过热保护功能,具有电动机静态锁紧状态下的自动半流功能,可大大降低电动机的发热。
⑤ 具有八档细分功能,通过拨动开关设定细分,最高可达10000步/r。
⑥ 具有十六档输出相电流设置。
⑦ 具有高启动转速。
⑧ 具有相位记忆功能(电动机停止5s后再断电,可保持电动机上、下电位置不变),具有脱机命令输入端子。
⑨ 电动机的转矩与它的转速有关,而与电动机每转的步数无关。

在驱动器的侧面连接端子中间有蓝色的六位SW功能设置开关,用于设定电流和细分。表6-4、表6-5是该驱动器SW开关功能说明。

## 项目6 搬运单元的安装与调试

**表6-4 3MD560驱动器SW细分设定开关功能说明**

| 序号 | SW1 | SW2 | SW3 | 细分/Pulse·r$^{-1}$ |
|---|---|---|---|---|
| 1 | ON | ON | ON | 200 |
| 2 | OFF | ON | ON | 400 |
| 3 | ON | OFF | ON | 500 |
| 4 | OFF | OFF | ON | 1000 |
| 5 | ON | ON | OFF | 2000 |
| 6 | OFF | ON | OFF | 4000 |
| 7 | ON | OFF | OFF | 5000 |
| 8 | OFF | OFF | OFF | 10000 |

**表6-5 3MD560驱动器SW电流设定开关功能说明**

| 序号 | SW1 | SW2 | SW3 | SW4 | 电流/A |
|---|---|---|---|---|---|
| 1 | OFF | OFF | OFF | OFF | 1.5 |
| 2 | ON | OFF | OFF | OFF | 1.8 |
| 3 | OFF | ON | OFF | OFF | 2.1 |
| 4 | ON | ON | OFF | OFF | 2.3 |
| 5 | OFF | OFF | ON | OFF | 2.6 |
| 6 | ON | OFF | ON | OFF | 2.9 |
| 7 | OFF | ON | ON | OFF | 3.2 |
| 8 | ON | ON | ON | OFF | 3.5 |
| 9 | OFF | OFF | OFF | ON | 3.8 |
| 10 | ON | OFF | OFF | ON | 4.1 |
| 11 | OFF | ON | OFF | ON | 4.4 |
| 12 | ON | ON | OFF | ON | 4.6 |
| 13 | OFF | OFF | ON | ON | 4.9 |
| 14 | ON | OFF | ON | ON | 5.2 |
| 15 | OFF | ON | ON | ON | 5.5 |
| 16 | ON | ON | ON | ON | 6.0 |

THJDAL—2系统中该驱动器采用的设置为驱动器电流设定为3.5A,细分设定为4000。驱动器的接线如图6-8所示,THJDAL—2系统中,控制信号输入端使用的是DC 24V电压,图6-8中的限流电阻R1为2kΩ。

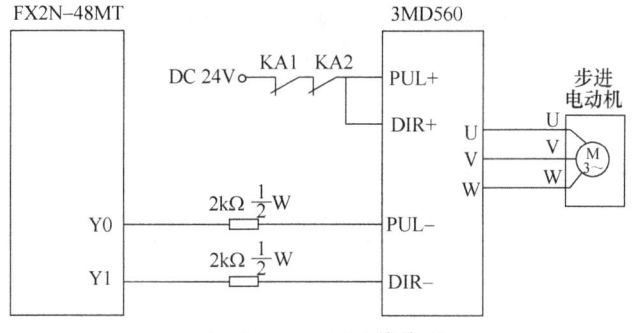

图6-8 3MD560接线图

THJDAL—2 系统为 3MD560 驱动器提供的外部直流电源为 DC 24V、6A 输出的开关稳压电源,直流电源和驱动器一起安装在模块盒中,驱动器的引出线均通过安全插孔与其他设备连接。图 6-9 是 3MD560 步进电动机驱动器模块的面板。

3. 步进电动机传动组件的基本技术数据

57 系列三相步进电动机步距角为 1.2°,即在无细分的条件下输出 300 个脉冲则电动机回转一圈,通过驱动器设置细分精度最高可以达到 10000 个脉冲电动机转一圈。

图 6-9 3MD560 步进电动机驱动器模块的面板
注:步进电机现称为步进电动机

步进电动机传动组件采用同步轮和同步带传动。同步轮节距为 3mm,共 24 个齿,即旋转一周机械手装置移动 72mm。

THJDAL—2 系统中为达到控制精度,驱动器细分设置为 4000 Pulse/r 即每 4000 个脉冲驱动电动机回转一周,电动机驱动电流设为 3.5A。

### 6.2.2 THJDAL—2 系统联调

在供料、加工、装配、分拣单元中,实现了各个工作单元单站控制,加入搬运单元后,供料、加工、装配、搬运、分类仓储构成了一个完整的工艺过程。各单元之间通过机械手搬运工件以及网络信号传输构成一个整体,各单元将自己的状态信号向网络发送,同时获取需要的其他单元的状态信号用于协调各自之间的工作,从而构成一个五单元自动线。

THJDAL—2 采用 RS-485 串行通信实现网络控制方案。系统的启动、停止、复位、急停信号均从连接到搬运单元(主站)的按钮/指示灯模块或触摸屏发出,经搬运单元 PLC 程序处理后,向各从站发送控制要求,以实现各单元的复位、启动、停止、急停操作。各从站在运行过程中的状态信号,则存储到该单元 PLC 规划好的数据缓冲区,以实现整个系统的协调运行。具体发送的信号通常是根据系统工艺流程要求来确定,这里给出联机方案样例以供参考,各单元网络数据规划见表 6-6 ~ 表 6-10。

表 6-6 供料单元网络读写数据规划表

| 序号 | 三菱系统 | 功能 | 序号 | 三菱系统 | 功能 |
| --- | --- | --- | --- | --- | --- |
| 1 | M1064 | 供料单元复位完成 | 3 | M1066 | 供料单元工件有无 |
| 2 | M1065 | 供料单元工件不够 | 4 | M1067 | 供料单元物料台工件有无 |

表 6-7 加工单元网络读写数据规划表

| 序号 | 三菱系统 | 功能 | 序号 | 三菱系统 | 功能 |
| --- | --- | --- | --- | --- | --- |
| 1 | M1128 | 加工单元复位完成 | 3 | M1130 | 加工完成 |
| 2 | M1129 | 加工单元有工件 | 4 | M1131 | 等待加工工件 |

## 项目6 搬运单元的安装与调试

表6-8 装配单元网络读写数据规划表

| 序号 | 三菱系统 | 功能 | 序号 | 三菱系统 | 功能 |
|---|---|---|---|---|---|
| 1 | M1192 | 装配单元复位完成 | 4 | M1195 | 装配台工件有无 |
| 2 | M1193 | 工件库工件不够 | 5 | M1196 | 装配完成 |
| 3 | M1194 | 工件库工件有无 | 6 | M1197 | 等待加工工件 |

表6-9 分拣单元网络读写数据规划表

| 序号 | 三菱系统 | 功能 | 序号 | 三菱系统 | 功能 |
|---|---|---|---|---|---|
| 1 | M1256 | 分拣单元复位完成 | 3 | M1258 | 等待物料 |
| 2 | M1257 | 传动带有无物料 | | | |

表6-10 搬运单元网络读写数据规划表

| 序号 | 三菱系统 | 功能 | 序号 | 三菱系统 | 功能 |
|---|---|---|---|---|---|
| 1 | M1000 | 启动 | 7 | M1006 | 绿灯 |
| 2 | M1001 | 停止 | 8 | M1007 | 黄灯 |
| 3 | M1002 | 复位 | 9 | M1010 | 搬运机械手伸出到加工单元 |
| 4 | M1003 | 急停 | 10 | M1011 | 搬运机械手伸出到装配单元 |
| 5 | M1004 | 周期完成信号 | 11 | M1012 | 搬运机械手离开加工单元 |
| 6 | M1005 | 红灯 | 12 | M1013 | 搬运机械手离开装配单元 |

四个主令信号（复位、启动、停止、急停）由搬运单元（网络主站）发送；整个系统的工作由复位开始，各单元在收到复位指令后回复至初始状态，并发送复位完成信号；各单元全部复位完成后，启动信号方可有效；系统启动运行后如出现停止信号，则系统运行至流程末停止，如再次出现启动信号，系统可继续运行；如出现急停信号，则系统动作立刻停止；解除急停，拿掉没有完成的工件，按下复位按钮，待系统复位后，才能重新运行。

各单元发送本单元工件到位、工件库状态等信号，当供料单元或装配单元的井式料仓中没有工件时，系统停止工作；搬运单元还需要根据系统各单元状态，控制位于装配单元的红、黄、绿三色警告灯状态，具体控制如下。

1）按下"复位"按钮，警告灯黄灯常亮。如各单元复位均完成，则黄灯熄灭，绿灯闪烁，表示可以启动。

2）当绿灯闪烁时按下"启动"按钮，系统启动，各单元开始运行，同时绿灯变为常亮。

3）按下"停止"按钮，红灯闪烁。按下"急停"按钮，红灯常亮。

4）当供料单元或装配单元的井式料仓中工件不足时，黄灯闪烁；料仓中没有工件时，红灯闪烁。

## 6.3 搬运单元安装与调试项目实施

### 6.3.1 搬运单元资讯单（表6-11）

表6-11 搬运单元资讯单

| 姓名 | | 组号 | | 班级/学号 | | 工作时间 | |
|---|---|---|---|---|---|---|---|
| 元件认知 ||||||||
| 元件名称 | 外观图 ||| 相关问题 ||||
| 同步带机构 | | | | ①本单元同步带轮的齿数和节距是多少？②带轮旋转一周，机械手移动多少距离 ||||
| 手指气缸 | | | | ①手指气缸的工作原理是什么？②它的符号怎么画 ||||
| 二位五通双电控电磁阀 | | | | ①该电磁阀的符号怎么画？②双电控与单电控有什么区别 ||||
| 三相步进电动机 | | | | ①其工作原理是什么？②当没有设置细分时，该电动机旋转一周需要多少个脉冲 ||||
| 步进电动机驱动器 | | | | ①驱动器细分数为4000的含义是什么？②此时每一个脉冲驱动机械手移动多少距离？③若细分数改为10000，机械手的速度是增还是减 ||||

(续)

| 元件名称 | 外观图 | 相关问题 |
|---|---|---|
| FX2N—48MT | 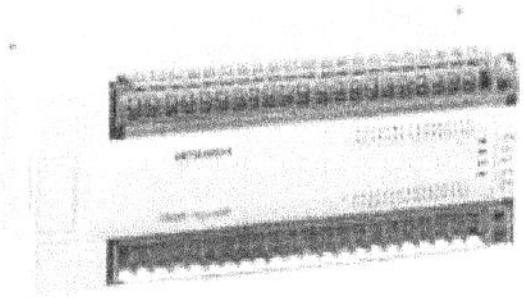 | ①该 PLC 型号的含义是什么？②为什么本单元选用该型号的 PLC |

## 6.3.2 搬运单元安装与调试计划单（表6-12）

表 6-12 搬运单元安装与调试计划单

| 搬运单元工艺流程熟悉 | |
|---|---|
| 观察教师操作样机,掌握搬运单元工作过程 | □ 是　　□ 否 |
| 工艺流程描述 | |

**制订工作计划**
（小组讨论、咨询教师、将下述文件填写完整）

| | |
|---|---|
| 搬运单元设备安装 | （分工情况,安装顺序、注意点、需要的设备工具等） |
| 气路连接与调试 | （分工情况,连接顺序、注意点、需要的设备工具等） |
| 电路原理及接线 | （分工情况,连接顺序、注意点、需要的设备工具等） |
| 步进电动机驱动器连接及参数设置 | （分工情况,连接顺序及注意事项、面板操作要领、参数设置要领、需要的设备工具等） |
| 程序编写与调试 | （分工情况,编程思路、注意点、需要的设备工具等） |
| 联机调试 | （分工情况,调试步骤、注意点、需要的设备工具等） |

### 6.3.3 搬运单元各项任务实施单（表6-13～表6-18）

表6-13 任务一 搬运单元机械结构安装实施单

| 项目计划已与教师沟通,可以实施 | □ 是　　□ 否 |
|---|---|

| 任务一 搬运单元机械结构安装 ||
|---|---|
| 训练目标 | 将搬运单元的机械部分拆开成组件和零件的形式,然后再组装成原样。着重掌握机械设备的安装、调整方法与技巧 |
| 安装要求 | 完成装配,装配正确,无紧固件松动,传送机构调整恰当 |
| 装配注意事项 | 1)直线运动传动装置的导轨应调整好平行度,并处于水平面,确保机械手移动顺畅<br>2)调整同步带轮轴与电动机轴的安装位置,确保其同轴度<br>3)同步带的张紧度应调整适中<br>4)气管、电气电路整理后埋入拖链装置,外露部分合理捆扎,防止机械手运动时发生干涉<br>5)为了使传动部分平稳可靠,噪声减小,特使用滚动轴承为动力回转件,但滚动轴承及其安装配合零件均为精密结构件,对其拆装需一定的技能和专用的工具,建议不要自行拆卸<br>6)装配前,应认真分析结构组成,认真思考。遵循先装组件,再进行总装<br>7)安装铝合金框架结构时,注意结构件与底板牢固连接<br>8)放置足够的预留螺栓,以免造成组件之间不能完成安装<br>9)光电传感器和磁性传感器的安装位置以准确反映出动作为准<br>10)建议先进行装配,但不要一次拧紧各固定螺栓,待相互位置基本确定后,再依次进行调整固定 |
| 结构安装过程记录 | |

| 实施过程中遇到的问题与对策 ||
|---|---|
| 遇到的问题 | 对策 |
|  |  |

| 总　结 |
|---|
|  |

## 项目6 搬运单元的安装与调试

**表 6-14 任务二 搬运单元气动原理图绘制与气路连接实施单**

| 任务一已完成,经教师认可进行下一项目 | □ 是 □ 否 |
|---|---|

任务二 搬运单元气动原理图绘制与气路连接

| | |
|---|---|
| 训练目标 | 通过气动原理图的绘制与气路的连接,掌握常用气动元器件的功用,具有正确读懂气动原理图的能力,能正确连接气路 |
| 连接要求 | 完整、正确连接气路,无漏气现象,气管排布均匀美观 |
| 注意事项 | 1)气体汇流板与电磁阀组的连接要求密封良好,无漏气现象<br>2)气管一定要在快速接头中插紧,不能够有漏气现象<br>3)气路气管在连接走向时,应埋入拖链,不能出现交叉、打折、叠落、凌乱现象,所有外露气管用尼龙扎带进行绑扎,松紧程度以不使气管变形为宜<br>4)调整节流阀的开度控制气缸的伸出速度,要求伸出、缩回平稳 |
| 绘制气动原理图 | 在图 6-10 所示图纸中绘制搬运单元气动原理图,气动符号使用规范 |
| 气路连接过程记录 | |

实施过程中遇到的问题与对策

| 遇到的问题 | 对策 |
|---|---|
| | |

总 结

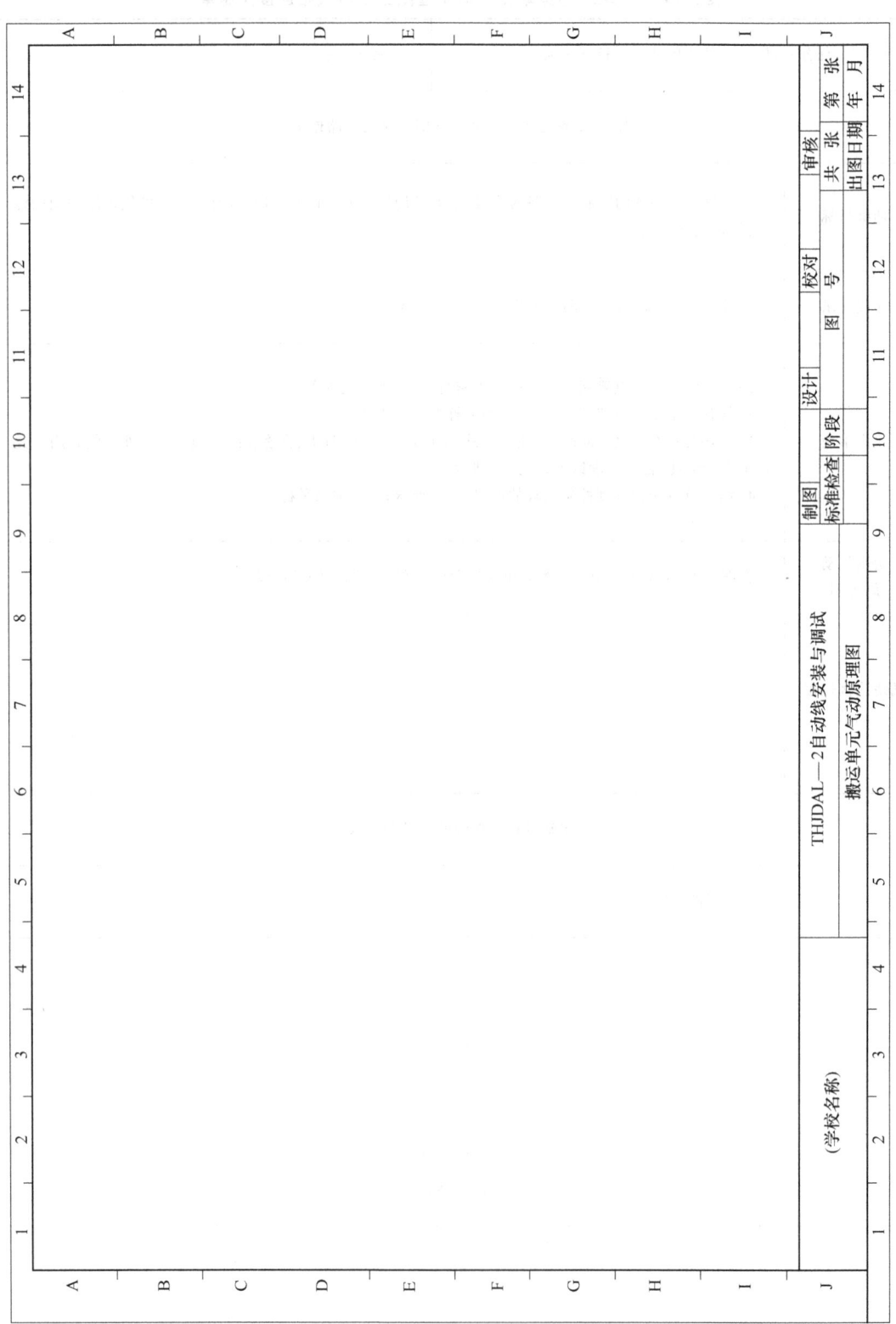

图 6-10 搬运单元气动原理图

## 项目6 搬运单元的安装与调试

**表 6-15 任务三 搬运单元电气原理图设计、电气电路连接实施单**

| 任务二已完成,经教师认可进行下一项目 | □ 是　　□ 否 |
|---|---|

任务三 搬运单元电气原理图的设计、电气电路的连接

| 训练目标 | 能够设计搬运单元的电气原理图,使用电气符号规范,电气电路连接符合标准 |
|---|---|
| 电气原理图要求 | 电气原理图正确,能实现控制功能,电气符号使用规范,I/O 分配正确、合理 |
| 注意事项 | 1)PLC 的 AC 220V 电源需要单独供给,不能接入端子排,更不可与 DC 24V 电源混淆<br>2)导线线端应该作冷压针型端子处理<br>3)导线在端子上的压接以用手稍用力外拉为宜<br>4)导线走向应该平顺有序,用尼龙扎带进行绑扎<br>5)搬运单元的步进电动机驱动器模块是安装在抽屉式模块放置架上的。因此,驱动器的驱动输出线须用安全导线插接到实训台面上的接线端子排插孔侧,再由接线端子排连接到三相步进电动机 |
| 绘制电气原理图 | 在图 6-11 所示图纸中绘制电气原理图,电气符号使用规范,I/O 分配正确、合理 |
| 电气路连接过程记录 | |

实施过程中遇到的问题与对策

| 遇到的问题 | 对　　策 |
|---|---|
|  |  |

总　　结

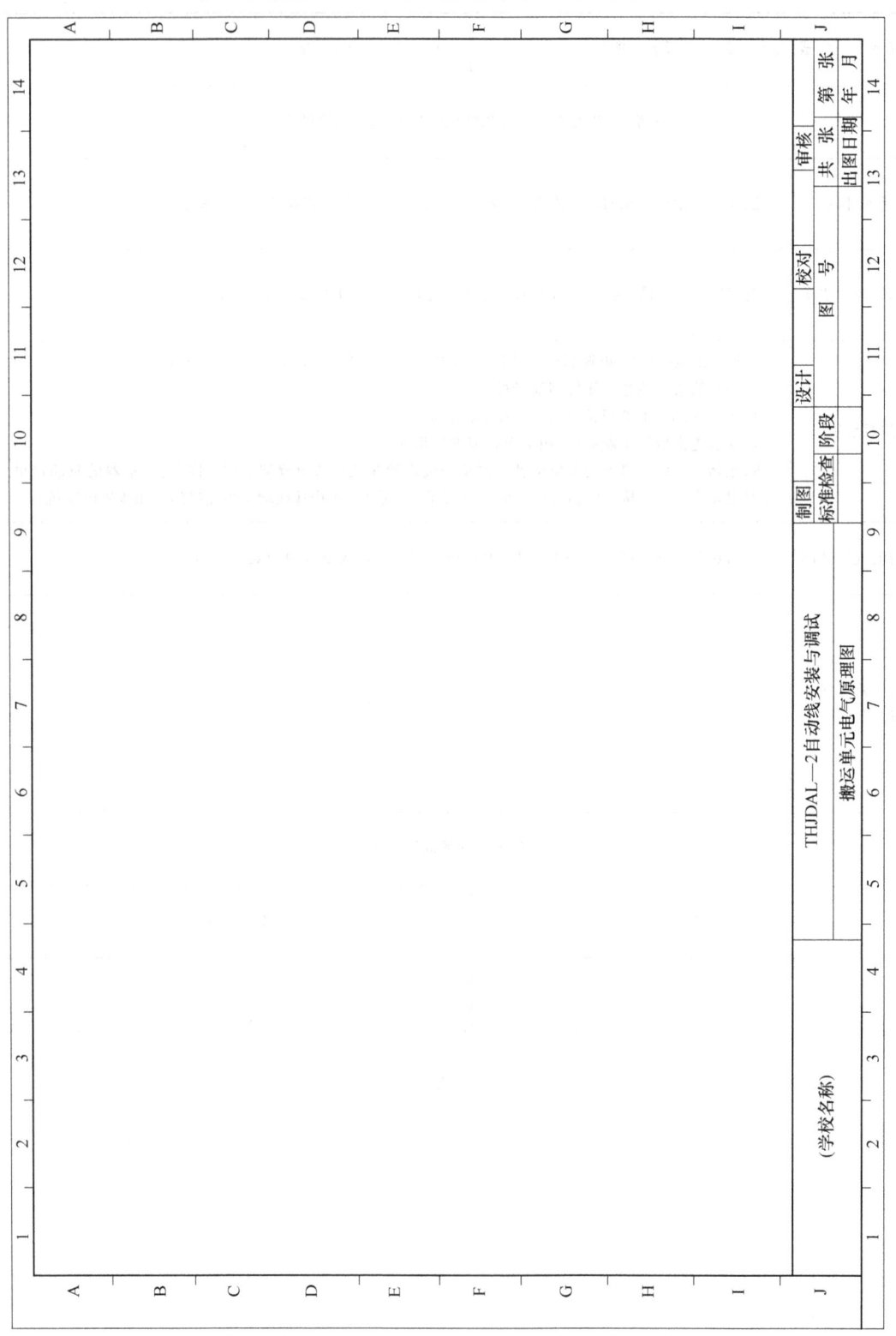

图 6-11 搬运单元电气原理图

表 6-16　任务四 三相步进系统的参数设置与调试实施单

| 任务三已完成,经教师认可进行下一项目 | □ 是　　　　□ 否 |
|---|---|

任务四 三相步进电动机的参数设置与调试

| 训练目标 | 熟练进行三相步进电动机驱动器参数的设置,掌握步进电动机控制的方法 |
|---|---|
| 参数设置与调试操作步骤 | 1)完成步进电动机、步进驱动器、PLC 的连线<br>2)步进电动机的调试要求:按下"复位"按钮,搬运单元机械手回到原点,复位完成后,按下"启动"按钮,步进电动机带动机械手运动至加工单元位置。<br>3)根据上述要求进行交流伺服驱动器参数的设置<br>4)根据要求完成步进电动机的控制 |
| 步进电动机调试过程记录 | |

实施过程中遇到的问题与对策

| 遇到的问题 | 对　　策 |
|---|---|
|  |  |

总　　结

表 6-17 任务五 搬运单元控制程序编写实施单

| 任务四已完成,经教师认可进行下一项目 | □ 是　　　　□ 否 |
|---|---|

<table>
<tr><td colspan="2" align="center">任务五　搬运单元控制程序编写</td></tr>
<tr><td>训练目标</td><td>熟练掌握 PLC 编程,能够正确编写搬运单元的控制程序</td></tr>
<tr><td>控制程序编写步骤及注意事项</td><td>1)根据搬运单元功能要求,确定初始状态,写出工作流程<br>2)编写搬运单元控制程序,下载至 PLC(PLC 功能图,梯形图另附图样)<br>3)为了使工件能准确地搬运到位,各分站信号、步进电动机驱动器参数(电流、细分等)的设置以及软件编程中对驱动器的脉冲输出信号等,应相互配合</td></tr>
<tr><td>程序编写过程记录(步进状态转移图)</td><td></td></tr>
</table>

实施过程中遇到的问题与对策

| 遇到的问题 | 对　策 |
|---|---|
|  |  |

总　结

# 项目6 搬运单元的安装与调试

表 6-18 任务六 搬运单元设备调试实施单

| 任务五已完成,经教师认可进行下一项目 | □ 是    □ 否 |
|---|---|

任务六 搬运单元设备调试

| 训练目标 | 能够合理、快速地进行设备调试,掌握设备调试的一般步骤 |
|---|---|
| 设备调试步骤 | 1)调整气动部分,检查气路是否正确,气压是否合理,气缸的动作速度是否合理<br>2)检查磁性传感器的安装位置是否到位,磁性传感器工作是否正常<br>3)检查 I/O 接线是否正确<br>4)检查步进电动机驱动器的连接、参数设置是否正确<br>5)检查行程开关安装是否合理,原点位置是否合适,保证机械手原点位正对供料单元<br>6)放入工件,运行程序看搬运单元动作是否满足任务要求<br>7)调试各种可能出现的情况,确保系统对于异常信号都有相应的处理方法<br>8)优化程序 |
| 设备调试过程记录 | |

实施过程中遇到的问题与对策

| 遇到的问题 | 对　策 |
|---|---|
|  |  |

总　结

### 6.3.4 搬运单元安装与调试评价表（表6-19）

表6-19 搬运单元安装与调试评价表

| 姓名 | | 同组 | | 专业/班级 | | | |
|---|---|---|---|---|---|---|---|
| 项目内容 | 考核要求 | 配分 | 评分标准 | | 扣分 | 自评 | 互评 |
| 搬运单元安装 | 1）正确检查元器件质量<br>2）正确安装 | 15 | 安装定位与要求不符，每处扣5分，最多扣15分 | | | | |
| | | | 有紧固件松动现象，扣5分 | | | | |
| | | | 同步带松弛或过紧，扣5分 | | | | |
| 搬运单元气路装配 | 正确安装搬运单元气动气路 | 15 | 气路连接未完成或有错，每处扣8分 | | | | |
| | | | 气路连接有漏气现象，每处扣3分；气缸节流阀调整不当，每处扣3分 | | | | |
| | | | 气管没有绑扎或埋入拖链不恰当，导致与机械手运动产生干涉，扣7分 | | | | |
| 电气原理图及电路连接工艺 | 正确绘制电气原理图符号要规范 | 30 | 制图草率，徒手画图，扣20分 | | | | |
| | | | 电气原理图符号不规范，每处扣5分 | | | | |
| | | | 漏画必要的限位保护、接地保护等，每处扣10分 | | | | |
| | | | 步进电动机驱动器及电动机接线错误导致不能运行，扣15分 | | | | |
| | | | 端子连接，插针压接不牢或超过两根导线，每处扣5分，端子连接处没有线号，每处扣2分 | | | | |
| | | | 电路接线没有绑扎或电路接线凌乱，扣5分 | | | | |
| | | | I/O分配错误，扣20分 | | | | |
| 搬运单元程序调试 | 程序调试成功 | 30 | 不能把工件正确送入相应的料槽，扣20分 | | | | |
| | | | 电动机不能按预定的转速要求运行，扣10分 | | | | |
| | | | 装配操作动作不正确或未完成，扣20分 | | | | |
| 职业素养与安全 | | 10 | 现场操作安全保护符合安全操作规程；工具摆放、包装物品、导线线头等的处理符合职业岗位的要求；团队合作既有分工又有合作，配合紧密，紧张有序；遵守纪律，爱惜设备和器材，保持工位的整洁 | | | | |

## 6.4 拓展项目

### 6.4.1 步进电动机和交流伺服电动机性能比较

步进电动机是一种离散运动的装置，它和现代数字控制技术有着本质的联系。在目前国内的数字控制系统中，步进电动机的应用十分广泛。随着全数字式交流伺服系统的出现，交流伺服电动机也越来越多地应用于数字控制系统中。为了适应数字控制的发展趋势，运动控制系统中大多采用步进电动机或全数字式交流伺服电动机作为执行电动机。虽然二者在控制方式上相似（脉冲串和方向信号），但在使用性能和应用场合上存在着较大的差异。现就二者的使用性能作一比较。

1. 控制精度不同

两相混合式步进电动机步距角一般为3.6°、1.8°，五相混合式步进电动机步距角一般为0.72°、0.36°。也有一些高性能的步进电动机步距角更小。如四通公司生产的一种用于慢走丝机床的步进电动机，其步距角为 0.09°；德国百格拉公司（BERGER LAHR）生产的三相混合式步进电动机其步距角可通过拨码开关设置为 1.8°、0.9°、0.72°、0.36°、0.18°、0.09°、0.072°、0.036°，兼容了两相和五相混合式步进电动机的步距角。

交流伺服电动机的控制精度由电动机轴后端的旋转编码器保证。以松下全数字式交流伺服电动机为例，对于带标准 2500 线编码器的电动机而言，由于驱动器内部采用了四倍频技术，其脉冲当量为 360°/10000 = 0.036°。对于带 17 位编码器的电动机而言，驱动器每接收 $2^{17}$ = 131072 个脉冲电动机转一圈，即其脉冲当量为 360°/131072 = 9.89″，是步距角为 1.8°的步进电动机的脉冲当量的 1/655。

2. 低频特性不同

步进电动机在低速时易出现低频振动现象。振动频率与负载情况和驱动器性能有关，一般认为振动频率为电动机空载起动频率的一半。这种由步进电动机的工作原理所决定的低频振动现象对于机器的正常运转非常不利。当步进电动机工作在低速时，一般应采用阻尼技术来克服低频振动现象，如在电动机上加阻尼器，或驱动器上采用细分技术等。

交流伺服电动机运转非常平稳，即使在低速时也不会出现振动现象。交流伺服系统具有共振抑制功能，可涵盖机械的刚性不足，并且系统内部具有频率解析功能（FFT），可检测出机械的共振点，便于系统调整。

3. 矩频特性不同

步进电动机的输出力矩随转速升高而下降，且在较高转速时会急剧下降，所以其最高工作转速一般在 300 ~ 600r/min。交流伺服电动机为恒力矩输出，即在其额定转速（一般为 2000r/min 或 3000r/min）以内，都能输出额定转矩，在额定转速以上为恒功率输出。

4. 过载能力不同

步进电动机一般不具有过载能力。交流伺服电动机具有较强的过载能力。以松下交流伺服系统为例，它具有速度过载和转矩过载能力。其最大转矩为额定转矩的三倍，可用于克服惯性负载在启动瞬间的惯性力矩。步进电动机因为没有这种过载能力，在选型时为了克服这种惯性力矩，往往需要选取较大转矩的电动机，而机器在正常工作期间又不需要那么大的转矩，便出现了转矩浪费的现象。

5. 运行性能不同

步进电动机的控制为开环控制，启动频率过高或负载过大易出现丢步或堵转的现象，停止时转速过高易出现过冲的现象，所以为保证其控制精度，应处理好升、降速问题。交流伺服驱动系统为闭环控制，驱动器可直接对电动机编码器反馈信号进行采样，内部构成位置环和速度环，一般不会出现步进电动机的丢步或过冲的现象，控制性能更为可靠。

6. 速度响应性能不同

步进电动机从静止加速到工作转速（一般为每分钟几百转）需要 200 ~ 400ms。交流伺服系统的加速性能较好，以松下 MSMA 400W 交流伺服电动机为例，从静止加速到其额定转速 3000r/min 仅需几毫秒，可用于要求快速启停的控制场合。

综上所述，交流伺服系统在许多性能方面都优于步进电动机。但在一些要求不高的场合也经常用步进电动机来作执行电动机。所以，在控制系统的设计过程中要综合考虑控制要求、成本等多方面的因素，选用适当的控制电动机。

### 6.4.2 科技文献阅读——Transfer Units

1. 设备词汇（图 6-12）

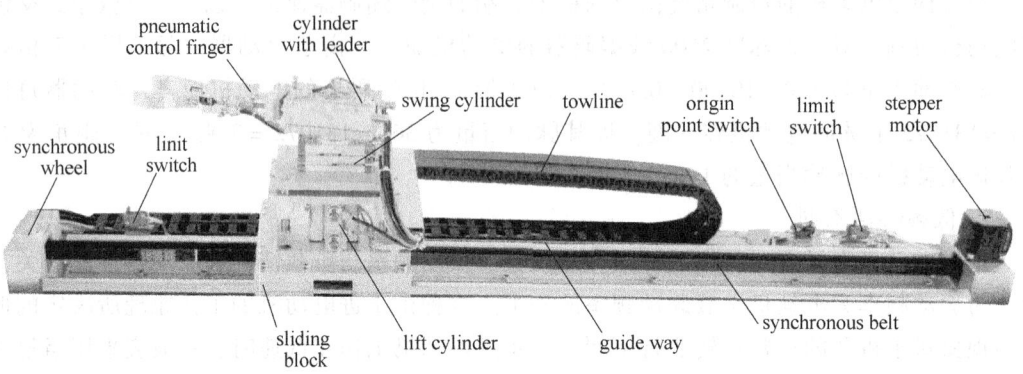

Fig. 6-12  Transfer units

| Words & Phrases | |
|---|---|
| pneumatic control finger | 气动手指 |
| cylinder with leader | 带导杆气缸 |
| towline | 拖链 |
| origin point switch | 原点开关 |
| limit switch | 极限开关 |
| stepper motor | 步进电动机 |
| synchronous belt | 同步带 |
| guide way | 导轨 |
| lift cylinder | 升降气缸 |
| sliding block | 滑板 |

2. 延伸阅读

### Transfer Units

Transfer mechanisms are used to move the workpiece from one station to another in the machine, or from one machine to another, to enable various operations to be performed on the part. Workpieces are transferred by several methods: (1) rails along which the parts, usually placed on pallets, are pushed or pulled by various mechanisms; (2) rotary indexing tables; and (3) overhead conveyors. The transfer of parts from station to station is usually controlled by sensors and other devices. Tools on transfer machines can be changed easily using toolholders with quick-change features. These machines may be equipped with various automatic gauging and inspection systems. These systems are utilized between operations to ensure that the dimensions of a part produced in one station are within acceptable tolerances before that part is transferred to the next station.

# 项目 7　人机界面的应用

【项目要点】
核心知识：人机界面（HMI）的应用。
主要内容：触摸屏的安装、人机界面的组态以及人机界面调试。

## 7.1　人机界面简介

### 7.1.1　人机界面定义

人机界面是连接可编程序控制器（PLC）、变频器、直流调速器、仪表等工业控制设备，利用显示屏显示，通过输入单元写入工作参数或输入操作命令，实现人与机器信息交互的数字设备，其结构如图 7-1 所示。

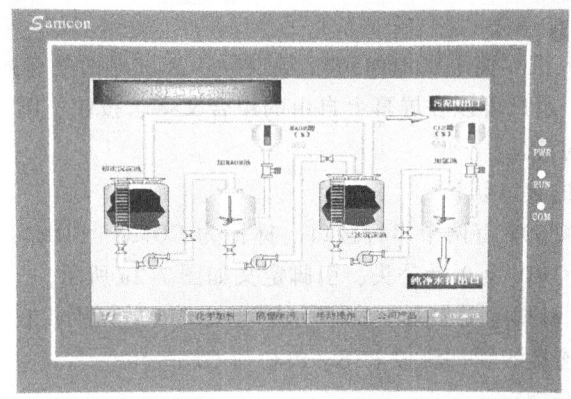

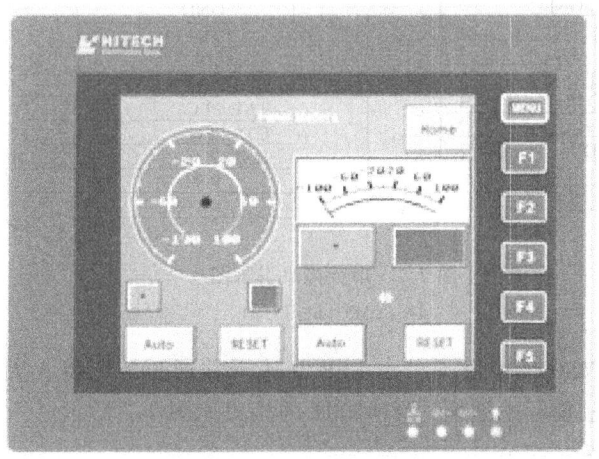

图 7-1　人机界面结构图

### 7.1.2 人机界面（HMI）产品的组成及工作原理

人机界面产品由硬件和软件两部分组成，硬件部分包括处理器、显示单元、输入单元、通信接口、数据存储单元等，其中处理器的性能决定了 HMI 产品的性能高低，是 HMI 的核心单元。HMI 软件一般分为两部分，即运行于 HMI 硬件中的系统软件和运行于 PC 的 Windows 操作系统下的画面组态软件。使用者都必须先使用 HMI 的画面组态软件制作"工程文件"，再通过 PC 和 HMI 产品的串行通信口或 USB 口，把编制好的"工程文件"下载到 HMI 的处理器中运行。

触摸屏是人机界面硬件部分的一种，是一种替代鼠标及键盘部分功能，安装在显示屏前端的输入设备。它是一种最直观的操作设备，操作者只要用手指触摸屏幕上的图形对象，计算机便会执行相应的操作，人和机器间的交流变得简单、直接。

组态软件是运行于 PC 硬件平台，Windows 操作系统下的一个通用工具软件产品，和 PC 或工控机一起也可以组成 HMI 产品。通用的组态软件支持的设备种类非常多，如各种 PLC、PC 板卡、仪表、变频器、模块等设备，而且由于 PC 的硬件平台性能强大，通用组态软件的功能也强很多，适用于大型的监控系统中。

## 7.2 核心知识——触摸屏的使用及组态

THJDAL—2 系统的人机界面采用 MT4500T 触摸屏。人机界面是在操作人员和机器设备之间作双向沟通的桥梁，用户可以在屏幕上自由的组合文字、按钮、图形、数字等来处理或监控管理随时可能变化的信息。

1. MT4500T 触摸屏的接口认识

（1）串行接口　MT4500T 有两个串行接口，标记为 COM0、COM1。两个口分别为公头和母头，以方便区分。COM0 为 9 针公头，引脚定义如图 7-2a 所示。

COM1 为 9 针母头，引脚定义如图 7-2b 所示。与 COM0 的区别仅在于 PC—TXD 与 PC—RXD 被换成了 PLC 232 连接的硬件流控 RTS—PLC 与 CTS—PLC。

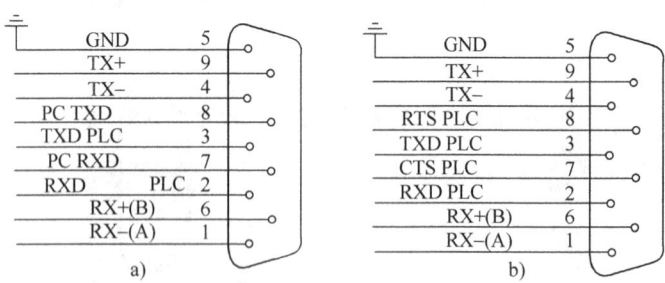

图 7-2　串行接口引脚图
a) COM0　b) COM1

（2）USB 接口　MT4500T 提供了一个 USB 高速下载通道，它将大大加快下载的速度，且不需要预先知道目标触摸屏的地址。MT4500T 的接口如图 7-3 所示。

2. EV5000 软件安装

1) 将 EV5000 软件光盘放入光驱，计算机将会自动运行安装程序，或者手动运行光盘中的"Setup. exe"。

## 项目 7　人机界面的应用

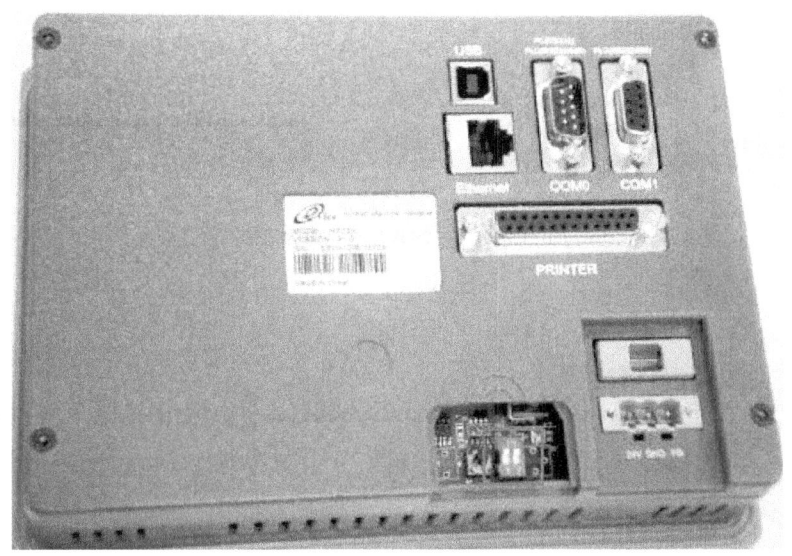

图 7-3　MT4500T 的接口图

2) 按向导提示，按"下一步"按钮。

3) 按"完成"按钮，软件安装完毕。

4) 要运行程序时，可以从"开始"→"程序"→"eview"→"EV5000_UNICODE_CHS"下找到相应的可执行程序，单击即可。

3. 制作一个最简单的工程

1) 安装好 EV5000 软件后，在"开始"→"程序"→"eview"→"EV5000_UNICODE_CHS"下找到相应的可执行程序，然后单击，打开触摸屏软件。

2) 选择菜单"文件"→"新建工程"命令，这时系统将弹出如图 7-4 所示对话框，输入所建工程的名称。也可以单击" >> "按钮来选择所建文件的存储路径。在这里命名为"test_01"，再单击"建立"按钮即可。

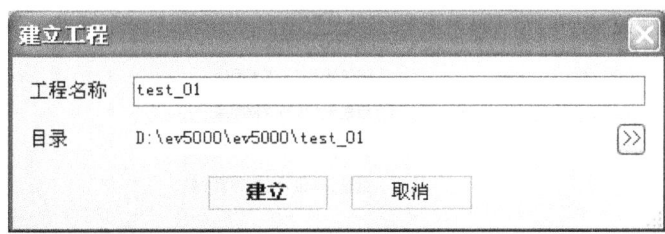

图 7-4　建立工程

3) 选择通信连接方式，MT4500T 支持串口，以太网连接，单击元件库窗口里的"通讯连接"，选中所需的连接方式拖入工程结构窗口中即可，如图 7-5 所示。

4) 选择触摸屏型号，将其拖入工程结构窗口。

5) 选择需要连线的 PLC 类型，拖入工程结构窗口里。如图 7-6 所示，适当移动 HMI 和 PLC 的位置，将连接端口靠近连接线的任意一端，就可以顺利把它们连接起来。注意：连接使用的端口号要与实际的物理连接一致。这样就成功地在 PLC 与 HMI 之间建立了连接。拉动 HMI 或者 PLC 检查连接线是否断开，如果不断开就表示连接成功。

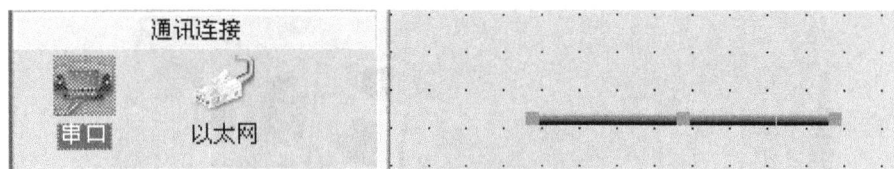

图 7-5 通信连接方式
GB/T 2900.1—2008 中通讯改为通信。

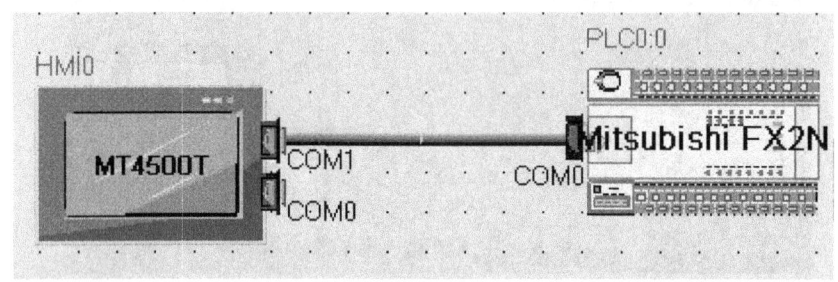

图 7-6 触摸屏与 PLC 连接

6) 然后双击 HMI0 图标系统弹出如图 7-7 所示的对话框。在此对话框中需要设置触摸屏的端口号。在弹出的"HMI 属性"对话框里单击"串口 1 设置"选项卡,修改串口 1 的参数(如果 PLC 连接在 COM0,则单击"串口 0 设置"选项卡,修改串口 0 的参数)。

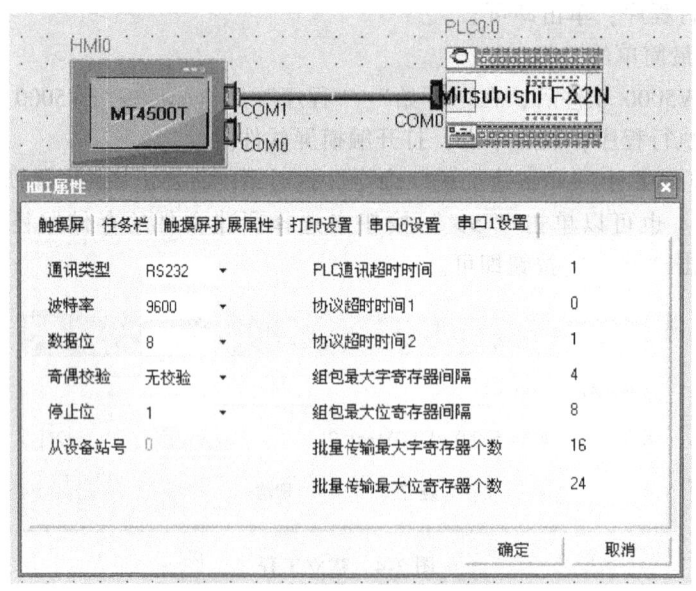

图 7-7 HMI 属性设置
注:新标准中通讯改为通信。

7) 在工程结构窗口中,选中 HMI 图标,单击右键,在快捷菜单中选择"编辑组态"命令,系统进入了组态窗口,如图 7-8 所示。

8) 在 PLC 元件窗口里,单击"位状态切换开关"图标,将其拖入组态窗口中放置,这时系统弹出"位状态切换开关元件属性"对话框,设置位控元件的输入、输出地址,如图 7-9 所示。

## 项目 7 人机界面的应用

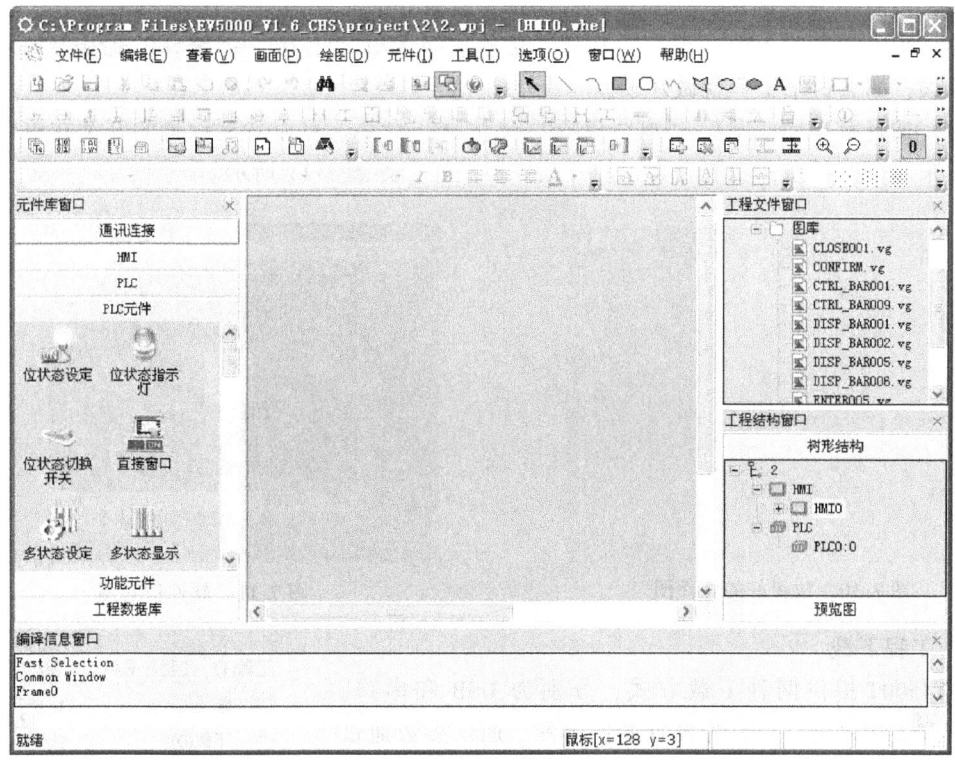

图 7-8 组态窗口

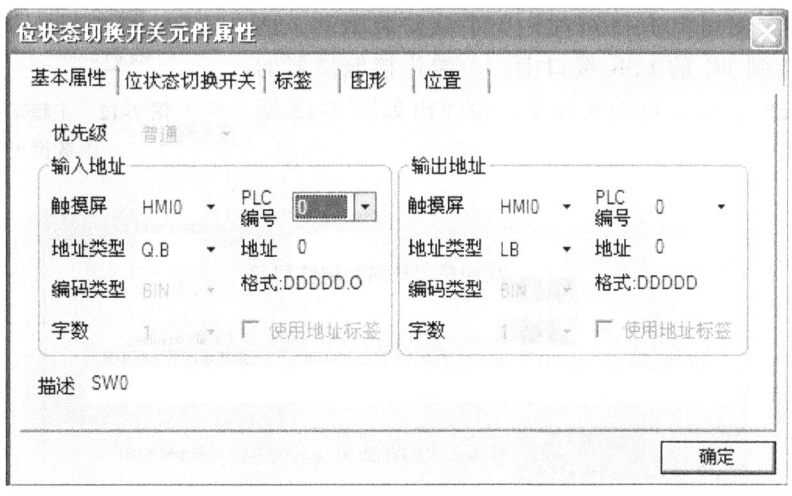

图 7-9 位状态切换开关属性

9) 单击"位状态切换开关"选项卡,设定开关类型,这里设定为切换开关。

10) 单击"标签"选项卡,选中"使用标签"复选框,分别在"内容"里输入状态 0、状态 1 相应的标签,并选择标签的颜色(可以修改标签的对齐方式、字号、颜色)。

11) 单击"图形"选项卡,选中"使用向量图"复选框,选择需要的图形,这里选择了如图 7-10 所示的开关。

12）最后单击"确定"按钮关闭对话框，放置好的元件如图 7-10 所示。

13）单击工具栏上的"保存"按钮，接着选择菜单"工具"→"编译"命令。如果编译没有错误，那么这个工程就做好了。

14）选择菜单"工具"→"离线模拟"→"仿真"命令。可以看到设置的开关在单击它时将可以来回切换状态，功能和真正的开关一模一样，如图 7-11 所示。

图 7-10 放置好的元件图

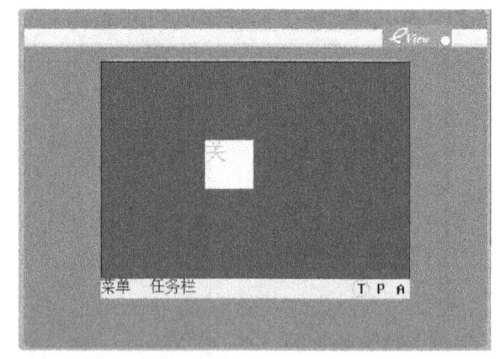
图 7-11 软件仿真图

## 4. 工程下载

MT4500T 提供两种下载方式，分别为 USB 和串口。在下载和上传之前，要首先设置通信参数。通信参数通过选择菜单栏"工具"→"设置选项"命令来完成设置，如图 7-12 所示。下载设备选择 USB。

1）第一次使用 USB 下载时，要手动安装驱动。把 USB 一端连接到 PC 的 USB 接口上，一端连接触摸屏的 USB 接口，在触摸屏上电的条件下，会弹出如图 7-13 所示的安装信息。

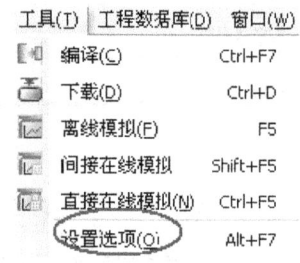
图 7-12 工程下载通信参数设置

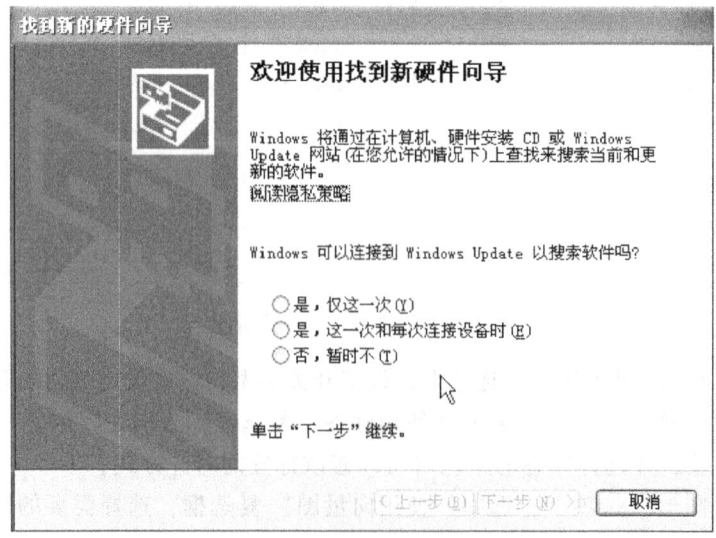
图 7-13 安装信息

2) 根据提示手动安装 USB 驱动，如图 7-14 所示。

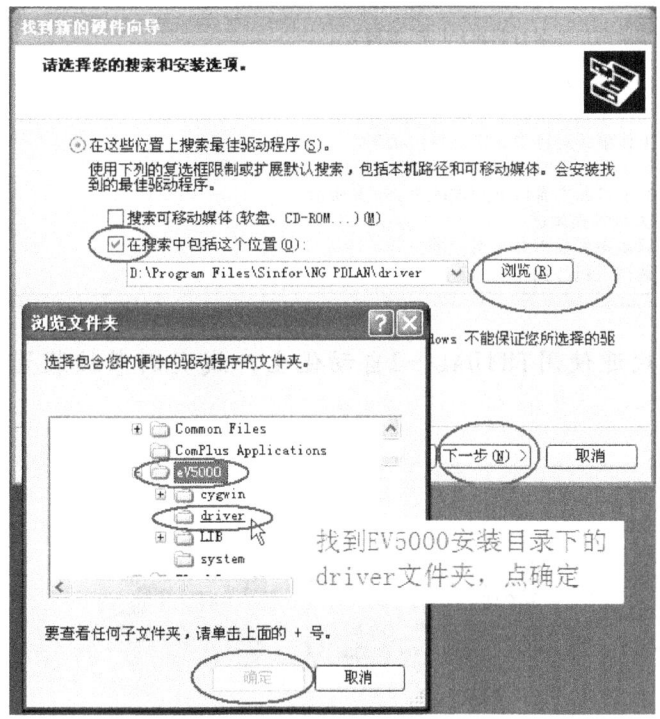

图 7-14 手动安装驱动

3) 选择菜单"工具"→"下载"命令。将做好的工程下载到触摸屏中。

5. 用通信电缆连接触摸屏与 PLC

用通信电缆连接触摸屏与 PLC 后，两者的数据即可进行实时互交。

## 7.3 人机界面项目实施

### 7.3.1 人机界面应用任务单（表 7-1）

表 7-1 人机界面应用任务单

| 班级 | | 学号 | | 姓名 | |
|---|---|---|---|---|---|
| 同组成员 | | | | | |
| 学习领域 | 自动线安装与调试 ||||||
| 学习情境 | 人机界面的使用 ||||||
| 任务描述 | 1. 触摸屏的安装<br>1) 熟悉 MT4500C 触摸屏的接口<br>2) 安装 MT4500C 触摸屏<br>2. 在 MT4500C 人机界面上组态画面<br>要求：用户窗口包括主窗口和欢迎窗口两个窗口，其中，欢迎窗口是启动窗口，触摸屏上电后运行，屏幕上方的标题文字向左循环移动。当触摸欢迎窗口上任意部位时，都将切换到主窗口。主窗口组态应具有下列功能<br>1) 提供系统复位、启动和停止信号<br>2) 在人机界面上，动态显示搬运单元机械手装置当前位置（以原点位置为参考点，度量单位为 mm） |||||

(续)

| 学习情境 | 人机界面的使用 |
|---|---|
| 任务描述 | 3)指示网络的运行状态(正常、故障)<br>4)指示各工作单元的运行、故障状态。其中,故障状态包括<br>①供料单元的供料不足状态和缺料状态<br>②装配单元的供料不足状态和缺料状态<br>③工作单元运行中的紧急停止状态<br>发生上述故障时,有关的报警指示灯以闪烁方式报警<br>欢迎窗口和主窗口分别如图 7-15a、b 所示<br>3. 人机界面调试<br>1)将组态画面下载至触摸屏<br>2)调试人机界面 |

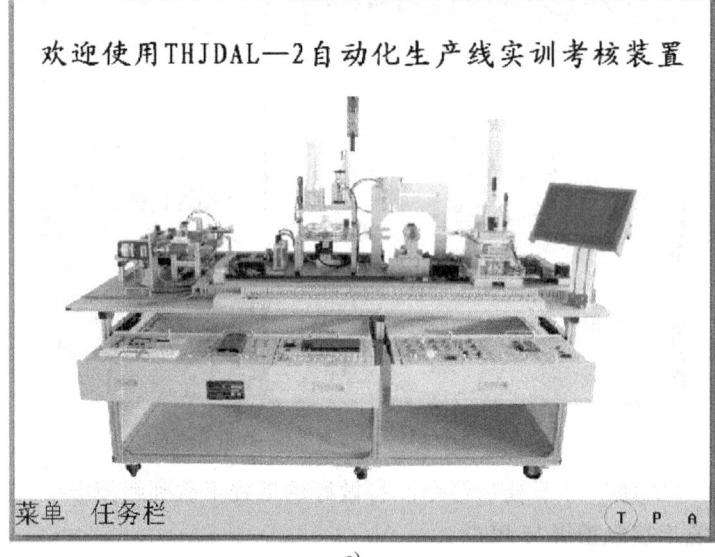

图 7-15 人机界面
a) 欢迎窗口  b) 主窗口

## 7.3.2 人机界面应用资讯单（表7-2）

表7-2 人机界面应用资讯单

| 姓名 | | 组号 | | 班级/学号 | | 工作时间 | |
|---|---|---|---|---|---|---|---|

| 元件认知 |||
|---|---|---|
| 元件名称 | 外观图 | 相关问题 |
| MT4500C 触摸屏 | | 触摸屏各接口如何连接 |
| 组态软件 EV5000 的安装 | | 如何正确安装 EV5000 组态软件 |
| 欢迎界面的组态 | | 外部图片如何导入到组态软件 |
| 主界面的组态 | | 各种元件库的使用 |

### 7.3.3 人机界面应用计划单（表7-3）

表7-3 人机界面应用计划单

| 人机界面熟悉 | |
| --- | --- |
| 观察教师操作样机触摸屏,熟悉人机界面原理 | □ 是　　□ 否 |
| 触摸屏操作过程描述 | |
|  | |

| 制订工作计划<br>（小组讨论、咨询教师、将下述文件填写完整） | |
| --- | --- |
| 触摸屏的安装 | （分工情况,安装顺序、注意点、需要的设备工具等） |
| 人机界面组态 | （分工情况,组态顺序、注意点、需要的设备工具等） |
| 人机界面调试 | （分工情况,调试注意点、需要的设备工具等） |

## 7.3.4 人机界面应用各项任务实施单 (表 7-4 ~ 表 7-6)

表 7-4 任务一 触摸屏安装实施单

| 项目计划已与教师沟通,可以实施 | □ 是   □ 否 |
|---|---|

项目一 触摸屏安装

| | |
|---|---|
| 训练目标 | 将触摸屏安装在自动生产线上,固定牢靠;熟悉触摸屏的各个接口,并将电源等连接好 |
| 安装要求 | 正确完成安装,牢固可靠 |
| 安装步骤和方法 | 1)支架固定在自动线工作台上<br>2)将触摸屏固定在支架上<br>3)连接触摸屏 24V 电源线<br>4)连接通信接口 |
| 安装注意事项 | 1)预先在安装位置的铝型材"T"形槽中,放置预留与之相配的螺母,完成支架与工作台之间牢固连接<br>2)建议先进行支架安装,再进行触摸屏的安装,安装时注意不要划伤屏幕 |
| 安装过程记录 | |

实施过程中遇到的问题与对策

| 遇到的问题 | 对策 |
|---|---|
| | |

安 装 总 结

表 7-5　任务二　人机界面组态实施单

| 任务一已完成,经教师认可进行下一任务 | □ 是　　□ 否 |
|---|---|

任务二　人机界面组态

| 训练目标 | 熟悉人机界面的组态,能实现人机界面与 PLC 通信;能够熟练进行简单人机界面绘制,能够实现基本的主令信号的输出,达到要求的控制功能 |
|---|---|
| 组态要求 | 界面能满足控制要求,元件布置合理 |
| 组态过程记录 | |

实施过程中遇到的问题与对策

| 遇到的问题 | 对策 |
|---|---|
|  |  |

总　　结

## 表 7-6　任务三　人机界面的调试实施单

| 任务二已完成,经教师认可进行下一任务 | □　是　　　□　否 |
|---|---|

任务三　人机界面的调试

| 训练目标 | 通过人机界面的调试,能够完成控制要求 |
|---|---|
| 调试步骤 | 1)各单元采集信号的调试<br>2)启动信号调试<br>3)停止信号调试<br>4)复位信号调试<br>5)机械手位置信号调试 |
| 调试过程记录 |  |

实施过程中遇到的问题与对策

| 遇到的问题 | 对　　策 |
|---|---|
|  |  |

总　　结

### 7.3.5 人机界面应用评价表（表7-7）

表7-7 人机界面应用评价表

| 姓名 | | | 同组 | | 专业/班级 | | | |
|---|---|---|---|---|---|---|---|---|
| 项目内容 | 考核要求 | 配分 | 评分标准 | | | 扣分 | 自评 | 互评 |
| 触摸屏安装、接线 | 正确安装、连接触摸屏 | 20 | 未能安装完成，扣20分<br>安装完成，但有紧固件松动现象，扣5分<br>电源线连接不正确，扣5分<br>触摸屏未与PLC连接，扣5分<br>触摸屏未能与PC连接，扣5分 | | | | | |
| 人机界面组态 | 正确进行人机界面组态 | 40 | 人机界面不能与PLC通信，扣20分<br>不能按要求绘制界面或漏绘构件，每处扣5分，最多扣20分 | | | | | |
| 人机界面的调试 | 完成人机界面调试 | 30 | 组态程序不能下载，扣20分<br>有一个功能不能实现，扣5分<br>主界面指示灯、按钮和切换开关等不满足控制要求，每处扣5分<br>不能正确显示机械手位置，扣10分 | | | | | |
| 职业素养与安全 | | 10 | 现场操作安全保护符合安全操作规程；工具摆放、包装物品、导线线头等的处理符合职业岗位的要求；团队合作既有分工又有合作，配合紧密；遵守纪律，爱惜设备和器材，保持工位的整洁 | | | | | |

## 7.4 知识拓展

### 7.4.1 MCGS 工控组态软件的应用

1. 概述

计算机技术和网络技术的飞速发展，为工业自动化开辟了广阔的发展空间，用户可以方便、快捷地组建优质、高效的监控系统，并且通过采用远程监控及诊断、双机热备等先进技术，使系统更加安全可靠，在这方面，MCGS 工控组态软件将提供强有力的软件支持。

MCGS 工控组态软件是一套32位工控组态软件，可稳定运行于 Windows95/98/NT 操作系统。它集动画显示、流程控制、数据采集、设备控制与输出、网络数据传输、双机热备、工程报表、数据与曲线等诸多强大功能于一身，并支持国内外众多数据采集与输出设备。

2. 软件组成

按使用环境分，MCGS 组态软件由 "MCGS 组态环境" 和 "MCGS 运行环境" 两个系统组成。两部分互相独立，又紧密相关，如图 7-16 所示。

（1）MCGS 组态环境 该环境是生成用户应用系统的工作环境，用户在 MCGS 组态环境中完成动画设计、设备连接、编写控制流程、编制工程打印报表等全部组态工作后，生成扩展名为 .mcg 的工程文件，又称为组态结果数据库，其与 MCGS 运行环境一起，构成了用户应用系统，统称为 "工程"。

（2）MCGS 运行环境 该环境是用户应用系统的运行环境，在运行环境中完成对工程的控制工作。

按组成要素分，MCGS 工程由主控窗口、设备窗口、用户窗口、实时数据库和运行策略

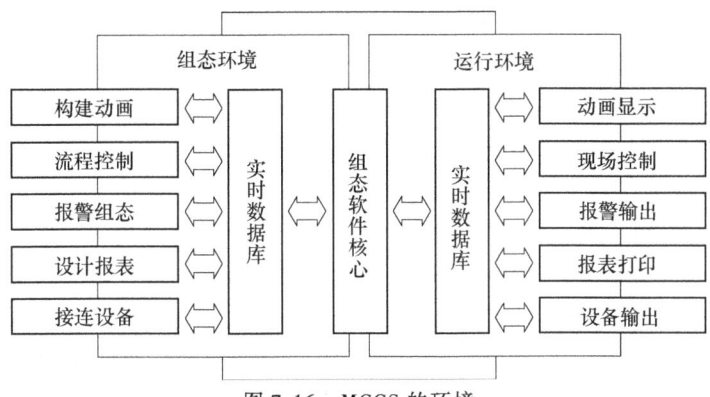

图 7-16　MCGS 的环境

五部分构成，如图 7-17 所示。

(1) 主控窗口　本窗口是工程的主窗口或主框架。在主控窗口中可以放置一个设备窗口和多个用户窗口，负责调度和管理这些窗口的打开或关闭。主要的组态操作包括：定义工程的名称，编制工程菜单，设计封面图形，确定自动启动的窗口，设定动画刷新周期，指定数据库存盘文件名称及存盘时间等。

(2) 设备窗口　本窗口是连接和驱动外部设备的工作环境。在本窗口内配置数据采集与控制输出设备，注册设备驱动程序，定义连接与驱动设备用的数据变量。

(3) 用户窗口　本窗口主要用于设置工程中人机交互的窗口，诸如，生成各种动画显示画面、报警输出、数据与曲线图表等。

(4) 实时数据库　本窗口是工程各个部分的数据交换与处理中心，它将 MCGS 工程的各个部分连接成有机的整体。在本窗口内定义不同类型和名称的变量，作为数据采集、处理、输出控制、动画连接及设备驱动的对象。

(5) 运行策略　本窗口主要完成工程运行流程的控制。包括编写控制程序 (if…then 脚本程序)，选用各种功能构件，如数据提取、历史曲线、定时器、配方操作、多媒体输出等。

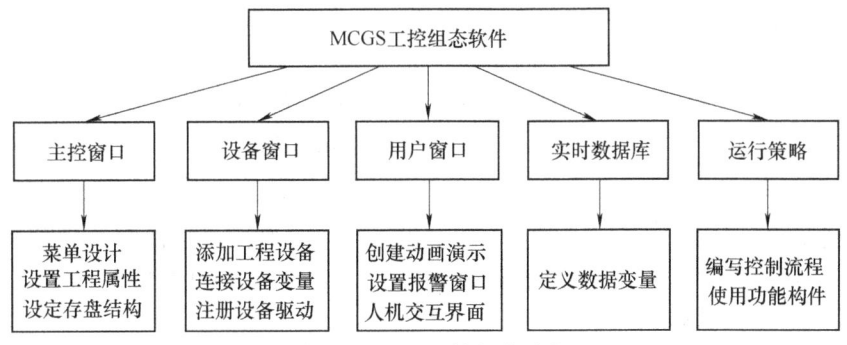

图 7-17　MCGS 的组成要素

3. 软件组态过程实例

(1) 理论分析　一般来说，整套组态设计工作可包含以下步骤。

1) 工程项目系统分析。分析工程项目的系统构成、技术要求和工艺流程，弄清系统的控制流程和测控对象的特征，明确监控要求和动画显示方式，分析工程中的设备采集及输出通道与软件中实时数据库变量的对应关系，分清哪些变量是要求与设备连接的，哪些变量是软件内部用来传递数据及动画显示的。

2）工程立项搭建框架。MCGS 称为建立新工程。主要内容包括：定义工程名称、封面窗口名称和启动窗口（封面窗口退出后接着显示的窗口）名称，指定存盘数据库文件的名称以及存盘数据库，设定动画刷新的周期。经过此步操作，即在 MCGS 组态环境中，建立了由五部分组成的工程结构框架。封面窗口和启动窗口也可等到建立了用户窗口后，再行建立。

3）设计菜单基本体系。为了对系统运行的状态及工作流程进行有效地调度和控制，通常要在主控窗口内编制菜单。编制菜单分两步进行，第一步首先搭建菜单的框架，第二步再对各级菜单命令进行功能组态。在组态过程中，可根据实际需要，随时对菜单的内容进行增加或删除，不断完善工程的菜单。

4）制作动画显示画面。动画制作分为静态图形设计和动态属性设置两个过程。前一过程类似于"画画"，用户通过 MCGS 组态软件中提供的基本图形元素及动画构件库，在用户窗口内"组合"成各种复杂的画面。后一过程则设置图形的动画属性，与实时数据库中定义的变量建立相关性的连接关系，作为动画图形的驱动源。

5）编写控制流程程序。在运行策略窗口内，从策略构件箱中，选择功能策略构件，构成各种功能模块（称为策略块），由这些模块实现各种人机交互操作。MCGS 还为用户提供了编程用的功能构件（称之为"脚本程序"功能构件），使用简单的编程语言，编写工程控制程序。

6）完善菜单按钮功能。它包括对菜单命令、监控器件、操作按钮的功能组态；实现历史数据、实时数据、各种曲线、数据报表、报警信息输出等功能；建立工程安全机制等。

7）编写程序调试工程。利用调试程序产生的模拟数据，检查动画显示和控制流程是否正确。

8）连接设备驱动程序。选定与设备相匹配的设备构件，连接设备通道，确定数据变量的数据处理方式，完成设备属性的设置。此项操作在设备窗口内进行。

9）工程完工综合测试。最后测试工程各部分的工作情况，完成整个工程的组态工作，实施工程交接。

(2) 实例组态　本实例达到的最终效果为

1）在画面 0 中新建两个按钮（"按钮 01"及"按钮 02"）和一个指示灯（"指示灯 01"）。

2）"按钮 01"用于将 FXPLC 中的 M0 置位。

3）"按钮 02"用于将 FXPLC 中的 M0 复位。

4）"指示灯 01"利用红、黑两种颜色指示 FXPLC 中的 Y00 点的状态：当 Y00 状态为 1 时，指示灯显示红色，当 Y00 状态为 0 时，指示灯显示黑色。

组态过程如下。

1）新建工程。双击 图标，进入 MCGS 组态环境，选择"文件"→"新建工程"命令，新建一个新的工程，其系统默认存储地址为"C:\ PROGRAM FILES \ MCGS \ WORK \ 新建工程"，如图 7-18 所示。

2）组态实时数据库。

① 在新建工程的窗口中选择"实时数据库"选项卡，单击"新增对象"按钮两次，在主对话框中就会出现两个新建立的内部数据，名称分别为"Data1"和"Data2"，如图 7-19 所示。

② 双击"Data1"数据对象，在弹出的"数据对象属性设置"对话框中对其属性作如图 7-20 所示的设置，其他系统默认即可，设置完毕后，单击"确认"按钮，退出对话框。

③ 与第②步一致，双击"Data2"数据对象，在弹出的对话框中对其属性作如图 7-21 所示的设置，其他系统默认即可，设置完毕后，单击"确认"按钮，退出对话框。

项目7 人机界面的应用

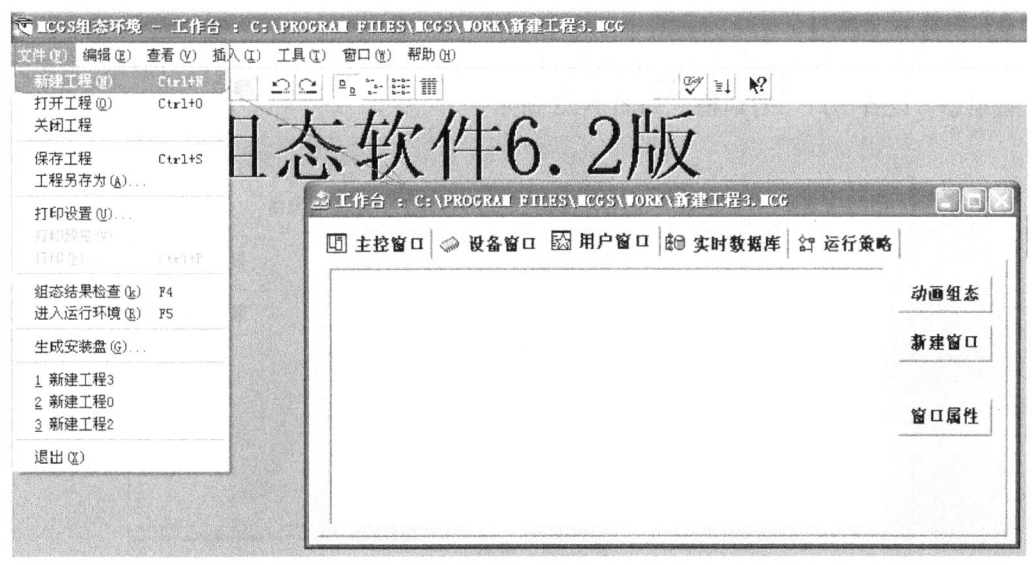

图 7-18 新建工程

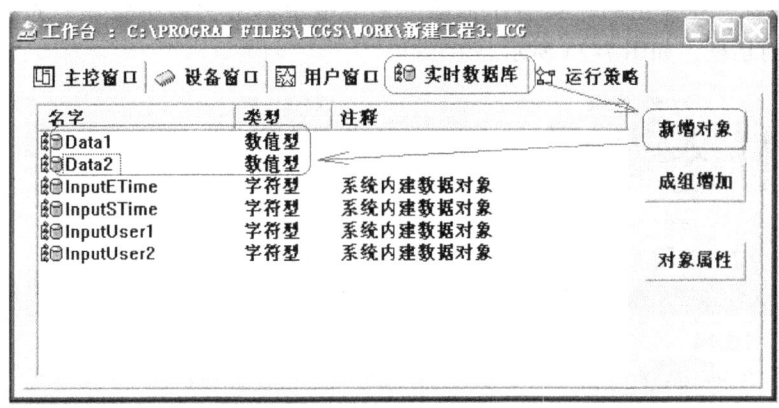

图 7-19 实时数据库

图 7-20 数据对象属性设置　　　　　图 7-21 数据对象属性设置

3) 组态设备窗口。

① 在新建工程的窗口中选择"设备窗口"选项卡，单击"设备窗口"图标，系统弹出"设备组态：设备窗口"对话框，如图 7-22 所示。

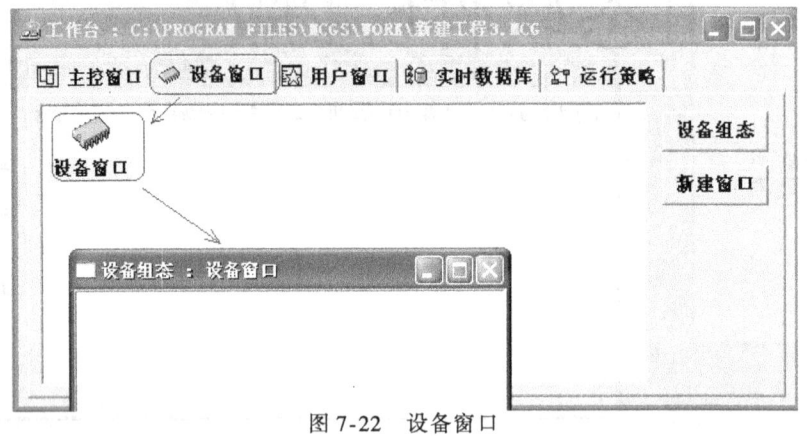

图 7-22　设备窗口

单击 图标，在弹出的"设备工具箱"对话框中单击"设备管理"按钮，系统弹出"设备管理"对话框，如图 7-23 所示。

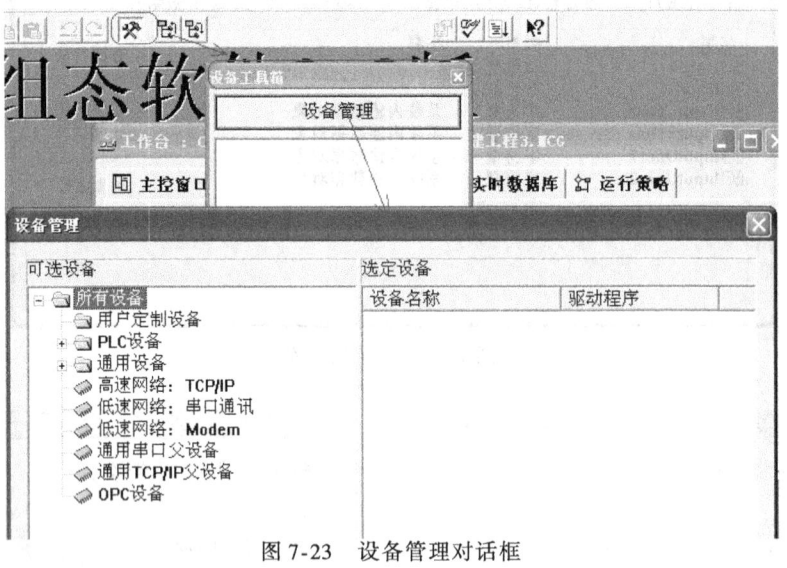

图 7-23　设备管理对话框

② 双击"设备管理"对话框中"可选设备"列表框的"通用串口父设备"，将其添加至"选定设备"列表框中，如图 7-24 所示。

③ 与上步一致，双击对话框中"可选设备"列表框的"三菱_FX 系列编程口"，将其添加至"选定设备"列表框中。如图 7-25 所示。

④ 添加完毕后，双击"设备工具箱"中的"通用串口父设备"及"三菱_FX 系列编程口"，将其添加至通道设置对话框中。如图 7-26 所示。

⑤ 双击"通用串口父设备"，设置其参数，具体如图 7-27 所示。

⑥ 同理，双击"三菱_FX 系列编程口"，在弹出的对话框中选择"基本属性"选项卡，对其基本属性进行如图 7-28 所示的设置。

项目 7　人机界面的应用

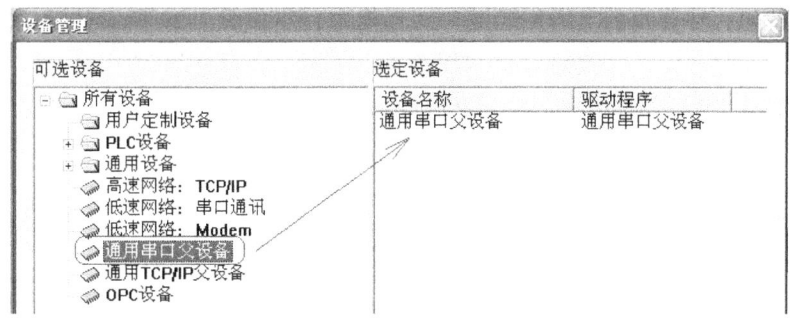

图 7-24　添加"通用串口父设备"

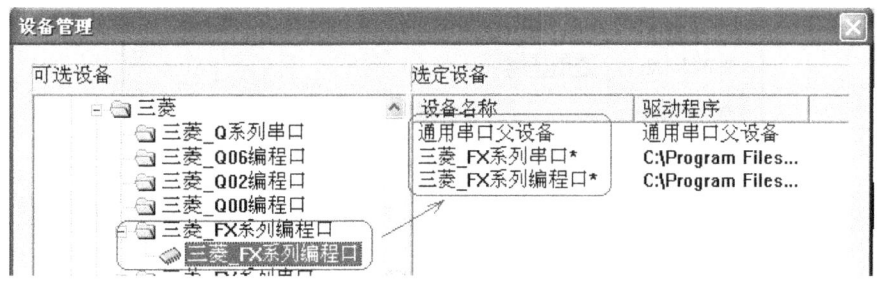

图 7-25　添加"三菱_FX 系列编程口"

图 7-26　添加完毕

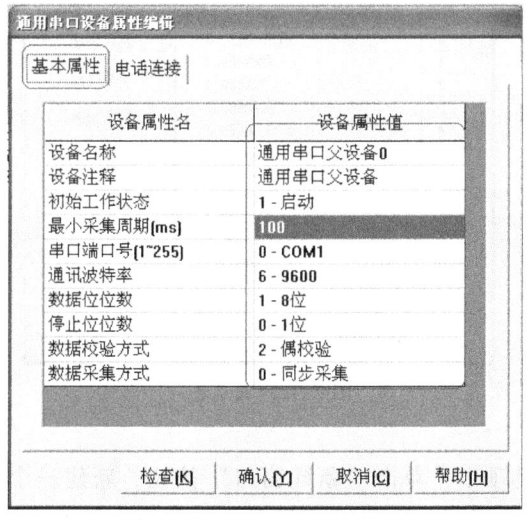

图 7-27　父设备参数设置

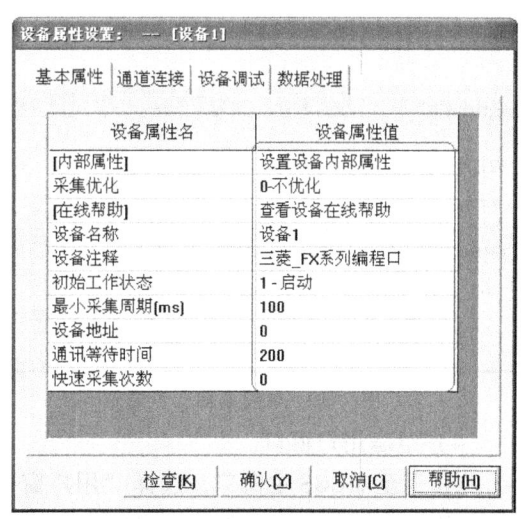

图 7-28　通信子驱动参数设置

⑦ 单击"设置设备内部属性"文本框，单击其右侧如图 7-29 所示按钮，在系统弹出"三菱_FX 系列编程口通道属性设置"对话框中添加 MCGS 与 PLC 之间的数据通道，单击

"增加通道"按钮,在弹出的"增加通道"对话框中,作如图7-29所示的设置。

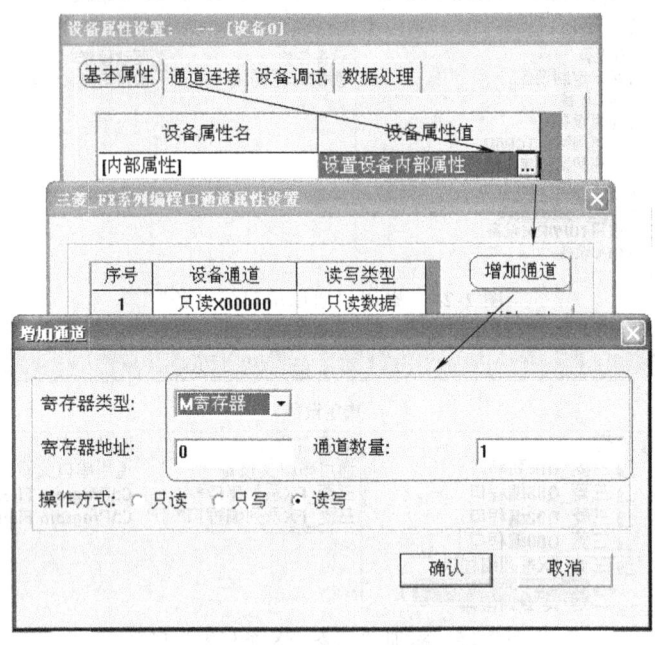

图7-29 变量通道设置

⑧ 同理,添加另外一个变量通道,如图7-30所示。

⑨ 单击"通道连接"选项卡,对PLC中的数据与MCGS的内部数据进行一一对应,单击"确认"按钮,退出对话框,如图7-31所示。

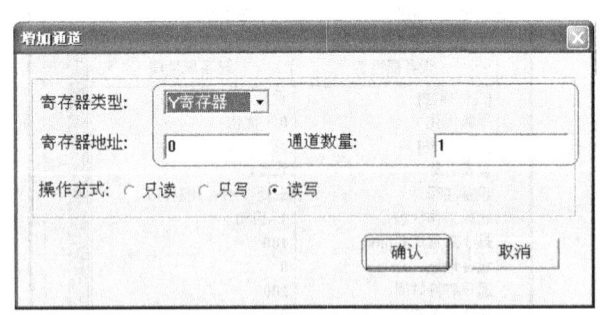

图7-30 继续添加变量通道

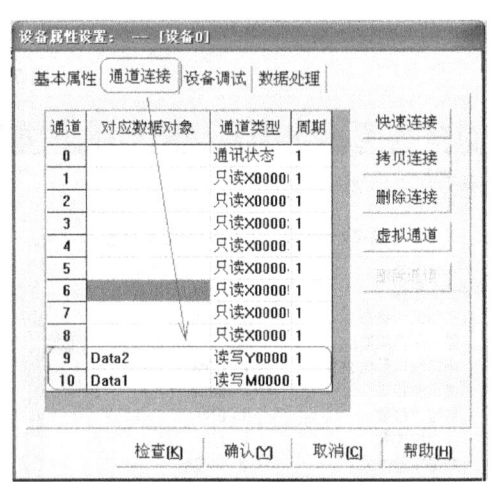

图7-31 通道连接

4) 组态用户窗口。

① 退至MCGS主窗口,选择"用户窗口"选项卡,单击"新建窗口"按钮,新建一个用户窗口,右键单击"窗口0"图标,在弹出的快捷菜单中选择"设置为启动窗口"命令。如图7-32所示。

② 双击"窗口0"图标,打开如图7-33所示窗口,选择"工具箱"中的按钮及矩形,将其安插到动画组态窗口0中。

项目 7　人机界面的应用

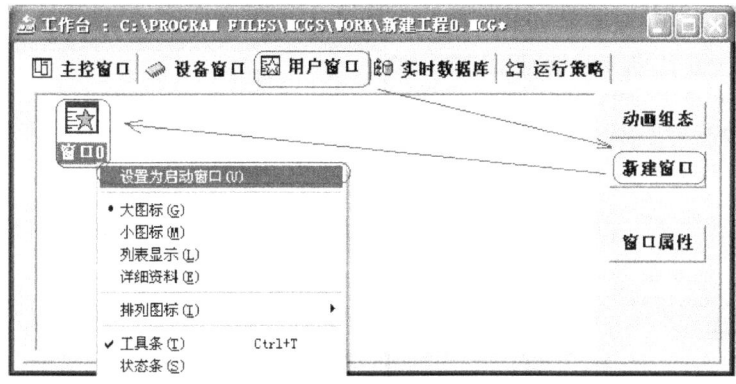

图 7-32　新建组态窗口

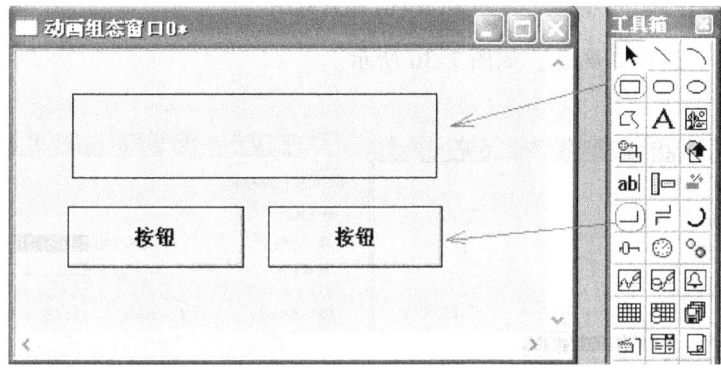

图 7-33　组态窗口组态

③ 双击左侧按钮，设置其属性，如图 7-34 所示。

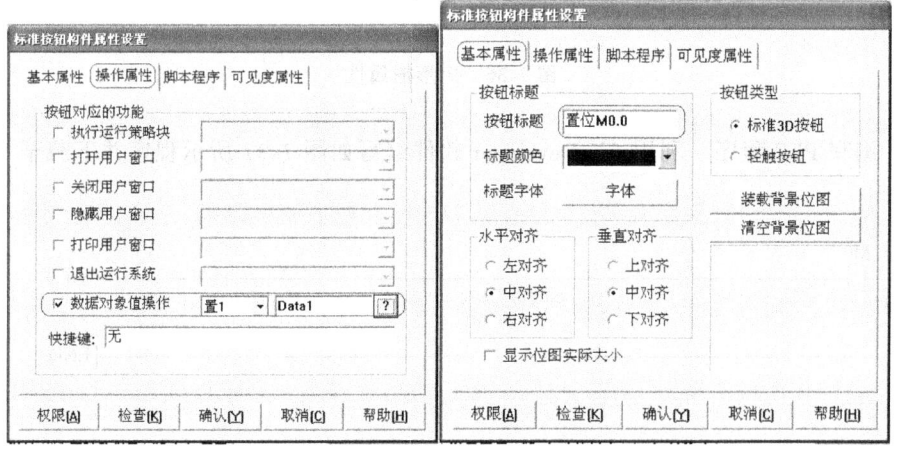

图 7-34　标准按钮构件属性设置

④ 双击右侧按钮，设置其属性。如图 7-35 所示。

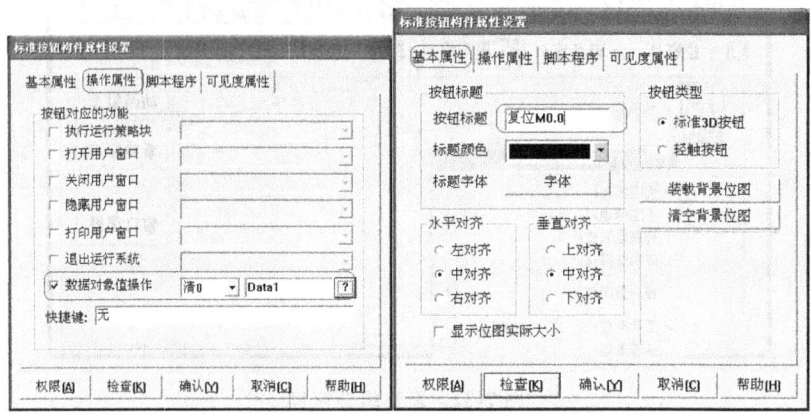

图 7-35 按钮属性

⑤ 双击矩形,设置其属性。如图 7-36 所示。

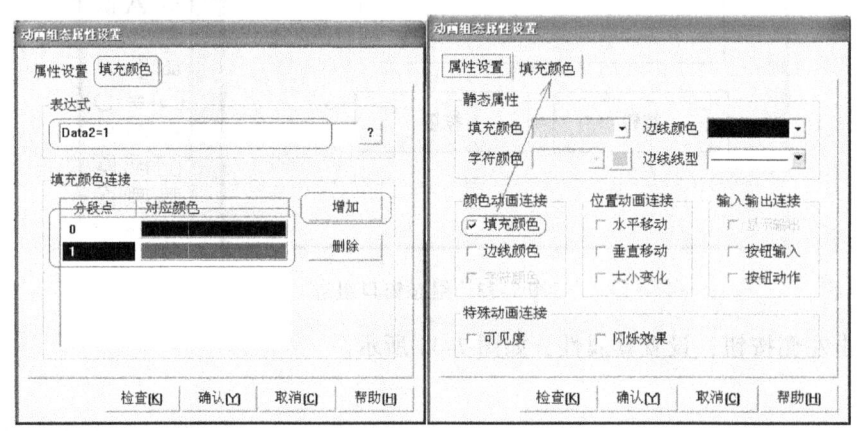

图 7-36 矩形框属性

(3) 编写 PLC 程序  利用 GX Developer 软件编写如图 7-37 所示程序并下载至 PLC 中。

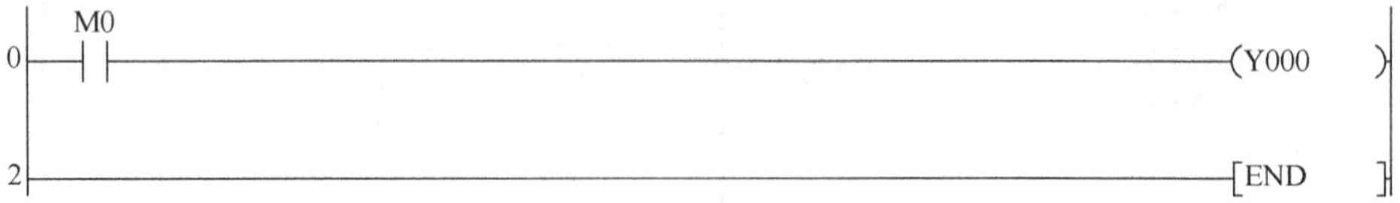

```
     M0
0 ───┤ ├──────────────────────────────( Y000 )
                                       
2 ─────────────────────────────────────[ END ]
```

图 7-37 PLC 程序

(4) 运行组态  选择"文件"→"进入运行环境"命令,进入运行环境,验证组态结果,如图 7-38 所示。

图 7-38 进入运行环境

### 7.4.2 科技文献阅读——Operation Instructions for EVManager

### Operation Instructions for EVManager

The EVManager management and configuration tool is shown in figure 7-39. Its use is described in the sections below.

Fig. 7-39 The EVManager management and configuration tool

**Introduction to EVManager**

EVManager is the management and configuration tool for the EV5000 software. The EVManager tool consists of three operation processing modules: download, upload, and system processing.

The structural diagram is shown as figure 7-40:

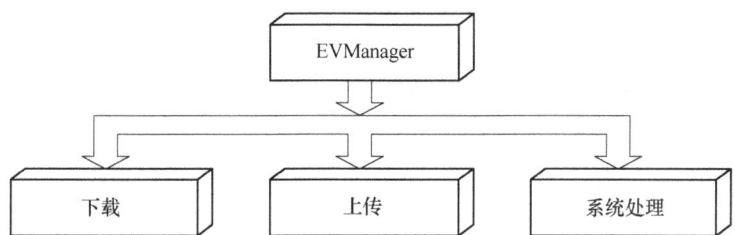

Fig. 7-40 The structural diagram

Select "Start"→"Programs"→"stepservo"→"EV5000"→"EVManager", and the EVManager dialog box appears, as shown figure 7-41:

The section below will give a detailed description of different modules of the EVManager.

**Download Processing**

Download processing is mainly used for downloading from a PC to the touch screen.

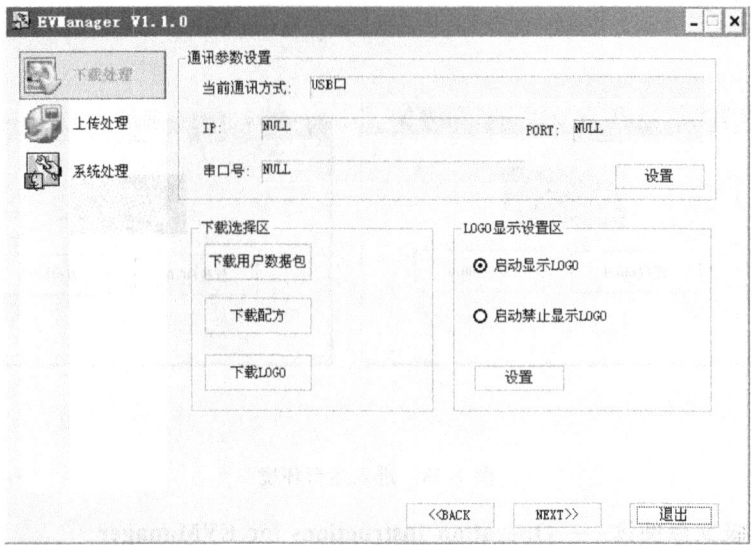

Fig. 7-41　The evmanager dialog box

Before downloading, set communication parameters.

• Communication parameter setting: Select communication mode, the same as the Tools→Setting option in the configuration window. Please refer to downloading description.

Selecting communication mode

Click "设置" (Set), and the "通讯参数设置" (Communication Parameter Setting) dialog box appears. In the window, select the "网口" (Network Port) option, change the IP address to the IP address of the touch screen, do not modify the port number, and click "OK", see figure 7-42.

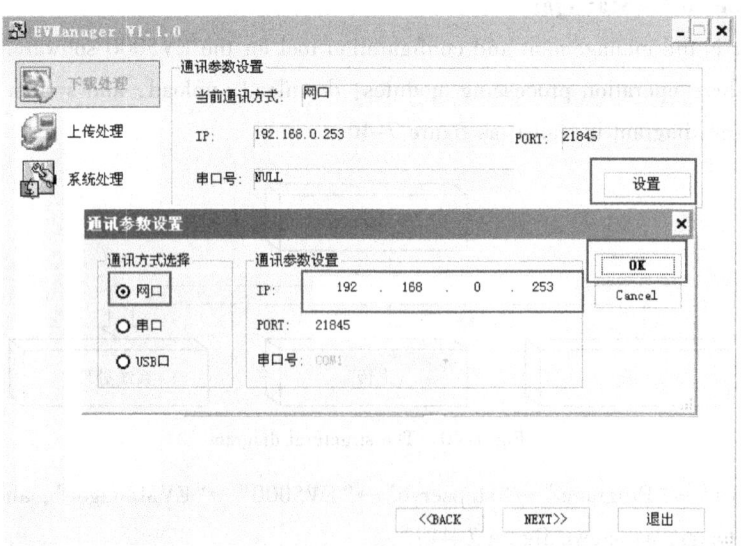

Fig. 7-42　Network port parameter setting dialog box

Click "设置" (Set), and the "通讯参数设置" (Communication Parameter Setting) dialog box appears. In the window, select the "串口" (Serial Port) option, and select the serial port number of your PC in the "串口号" (Serial Port No.) drop-down list box, and click "OK", see figure 7-43.

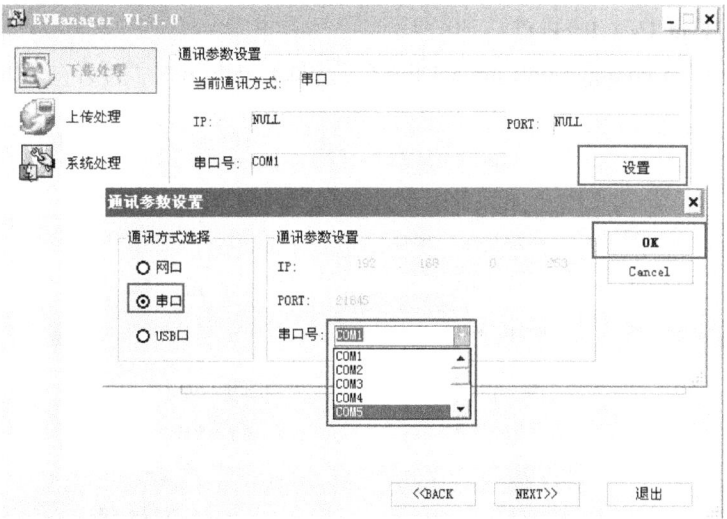

Fig. 7-43  Serial port parameter setting dialog box

"USB 口" (USB Port) (the MT5000/4000 supports USB downloading): The default downloading

Mode of the system is USB mode. If you use the USB downloading mode, it is not necessary to set this option again, see figure 7-44.

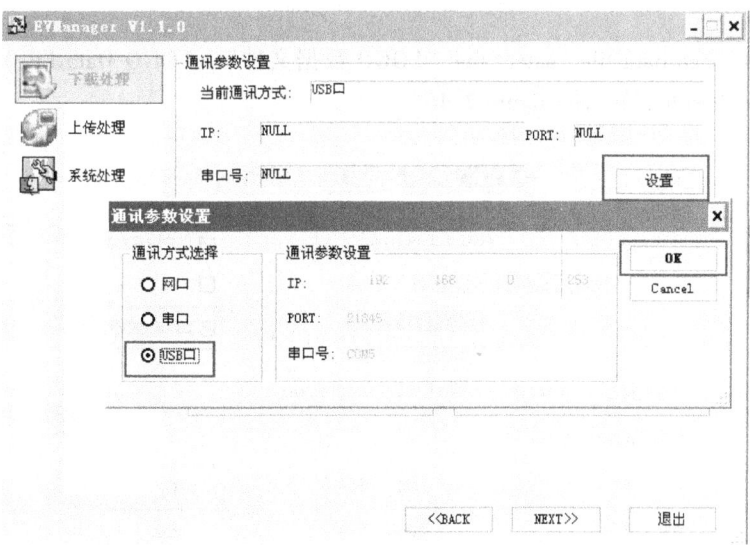

Fig. 7-44  USB port parameter setting dialog box

After selecting a communication mode, the system enters the download area.

- Download selection area: The same as the downloading in the configuration window.

"下载用户数据包"(Download User Packet): Download compiled configuration project data files (*.pkg) to the touch screen.

Click "Download User Packet":

Select a compiled configuration project file (*.pkg) and click "打开"(Open), see figure 7-45.

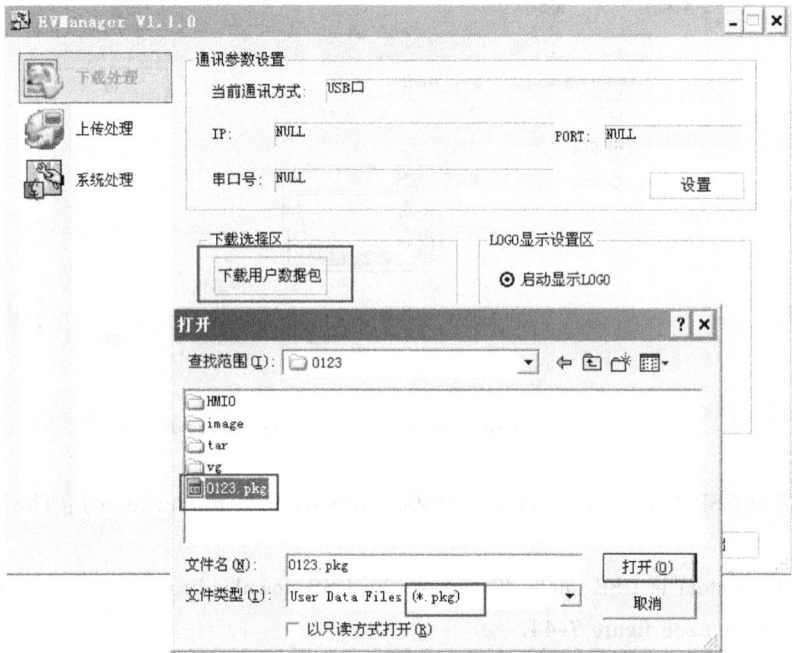

Fig. 7-45  Download compiled configuration project data files

To download logo data file, select the "LOGO 数据文件"(LOGO Data File) check box and click "下载"(Download), see figure 7-46.

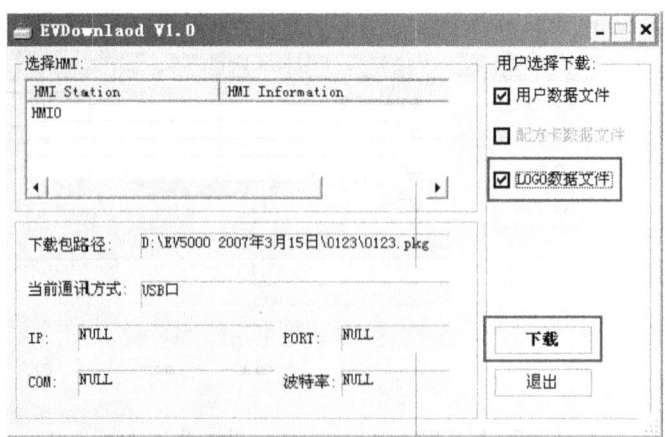

Fig. 7-46  Download logo data files

If your configuration project consists of multiple touch screens, see figure 7-47.

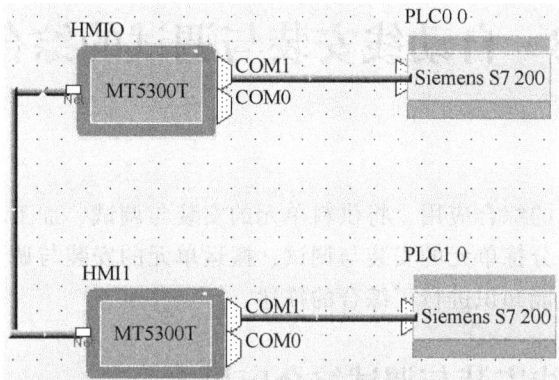

Fig. 7-47  Multiple touth screens configuration diagram

Select the serial number corresponding to your target screen and click "下载" (Download), see figure 7-48.

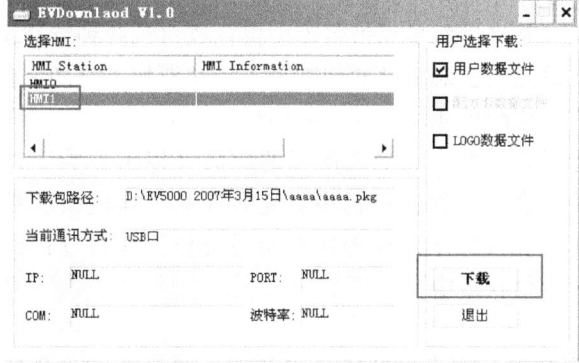

Fig. 7-48  Multiple touch screens down load selection dialog box

# 项目 8　自动线安装与调试的综合应用

## 【项目要点】

本项目是前述项目的综合应用，将供料单元的安装与调试、加工单元的安装与调试、装配单元的安装与调试、分拣单元的安装与调试、搬运单元的安装与调试、人机界面的应用等项目中的核心知识和技能知识进行了综合的描述。

## 任务 1　自动线安装与调试综合应用 1

1. 设备及工艺过程描述

自动线由供料、加工、装配、分拣和搬运 5 个单元组成，各单元均由独立 PLC 控制，各 PLC 间通过 RS-485 通信实现系统联动。

自动线的工作目标：是将供料单元供料库中黑色或白色两种待装配的圆柱零件送往加工单元物料台上，在加工单元完成对零件的切削加工，并把加工好的零件送往装配单元的多工位旋转工作台上，然后把装配单元供料库内的白色小圆环零件套入旋转工作台上的黑色或白色待装配零件上并进行压紧装配，完成装配后的成品（以下称为工件，白色小圆环零件套入白色圆柱零件的成品为合格工件，白色小圆环零件套入黑色圆柱零件的成品为不合格工件）送往分拣单元，工件在分拣单元经两次检验后合格工件被分拣到 2 号物料槽中，不合格工件被返回分拣到 1 号物料槽中。

2. 需要完成的工作任务

（1）设备安装　在底板上完成自动线加工单元、装配单元、分拣单元的零部件装配工作，并把这些工作单元固定在自动线型材桌面指定位置上。

（2）气动系统与电气系统的设计

1）根据分拣单元气动气路动作和控制要求，设计分拣单元气动原理图。

2）根据控制要求，设计分拣单元控制电路和变频器主电路原理图。

（3）气路的连接　根据自动线工作任务对气动元件的动作要求和控制要求，连接气路。

（4）电路的连接

1）按照提供的端子接线图，连接加工单元、装配单元控制电路。

2）根据自行设计的分拣单元控制电路和变频器主电路原理图，连接分拣单元控制电路和变频器主电路。

3）根据提供的搬运单元控制电路原理图及接口板布图，连接搬运单元控制电路。

4）根据该自动线的网络控制要求，将各单元 S7—200 PLC 连成 PPI 网络。

（5）设置参数及硬件调试

1）根据控制要求正确设置步进电动机驱动器参数及变频器参数。

2）调试机械部件、气动元件、检测元件的位置及连接电路。

(6) 分拣单元 PLC 程序编制和整机运行调试

1) 根据自动线运行控制要求及自行设计的原理图，完成分拣单元 PLC 的控制程序编写。

2) 根据自动线的运行控制要求，调试分拣单元控制程序及整机运行调试。

3. 具体的工作要求

(1) 设备安装

1) 自动线各工作单元的安装位置如图 8-1 所示，长度单位为 mm；抽屉中各种模块的放置自行确定。注意：在整机调试时相对位置根据需要进行微调。

2) 加工单元装配要求。PLC、端子排、限位开关、步进电动机驱动器已经安装在底板上，已提供的组件有：龙门结构件、同步带传动组件、滚珠丝杠副、主轴电动机组件，要求根据提供的零部件进一步自行完成装配。该单元底板已经放置在自动线型材桌面上，要求完成机械调整并固定底板。图 8-2 是装配完成后的效果图。

注意：其中龙门结构件由龙门、电磁阀组、直线导轨、$X$ 轴限位开关及原点开关等组成；滚珠丝杠副由步进电动机、丝杠等组成；同步带传动组件由主动轮、从动轮、传动带、步进电动机等组成；主轴电动机组件由主轴电动机、钻头、电动机轴套等组成。

3) 装配单元装配要求。警告灯已装配为组件，伺服驱动器、电磁阀组、PLC 及端子排已经安装在底板上，要求根据提供的零部件进一步自行完成装配。该单元底板已经放置在自动线型材桌面上，要求完成机械调整并固定底板。图 8-3 是装配完成后的效果图。

4) 分拣单元装配要求。电磁阀组、PLC 及端子排已经安装在底板上，要求根据提供的零部件进一步自行完成装配。该单元底板已经放置在自动线型材桌面上，要求完成机械调整并固定底板。图 8-4 是装配完成后的效果图。

(2) 设计分拣单元气动原理图、控制电路和变频器主电路原理图

1) 根据对分拣单元气动气路动作和控制要求（推料气缸初始位置处于缩回状态，导料的旋转气缸处于非导料状态），运用 AutoCAD 软件绘制气动原理图。气路设计图样中的图形符号和文字符号，应符合技术规范。

2) 根据控制要求，运用 AutoCAD 软件绘制控制电路和变频器主电路原理图。电路设计图样中的图形符号和文字符号，应符合技术规范。

(3) 气路的连接与调整　搬运单元气路已连接好，按照下述各工作单元的初始位置要求连接气路。

1) 供料单元的推料气缸处于缩回状态。

2) 加工单元主轴升降电动机处于缩回状态，用于夹紧工件的手指气缸处于张开状态。

3) 装配单元的挡料气缸处于伸出状态，顶料气缸处于缩回状态，冲压气缸处于缩回状态。

4) 按照自行设计的分拣单元气动原理图，连接气动控制的气路。

(4) 连接电路

1) 供料单元已按图 8-5 的端子接线图完成接线。加工单元、装配单元、分拣单元的 PLC 和端子排接线已经完成，加工单元和装配单元按照给定的端子接线图（图 8-6、图 8-7），对于分拣单元按照自行设计的控制电路原理图，PLC 与端子排的接线图（图 8-8）完成工作单元的各传感器、执行机构与端子排的接线。

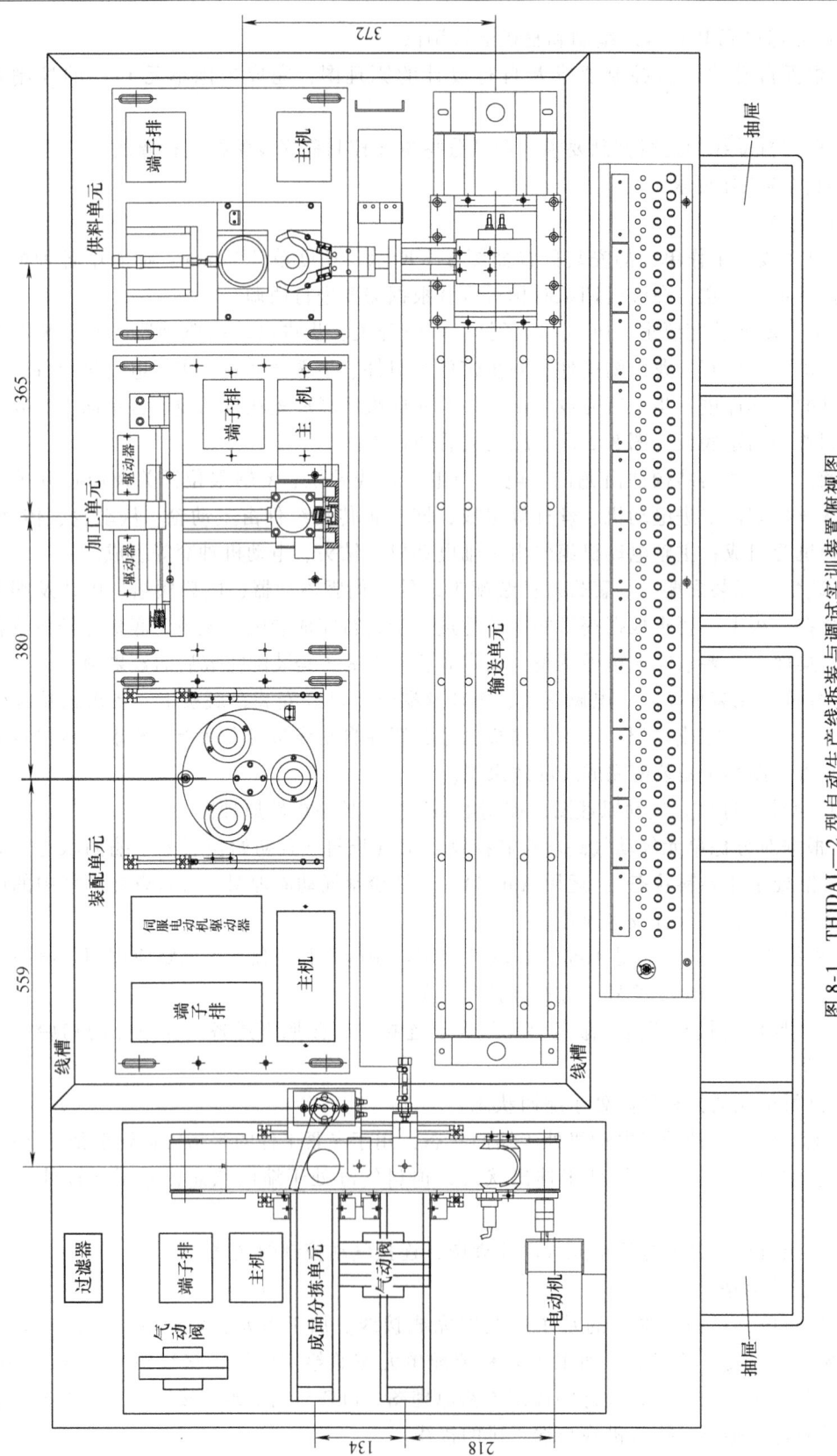

图 8-1 THJDAL—2 型自动生产线拆装与调试实训装置俯视图

## 项目 8　自动线安装与调试的综合应用

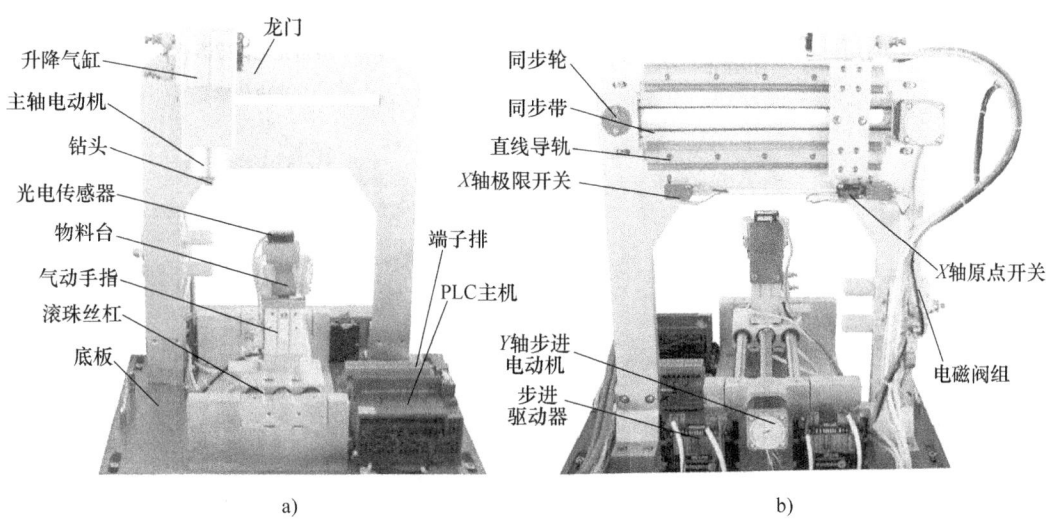

图 8-2　加工单元
a）前视图　b）背视图

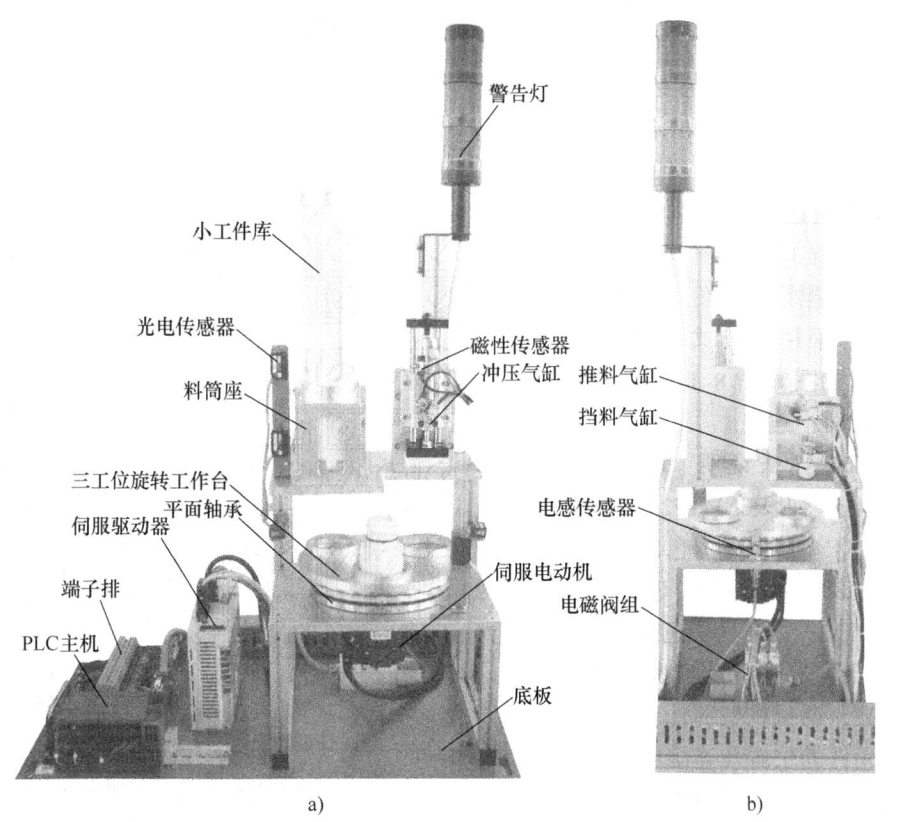

图 8-3　装配单元
a）前视图　b）背视图

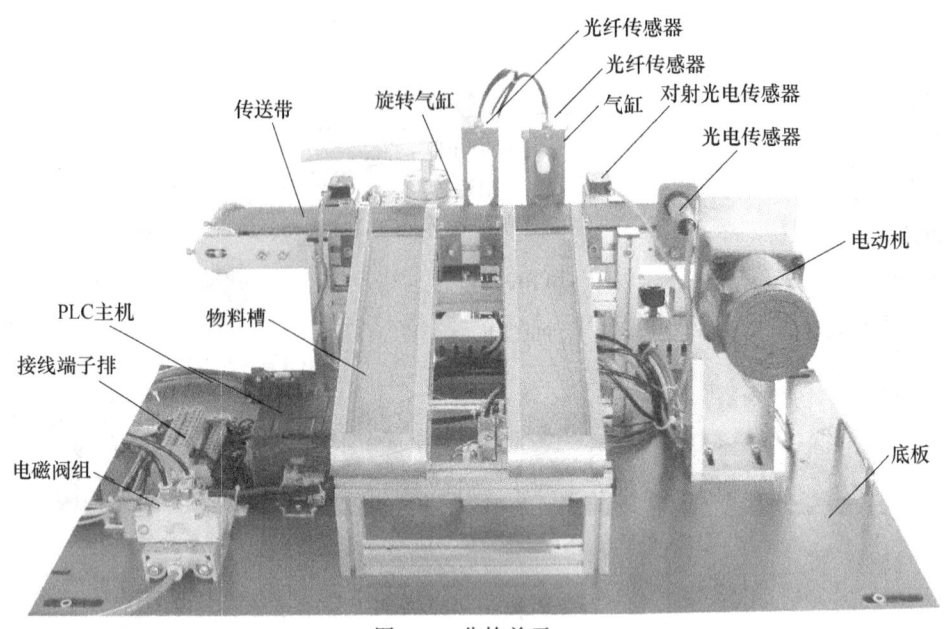

图 8-4 分拣单元

2) 按照接口板布图（图 8-9）、自行设计的变频器主电路原理图及分拣单元 PLC 与端子排的接线图（图 8-8）预留给变频器的输出端子，完成变频器主电路和控制电路的接线。

3) 按照搬运单元控制电路原理（图 8-10）和接口板布图（图 8-9），完成接口板与挂箱信号端口的连线。

4) 系统采用分布式控制方式，根据网络结构图（图 8-11）对各单元 PLC 进行网络连接。

伺服 CN1 插头说明：伺服 CN1（1）为红色线，伺服 CN1（22）为绿色线，伺服 CN1（24）为白色线，伺服 CN1（2、7、8）为黄色线，CN1（23）为蓝色线、CN1（25）为黑色线。

（5）设置步进电动机驱动器及变频器参数，调试机械部件、气动元件、检测元件的位置及连接电路。

1) 设置加工单元步进电动机驱动器参数，要求将该单元 X 轴、Y 轴驱动器电流都设定为 0.84A，细分设定为 16。

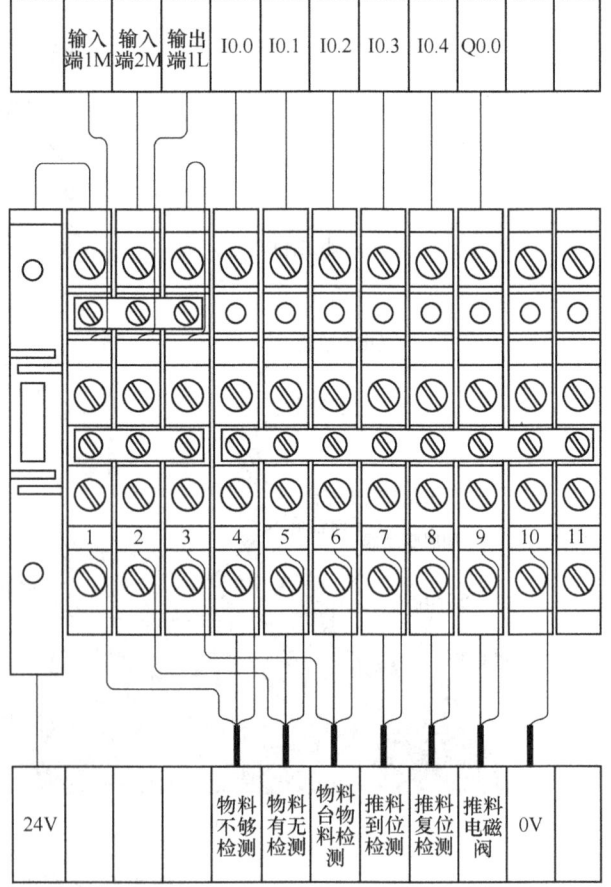

图 8-5 供料单元端子接线图

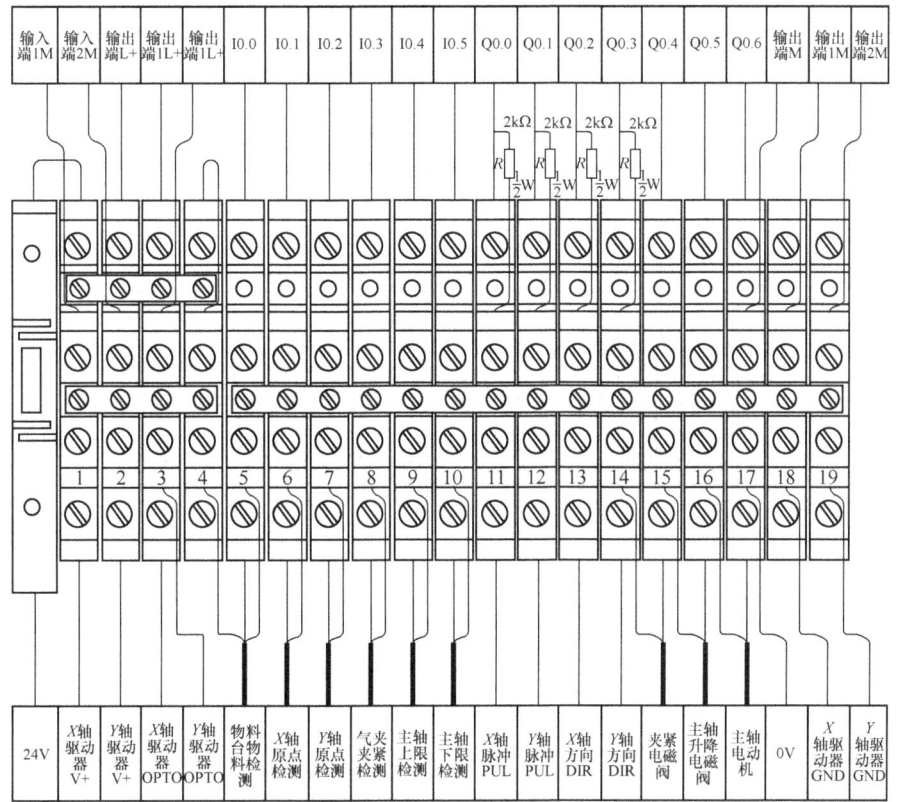

图 8-6 加工单元端子接线图

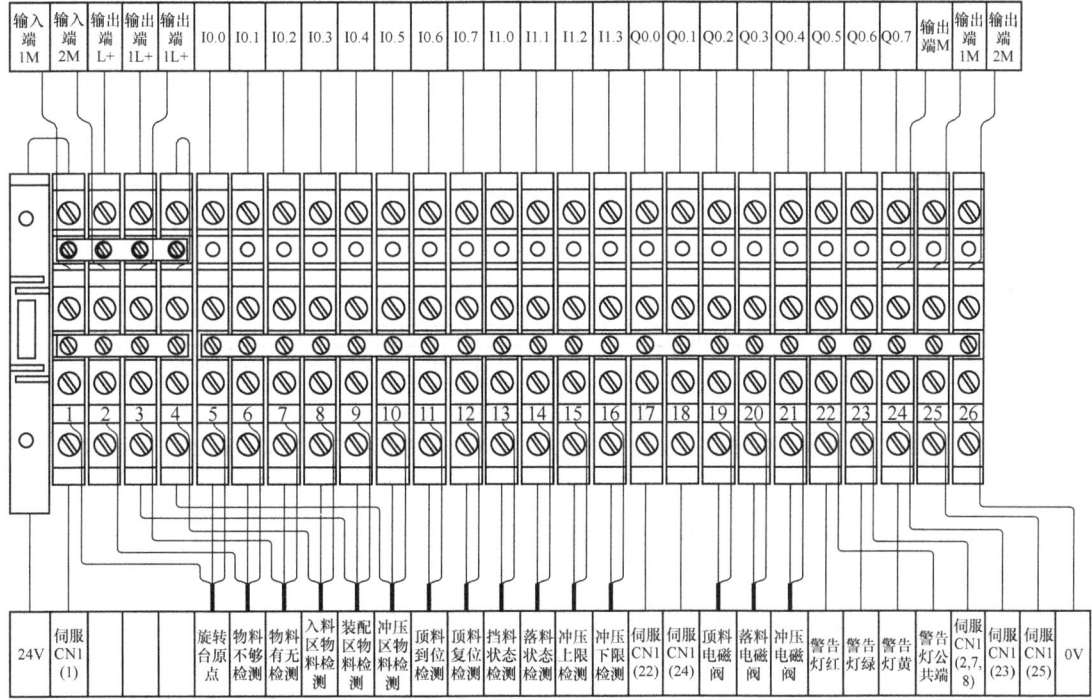

图 8-7 装配单元端子接线图

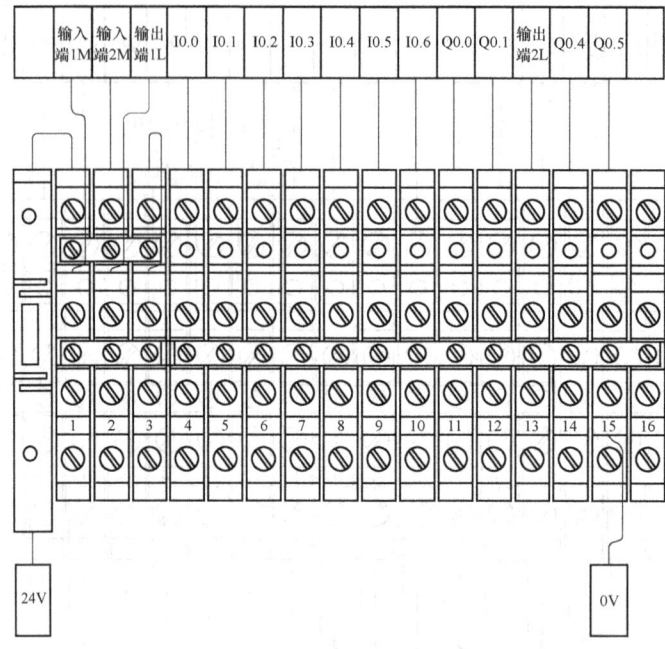

图 8-8 分拣单元 PLC 与端子排的接线图

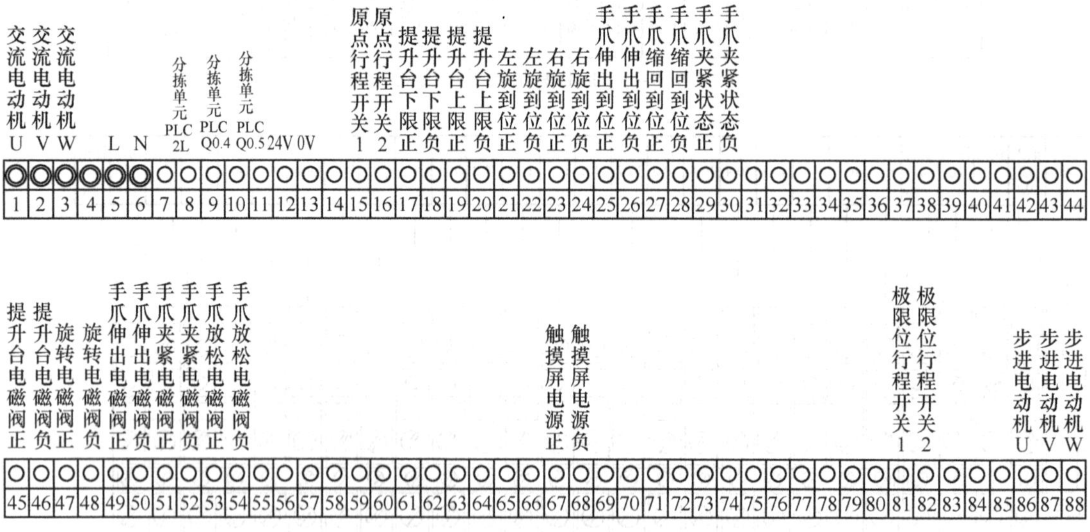

图 8-9 接口板布图

注：1. 磁性传感器引出线：蓝色为"负"，接"0V"，棕色为"正"，接 PLC 输入端
2. 电磁阀引出线：黑色为"负"，接"0V"，红色为"正"，接 PLC 输出端

2) 设置搬运单元步进电动机驱动器参数，要求设定电流为 5.2A，每转脉冲为 10000 个。

3) 设置分拣单元 MM420 变频器参数，要求变频器为外部端子控制方式，正转电动机运行频率为 35Hz，反转电动机运行频率为 35Hz，当合格工件导入 2 号滑槽后电动机停止运行，当不合格工件反转到达滑槽 1 入口处时电动机停止运行，工件被推入 1 号滑槽中。

4) 调试各工作单元机械部件、气动元件、检测元件的位置及连接电路。

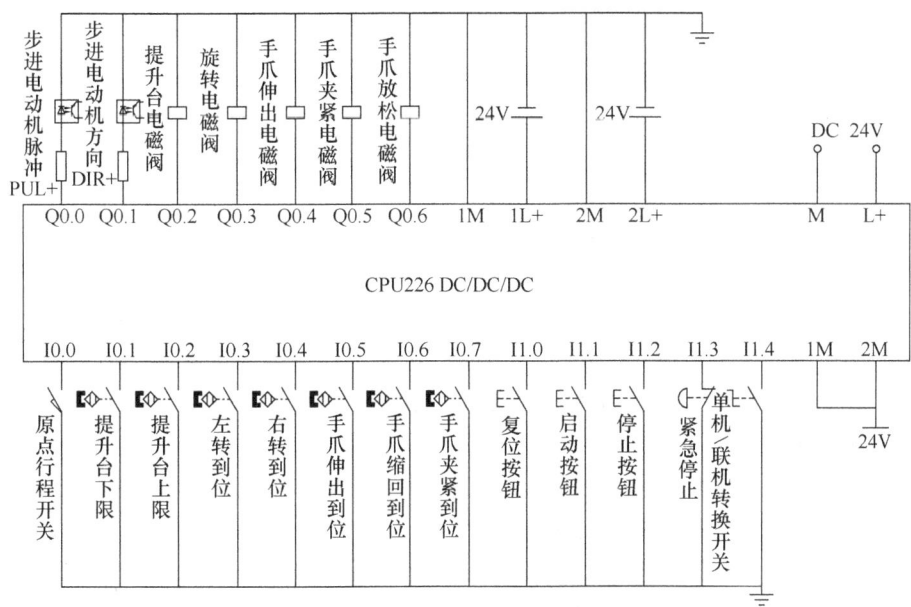

图 8-10 搬运单元控制电路原理图

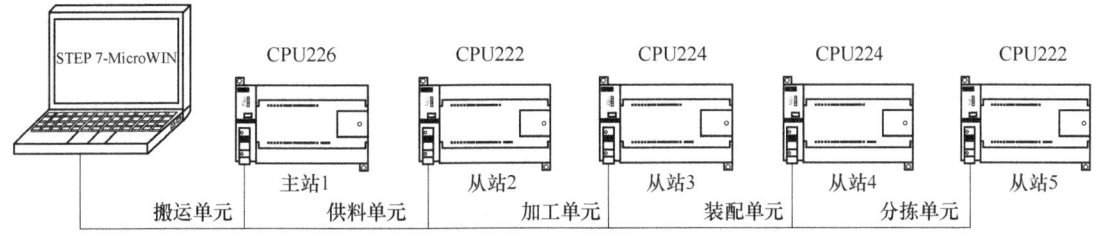

图 8-11 网络结构图

注：图中的端子号是端子排从左边（带熔断器端子）计起的下层或上层端子编号，
24V 是接线端口中直流电源经熔断器后的输出线。

(6) 分拣单元 PLC 程序编制和整机运行调试

1) 根据自行设计分拣单元的控制电路原理图和运行控制要求，编写分拣单元控制程序，主站与分拣单元网络读写数据表见表 8-1。

表 8-1 主站与分拣单元网络读写数据表

| 序号 | 主站地址（搬运单元） | 从站地址（分拣单元） | 功能 |
|---|---|---|---|
| 1 | V1000.0 | V1000.0 | 启动 |
| 2 | V1000.2 | V1000.2 | 复位 |
| 3 | V1000.3 | V1000.3 | 急停 |
| 4 | V1000.4 | V1000.4 | 停止 |
| 5 | V1001.7 | V1001.7 | 单机工作模式信号 |
| 6 | V1212.0 | V1010.0 | 分拣单元复位完成 |
| 7 | V1212.1 | V1010.1 | 入料口物料检测信号 |
| 8 | V1212.2 | V1010.2 | 分拣完成信号 |

2）根据自动运行控制要求，调试分拣单元控制程序和其他各单元动作。

注意：供料单元、加工单元、装配单元和搬运单元 PLC 程序已下载在主机中。

4．自动线运行控制要求

（1）系统具有复位（SB4）、启动（SB5）、停止（SB6）、急停（QS）、单机/联机（SA1）及警示等功能　系统在通电后，按下"复位"按钮，黄色警告灯常亮，搬运单元机械手、加工单元（X 轴、Y 轴）回到原点，装配单元工作台旋转到基准位置，复位完成；绿色警告灯以 1Hz 的频率闪烁，黄色警告灯熄灭。系统为联机状态时，按下"启动"按钮，绿色警告灯变为常亮；按下"停止"按钮，红色警告灯以 1Hz 的频率闪烁，绿色警告灯熄灭，系统在一个周期完成后停止；按下"急停"按钮，红色警告灯常亮，绿色警告灯熄灭，全线停车，旋起"急停"按钮，先按下"复位"按钮，取走线上零件，再按下"启动"按钮，系统重新开始。

缺料告警：系统启动后，自动线在运行过程中，如果供料单元或装配单元任一供料库零件不足或无零件时，黄灯以 1Hz 的频率闪烁。

注意：系统上电后，按"复位"按钮，复位完成后。如果"单机/联机"开关处于闭合时，按下"启动"按钮，系统进入单机状态；如果"单机/联机"开关处于断开时，按下"启动"按钮，系统进入联机状态。

（2）供料单元运行　联机状态下系统启动后，若供料单元物料台上无待装配的圆柱零件，则先推圆柱零件到物料台上，并向系统发送圆柱零件到位信号。若供料库内没有圆柱零件或圆柱零件不足，向系统发送报警信号。当物料台上的圆柱零件被搬运单元机械手取出后，若系统仍然处于运行状态，则进行下一次圆柱零件推出操作。

（3）加工单元运行

1）联机状态下系统启动后，搬运单元机械手将圆柱零件放置加工单元物料台上，传感器检测到圆柱零件后，机械手指夹紧圆柱零件，二维运动装置动作，主轴电动机启动，切削加工完成后电动机停止，二维运动装置回原点，机械手指松开，向系统发送加工完成信号，等待搬运机械手取走加工完成的圆柱零件。

2）单机状态下系统启动后，手动将圆柱零件放置加工单元物料台上，传感器检测到零件后，机械手指夹紧圆柱零件，二维运动装置运动到加工位置，主轴电动机启动，切削加工完成后电动机停止，二维运动装置回原点，机械手指松开，手动取走圆柱零件，单机运行完毕。

（4）装配单元运行

1）联机状态下系统启动后，搬运单元机械手将加工完成圆柱零件放置装配单元旋转工作台上，传感器检测到圆柱零件后，工作台顺时针转动至供料库下方，如果供料库无小圆环零件或小圆环零件不足，则发送报警信号。如果供料库中有小圆环零件，顶料气缸伸出顶住倒数第二个小圆环零件，挡料气缸缩回，底层的小圆环零件落到待装配圆柱零件上，挡料气缸伸出，顶料气缸缩回小圆环零件落到供料库底层，同时工作台顺时针旋转到冲压机构下方，完成零件紧合装配，工作台顺时针旋转到待搬运位置，并向系统发送装配完成信号，等待搬运单元机械手取走装配完成工件。

2）单机状态下系统启动后，手动将圆柱零件放置装配单元旋转工作台上，传感器检测到圆柱零件后，工作台顺时针转动至供料库下方，如果供料库无小圆环零件或小圆环零件不足，则发送报警信号，如果供料库中有小圆环零件，顶料气缸伸出顶住倒数第二个小圆环零件，挡料气缸缩回，底层的小圆环零件落到待装配圆柱零件上，挡料气缸伸出，顶料气缸缩回物料落到供料库底层，同时工作台顺时针旋转到冲压机构下方，完成零件紧合装配，工作台顺时针旋转到待搬运位置，手动取走装配完成工件，单机运行结束。

(5) 分拣单元运行

1) 联机状态下系统启动后，搬运单元机械手将装配完成工件放置传送带入料口后回原位，传感器检测到有工件，延时 3s，变频器启动，电动机以 35Hz 的频率正转运行，工件进入分拣区后，经过两次检验，如果工件为合格工件，则合格工件被导入到 2 号物料槽中，传送带停止。如果为不合格工件，电动机以 35Hz 的频率反转运行到达 1 号物料槽入口处，传送带立即停止，不合格工件被推入 1 号物料槽中。

分拣单元复位完成需向系统发送复位完成信号，否则系统不能启动；分拣完成需向系统发送分拣完成信号，否则机械手到达分拣单元后停止动作；入料口传感器检测有工件时，需向系统发送有物料信号，否则机械手到达分拣单元后将继续向入料口放置工件。

2) 单机状态下系统启动后，手动将工件放置入料口，传感器检测到有工件，延时 3s，变频器启动，电动机以 35Hz 的频率正转运行，工件进入分拣区后，经过两次检验，如果工件为合格工件，则合格工件被导入到 2 号物料槽中，传送带停止。如果为不合格工件，电动机以 35Hz 的频率反转运行到达 1 号物料槽入口处，传送带立即停止，不合格工件被推入 1 号物料槽中。

(6) 搬运单元运行

1) 联机状态下系统启动后，接收到供料单元物料台上有待搬运圆柱零件信号时，机械手抓取圆柱零件并移动到加工单元物料台正前方，把圆柱零件放到加工单元物料台上后，机械手缩回；当系统接收到加工完成信号后，机械手抓取圆柱零件后移动到装配单元物料台的正前方，把圆柱零件放到装配单元物料台上，机械手缩回；当系统接收到装配完成信号后，机械手抓取工件后逆时针旋转 90°，向分拣单元运送工件，到达分拣单元传送带上方入料口后把工件放下，然后回原点。

2) 单机状态下，每按动一次"启动"按钮，机械手执行如下动作：机械手提升后，手指气缸夹紧，逆时针旋转 90°并移动到分拣单元后停止，机械手臂伸出，手指气缸松开，机械手臂缩回后返回原点，返回途中机械手顺时针旋转 90°，到达原点后停止。

说明：当分拣工作完成，且搬运单元机械手装置回到原点后，系统的一个工作周期结束。

5. 自动线安装与调试项目评分表（表 8-2）

表 8-2 自动线安装与调试项目（组装）评分表

工位号：_____  总分：_____

| 评分内容 | | 配分 | 评分标准 | 扣分 | 得分 | 备注 |
|---|---|---|---|---|---|---|
| 电路、气路设计(15) | 电路设计 | 10 | 分拣单元的电路原理图绘制有错误，每处扣 1 分，最多扣 5 分 | | | 累计扣分后，最高扣 15 分 |
| | | | 电气原理图符号不规范，每处扣 1 分，最多扣 3 分 | | | |
| | | | 变频器及驱动电动机主电路绘制有错误，每处扣 1 分，最多扣 2 分 | | | |

(续)

| 评分内容 | | 配分 | 评分标准 | 扣分 | 得分 | 备注 |
|---|---|---|---|---|---|---|
| 电路、气路设计(15) | 气路设计 | 5 | 分拣单元的气动原理图绘制有错误,每处扣1分,最多扣3分 | | | 累计扣分后,最高扣15分 |
| | | | 气动元件符号不规范,每处扣1分,最多扣2分 | | | |
| 机械安装及装配工艺(20) | 加工单元装配 | 6 | 装配未能完成,扣3分 | | | 累计扣分后,最高扣20分 |
| | | | 装配完成,但不符合机械装配工艺要求,每处扣1分,最多扣3分 | | | |
| | 装配单元装配 | 6 | 装配未能完成,扣3分 | | | |
| | | | 装配完成,但不符合机械装配工艺要求,每处扣1分,最多扣3分 | | | |
| | 分拣单元装配 | 6 | 装配未能完成,扣3分 | | | |
| | | | 装配完成,但不符合机械装配工艺要求,每处扣1分,最多扣3分 | | | |
| | 工作单元安装 | 2 | 工作单元安装位置与要求不符,扣1分 | | | |
| | | | 有紧固件松动现象,扣1分 | | | |
| 气路连接与工艺(10) | | 10 | 气路连接未完成或有错,每处扣1分,最多扣5分 | | | 累计扣分后,最高扣10分 |
| | | | 气路连接有明显漏气现象,每处扣1分,最多扣3分 | | | |
| | | | 气管没有绑扎或气路连接凌乱,酌情扣分,最多扣2分 | | | |
| 电路连接与工艺(15) | 加工单元 | 4 | 端子接线错误,扣1分 | | | 累计扣分后,最高扣15分 |
| | | | 端子连接不牢或超过两根导线,扣1分 | | | |
| | | | 电路接线没有绑扎或电路接线凌乱,扣1分 | | | |
| | | | $X$、$Y$轴限位保护未接线或接线错误,扣1分 | | | |
| | 装配单元 | 3 | 端子接线错误,扣1分 | | | |
| | | | 端子连接不牢或超过两根导线,扣1分 | | | |
| | | | 电路接线没有绑扎或电路接线凌乱,扣1分 | | | |
| | 分拣单元 | 3 | 端子接线错误,扣1分 | | | |
| | | | 端子连接不牢或超过两根导线,扣1分 | | | |
| | | | 电路接线没有绑扎或电路接线凌乱,扣1分 | | | |
| | 搬运单元 | 5 | 接线错误,每处扣1分,最多扣3分 | | | |
| | | | 电路接线凌乱,酌情扣分,最多扣2分 | | | |
| 参数设置(5) | 步进驱动器设置 | 2 | 驱动器未按要求设置,每处扣1分,最多扣2分 | | | 累计扣分后,最高扣5分 |
| | 变频器设置 | 3 | 频率未按要求设置,扣2分;启动、停止未按要求设置,每处扣1分,最多扣3分 | | | |
| 分拣单元PLC程序编制(10) | 单机程序 | 4 | 分拣不符合控制要求,扣3分;定位不准确,扣1分;两项最多扣4分 | | | 累计扣分后,最高扣10分 |
| | 联机程序 | 6 | 分拣不符合控制要求,扣3分;定位不准确,扣1分;复位完成信号、分拣完成信号、有物料信号每个功能未向系统发送,每项扣1分,三项最多扣6分 | | | |

(续)

| 评分内容 | | 配分 | 评分标准 | 扣分 | 得分 | 备注 |
|---|---|---|---|---|---|---|
| 整机运行调试<br>(15) | 供料单元 | 1 | 气缸节流阀调整不当,扣1分 | | | 累计扣分后,<br>最高扣15分 |
| | 加工单元 | 4 | 检测不符合要求,每处扣1分;切削加工时,主轴电动机与加工物料台偏差大,扣1分;气缸节流阀调整不当,每处扣1分,三项最多扣4分 | | | |
| | 装配单元 | 4 | 检测不符合要求,每处扣1分;待装配工件到达相应工位偏差大,扣1分;多工位旋转工作台运行抖动,扣1分;气缸节流阀调整不当,每处扣1分,四项最多扣4分 | | | |
| | 分拣单元 | 5 | 检测不符合要求,每处扣1分;驱动电动机运行时传动带打滑,扣1分;驱动电动机运行时抖动明显,扣1分;导料气缸不能导料,扣1分;气缸节流阀调整不当,每处扣1分,五项最多扣5分 | | | |
| | 搬运单元 | 1 | 气缸节流阀调整不当,扣1分 | | | |
| | | | 整机运行功能不能实现,在本项累计得分后扣5分 | | | |
| 职业素养安全意识 | | 10 | 现场操作安全保护符合安全操作规程<br>工具摆放、包装物品、导线线头等的处理符合职业岗位的要求<br>遵守赛场纪律,尊重赛场工作人员<br>爱惜赛场的设备和器材,保持工位的整洁 | | | |

## 任务2 自动线安装与调试综合应用2

1. 设备及工艺过程描述

THJDAL—2型自动生产线拆装与调试实训装置由供料、加工、装配、分拣和搬运5个工作单元组成,各单元均由独立PLC控制,各PLC之间通过RS-485串行通信实现系统联动,如图8-12所示。

自动生产线的工作目标:是将供料单元工件库中的工件送往加工单元的物料台,完成加工操作后,把加工好的工件送往装配单元的多工位旋转工作台,然后把装配单元工件库内的小工件套入物料台上的工件上,完成装配后的成品送往分拣单元分拣输出。

2. 需要完成的工作任务

(1) 设备安装  完成THJDAL—2型自动生产线的供料、加工、装配、分拣和搬运单元部分器件装配工作,并把这些工作单元安装在THJDAL—2型的型材工作台面上。

(2) 气路连接  根据自动生产线工作任务,对气动元件动作要求和控制要求,连接气动的气路。

(3) 电路设计和电路连接

1) 根据控制要求,设计搬运单元的电气控制电路,并根据设计的电气原理图连接电路。

2) 按照给定的I/O分配表,连接供料、加工和装配单元控制电路。对于分拣单元,按照给定I/O分配表预留给变频器的I/O端子,设计和连接变频器主电路和控制电路,并连接

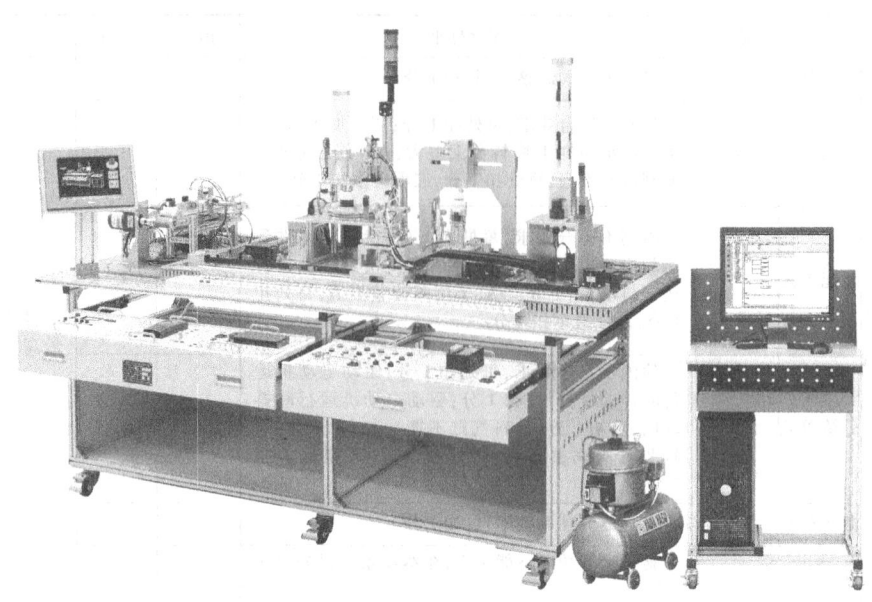

图 8-12 THJDAL—2 型自动生产线拆装与调试实训装置

分拣单元的控制电路。

3) 根据该生产线的网络控制要求，连接通信网络。

(4) 程序编制和程序调试

1) 根据该生产线正常生产的动作要求和特殊情况下的动作要求，编写 PLC 的控制程序和设置交流伺服驱动器参数、步进电动机驱动器参数及变频器参数。

2) 调试机械零部件、气动元件、检测元件的位置和修改的 PLC 控制程序，满足设备的生产和控制要求。

3. 具体的工作要求

(1) 自动生产线设备零部件安装

1) THJDAL—2 型自动生产线拆装与调试实训装置各工作单元的安装位置，如图 8-13 所示。长度单位为 mm；抽屉中各种模块的放置可自行确定。

2) 供料单元装配要求：底座、PLC 主机和端子排已经安装在底板上。其余器件已装配为组件，需进一步自行装配。图 8-14 是装配完成的供料单元装配图。

3) 加工单元装配要求：龙门组件（由升降气缸、主轴电动机、钻头、同步带轮、直线导轨、限位开关、步进电动机及龙门结构件组成）、滚珠丝杠及步进电动机组件、步进驱动器以及 PLC 和端子排已经安装在底板上。其余器件已装配为组件，由选手进一步自行装配。图 8-15 是已完成装配的加工单元主要部分装配图。

4) 装配单元装配要求：装配单元的装配及气路连接工作已完成，选手须完成接线及把该单元安装在工作桌面上。装配单元主要部分装配图如图 8-16 所示。

5) 分拣单元装配要求：PLC 和接线端口已经安装在底板上，传送带机构已装配为组件，但不包括其上的电动机和料槽。需完成将零部件装配到底板及接线工作。图 8-17 是装配完成并安装在工作桌面上的分拣单元装配图。

# 项目8 自动线安装与调试的综合应用

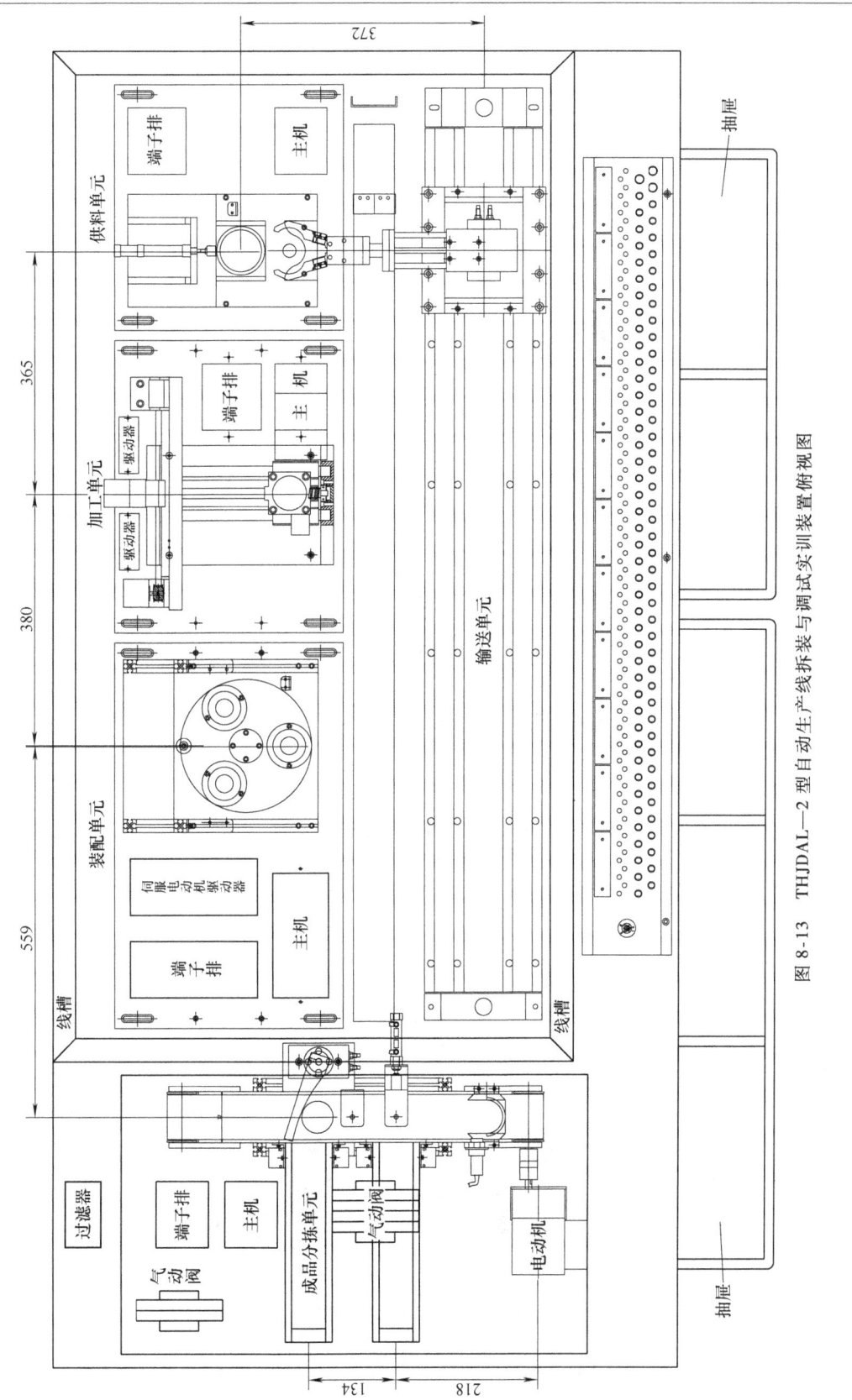

图 8-13 THJDAL—2型自动生产线拆装与调试实训装置俯视图

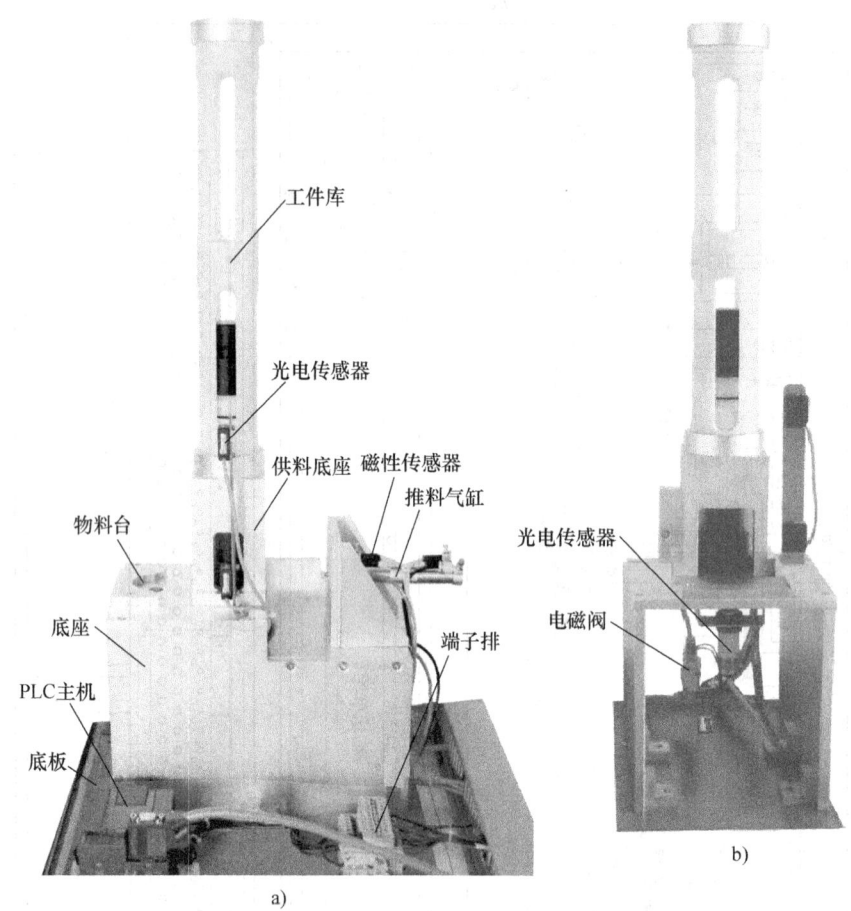

图 8-14 供料单元装配图

a) 左视图  b) 主视图

注：图中为仅采用西门子 S7—200 系列 PLC 时的装配图，采用其他系列 PLC 时安装位置类似。

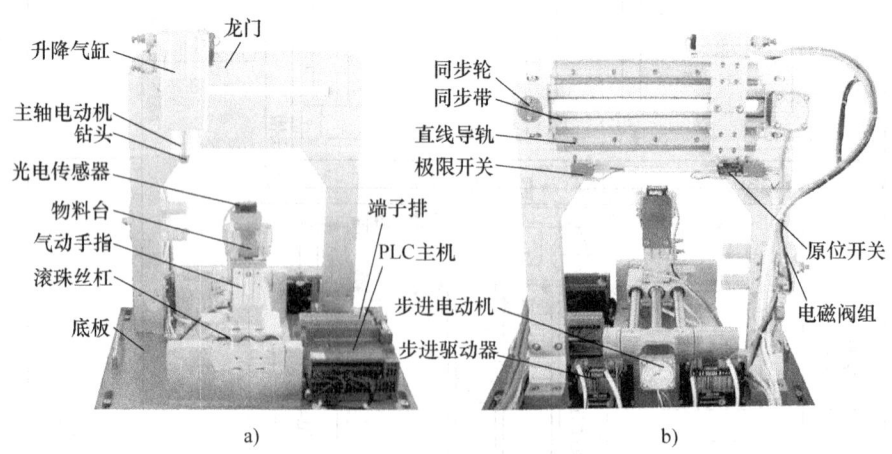

图 8-15 加工单元装配图

a) 主视图  b) 后视图

注：图中为仅采用西门子 S7—200 系列 PLC 时的装配图，采用其他系列 PLC 时安装位置类似。

项目8 自动线安装与调试的综合应用 217

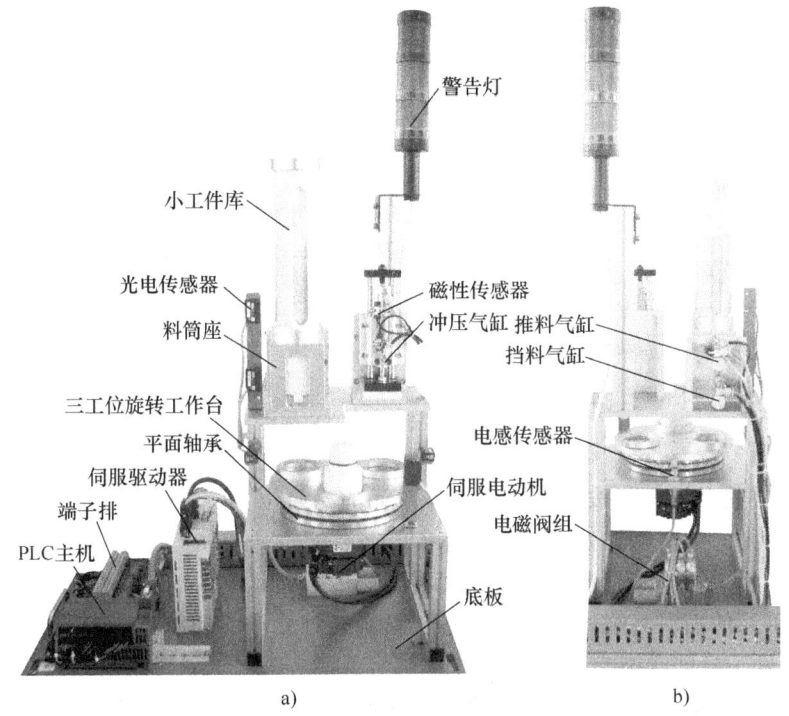

图 8-16 装配单元装配图
a) 主视图 b) 后视图

注：图中为仅采用西门子 S7—200 系列 PLC 时的装配图，采用其他系列 PLC 时安装位置类似。

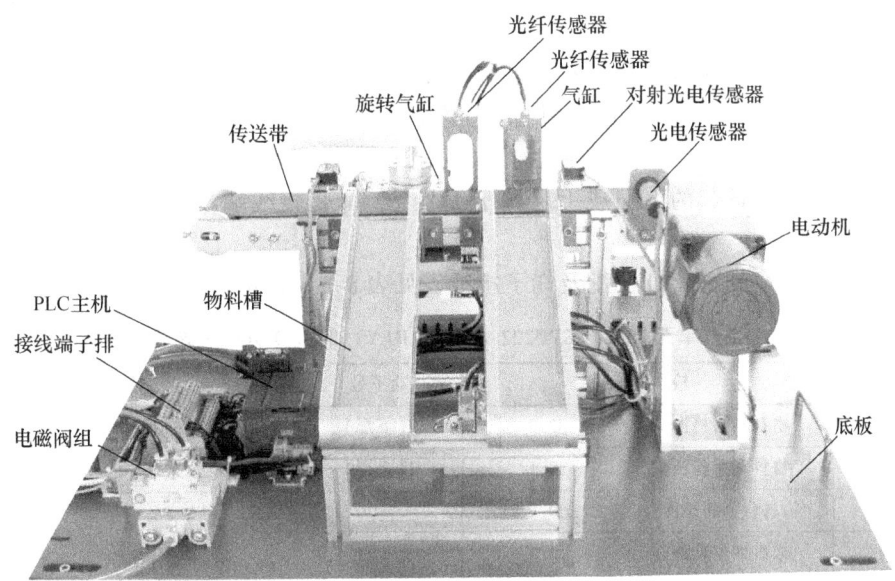

图 8-17 分拣单元装配图

注：图中仅给出采用西门子 S7—200 系列 PLC 时的装配图，采用其他系列 PLC 时安装位置类推。

6) 搬运单元装配要求：桌面上已安装好直线导轨、步进电动机及同步带传动装置、左右限位开关和原点开关,其余器件自行装配。图 8-18 给出搬运单元的装配图。

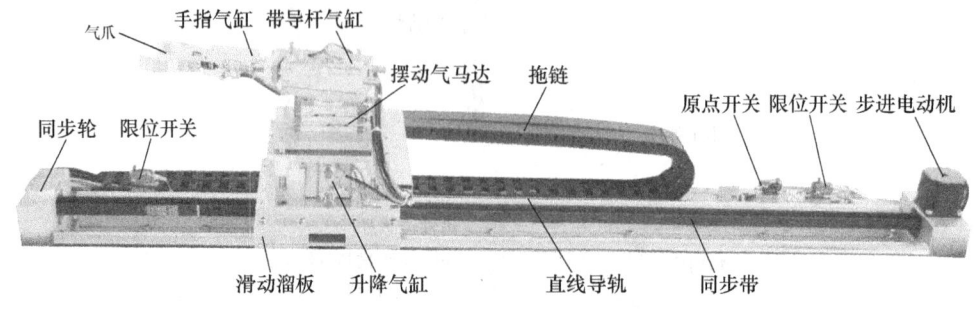

图 8-18 搬运单元的装配图

(2) 气路连接及调整　按照下述各工作单元的初始位置要求连接气路。

1) 供料单元的推料气缸处于缩回状态。

2) 加工单元主轴升降电动机处于缩回状态;用于夹紧工件的手指气缸处于张开状态。

3) 装配单元的挡料气缸处于伸出状态,顶料气缸处于缩回状态,料仓上已经有足够物料。冲压气缸处于缩回状态。

4) 分拣单元的推料气缸处于缩回状态,导料的旋转气缸处于原位非导料状态。

5) 搬运单元抓取机械手升降气缸处于下降位置;伸缩气缸处于缩回状态;气爪处于松开状态。

(3) 设计搬运单元的电气原理图　包括 PLC 的 I/O 端子分配、步进电动机及其驱动器控制电路,变频器主电路和控制电路。其中,步进电动机驱动器控制电路必须设置搬运机械手运动的限位保护。

(4) 按工艺要求连接电路　供料、加工、装配、分拣单元的 PLC 和接线端口已经安装在单元底板上。供料、加工、装配和分拣单元 PLC 与端子排的接线已经完成,按照下列要求完成各工作单元的各传感器、执行机构与端子排的接线。要求表中的端子号是端子排从左边(带熔断器端子)计起的下层或上层端子编号,24V 是接线端口中直流电源经熔断器后的输出线。

1)"西门子"主机的 I/O 分配及端子接线表见表 8-3 ~ 表 8-6。

表 8-3　供料单元 PLC (CPU222 AC/DC/RLY) 的 I/O 分配及端子接线表

| 端子号 | 输　入 | | 端子号 | 输　出 | |
|---|---|---|---|---|---|
| 4(下层) | 物料不够检测 | I0.0 | 9(下层) | 推料电磁阀 | Q0.0 |
| 5(下层) | 物料有无检测 | I0.1 | 2(上层) | 输出公共端 | 1L |
| 6(下层) | 物料台物料检测 | I0.2 | 1~3(上层)、1~3(下层) | 24V | |
| 7(下层) | 推出到位检测 | I0.3 | | | |
| 8(下层) | 推出复位检测 | I0.4 | | | |
| 1(上层) | 输入公共端 | 1M | 4~11(上层) | 0V | |
| 2(下层) | 输入公共端 | 2M | | | |

表8-4 加工单元PLC（CPU224 DC/DC/DC）的I/O分配及端子接线表

| 端子号 | 输 入 | | 端子号 | 输 出 | |
|---|---|---|---|---|---|
| 5（下层） | 物料台物料检测 | I0.0 | 11（下层） | X轴脉冲PUL | Q0.0 |
| 6（下层） | X轴原点检测 | I0.1 | 12（下层） | Y轴脉冲PUL | Q0.1 |
| 7（下层） | Y轴原点检测 | I0.2 | 13（下层） | X轴方向DIR | Q0.2 |
| 8（下层） | 气夹夹紧检测 | I0.3 | 14（下层） | Y轴方向DIR | Q0.3 |
| 9（下层） | 主轴上限 | I0.4 | 15（下层） | 夹紧电磁阀 | Q0.4 |
| 10（下层） | 主轴下限 | I0.5 | 16（下层） | 主轴升降电磁阀 | Q0.5 |
|  |  |  | 17（下层） | 主轴电动机 | Q0.6 |
| 1（上层） | 输入公共端 | 1M | 3（上层） | 输出公共端 | 1L+ |
| 2（上层） | 输入公共端 | 2M | 2（下层） | 输出公共端 | 2L+ |
|  |  |  | 18（上层） | 输出公共端 | 1M |
| 1~4（上层）、1~4（下层） | 24V |  | 19（上层） | 输出公共端 | 2M |
|  |  |  | 5~19（上层） | 0V端子 |  |

表8-5 装配单元PLC（CPU224 DC/DC/DC）的I/O分配及端子接线表

| 端子号 | 输 入 | | 端子号 | 输 出 | |
|---|---|---|---|---|---|
| 5（下层） | 旋转台原点 | I0.0 | 17（下层） | 伺服脉冲信号 | Q0.0 |
| 6（下层） | 物料不够检测 | I0.1 | 18（下层） | 伺服方向信号 | Q0.1 |
| 7（下层） | 物料有无检测 | I0.2 | 19（下层） | 顶料电磁阀 | Q0.2 |
| 8（下层） | 入料区物料检测 | I0.3 | 20（下层） | 落料电磁阀 | Q0.3 |
| 9（下层） | 装配区物料检测 | I0.4 | 21（下层） | 冲压电磁阀 | Q0.4 |
| 10（下层） | 冲压区物料检测 | I0.5 | 22（下层） | 警告灯红 | Q0.5 |
| 11（下层） | 顶料到位检测 | I0.6 | 23（下层） | 警告灯绿 | Q0.6 |
| 12（下层） | 顶料复位检测 | I0.7 | 24（下层） | 警告灯黄 | Q0.7 |
| 13（下层） | 挡料状态检测 | I1.0 | 3（上层） | 输出公共端 | 1L+ |
| 14（下层） | 落料状态检测 | I1.1 | 2（下层） | 输出公共端 | 2L+ |
| 15（下层） | 冲压上限 | I1.2 | 25（上层） | 输出公共端 | 1M |
| 16（下层） | 冲压下限 | I1.3 | 26（上层） | 输出公共端 | 2M |
| 1（上层） | 输入公共端 | 1M |  |  |  |
| 2（上层） | 输入公共端 | 2M |  |  |  |
| 1~4（上层）、1~4（下层） | 24V |  | 5~26（上层） | 0V端子 |  |

表 8-6 分拣单元 PLC（CPU222 AC/DC/RLY）的 I/O 分配及端子接线表

| 端子号 | 输 入 | | 端子号 | 输 出 | |
|---|---|---|---|---|---|
| 4（下层） | 入料口检测 | I0.0 | 11（下层） | 推料电磁阀 | Q0.0 |
| 5（下层） | 白色物料检测 | I0.1 | 12（下层） | 旋转电磁阀 | Q0.1 |
| 6（下层） | 黑色物料检测 | I0.2 | 13（下层） | 变频器控制端子 | 2L |
| 7（下层） | 入库检测 | I0.3 | 14（下层） | | Q0.3 |
| 8（下层） | 推料伸出到位 | I0.4 | 2（上层） | 输出公共端 | 1L |
| 9（下层） | 旋转到位 | I0.5 | 1~3（上层）、1~3（下层） | 24V | |
| 10（下层） | 旋转复位 | I0.6 | | | |
| 1（上层） | 输入公共端 | 1M | | | |
| 2（下层） | 输入公共端 | 2M | 4~16（上层） | 0V | |

2)"松下"主机的 I/O 分配及端子接线表见表 8-7 ~ 表 8-10。

表 8-7 供料单元 PLC（FPX-C14R）的 I/O 分配及端子接线表

| 端子号 | 输 入 | | 端子号 | 输 出 | |
|---|---|---|---|---|---|
| 4（下层） | 物料不够检测 | X0 | 9（下层） | 推料电磁阀 | Y0 |
| 5（下层） | 物料有无检测 | X1 | 11（上层） | 输出公共端 | C0 |
| 6（下层） | 物料台物料检测 | X2 | 1~3（上层）、1~3（下层） | 24V | |
| 7（下层） | 推出到位检测 | X3 | | | |
| 8（下层） | 推出复位检测 | X4 | | | |
| 1（上层） | 输入公共端 | COM | 4~11（上层） | 0V | |

表 8-8 加工单元 PLC（FPX-C30T）的 I/O 分配及端子接线表

| 端子号 | 输 入 | | 端子号 | 输 出 | |
|---|---|---|---|---|---|
| 5（下层） | 物料台物料检测 | X0 | 11（下层） | X 轴脉冲 PUL | Y0 |
| 6（下层） | X 轴原点检测 | X1 | 12（下层） | Y 轴脉冲 PUL | Y1 |
| 7（下层） | Y 轴原点检测 | X2 | 13（下层） | X 轴方向 DIR | Y2 |
| 8（下层） | 气夹夹紧检测 | X3 | 14（下层） | Y 轴方向 DIR | Y3 |
| 9（下层） | 主轴上限 | X4 | 15（下层） | 夹紧电磁阀 | Y4 |
| 10（下层） | 主轴下限 | X5 | 16（下层） | 主轴升降电磁阀 | Y5 |
| | | | 17（下层） | 主轴电动机 | Y6 |
| | | | 16（上层） | 输出公共端 | C0 |
| | | | 17（上层） | 输出公共端 | C1 |
| | | | 18（上层） | 输出公共端 | C2 |
| 1（上层） | 输入公共端 | COM | 19（上层） | 输出公共端 | C3 |
| 1~4（上层）、1~4（下层） | 24V | | 5~19（上层） | 0V 端子 | |

## 项目 8 自动线安装与调试的综合应用

表 8-9 装配单元 PLC (FPX-C30T) 的 I/O 分配及端子接线表

| 端子号 | 输 入 | | 端子号 | 输 出 | |
|---|---|---|---|---|---|
| 5（下层） | 旋转台原点 | X0 | 17（下层） | 伺服脉冲信号 | Y0 |
| 6（下层） | 物料不够检测 | X1 | 18（下层） | 伺服方向信号 | Y1 |
| 7（下层） | 物料有无检测 | X2 | 19（下层） | 顶料电磁阀 | Y2 |
| 8（下层） | 入料区物料检测 | X3 | 20（下层） | 落料电磁阀 | Y3 |
| 9（下层） | 装配区物料检测 | X4 | 21（下层） | 冲压电磁阀 | Y4 |
| 10（下层） | 冲压区物料检测 | X5 | 22（下层） | 警告灯红 | Y5 |
| 11（下层） | 顶料到位检测 | X6 | 23（下层） | 警告灯绿 | Y6 |
| 12（下层） | 顶料复位检测 | X7 | 24（下层） | 警告灯黄 | Y7 |
| 13（下层） | 挡料状态检测 | X8 | | | |
| 14（下层） | 落料状态检测 | X9 | 23（上层） | 输出公共端 | C0 |
| 15（下层） | 冲压上限 | XA | 24（上层） | 输出公共端 | C1 |
| 16（下层） | 冲压下限 | XB | 25（上层） | 输出公共端 | C2 |
| 1（上层） | 输入公共端 | COM | 26（上层） | 输出公共端 | C3 |
| 1~4（上层）、1~4（下层） | 24V | | 5~26（上层） | 0V 端子 | |

表 8-10 分拣单元 PLC (FPX-C14R) 的 I/O 分配及端子接线表

| 端子号 | 输 入 | | 端子号 | 输 出 | |
|---|---|---|---|---|---|
| 4（下层） | 入料口检测 | X0 | 11（下层） | 推料电磁阀 | Y0 |
| 5（下层） | 白色物料检测 | X1 | 12（下层） | 旋转电磁阀 | Y1 |
| 6（下层） | 黑色物料检测 | X2 | 13（下层） | 变频器控制端子 | C2 |
| 7（下层） | 入库检测 | X3 | 14（下层） | | Y3 |
| 8（下层） | 推料伸出到位 | X4 | 15（上层） | 输出公共端 | C0 |
| 9（下层） | 旋转到位 | X5 | 16（上层） | 输出公共端 | C1 |
| 10（下层） | 旋转复位 | X6 | 1~3（上层）、1~3（下层） | 24V | |
| 1（上层） | 输入公共端 | COM | | | |
| | | | 4~16（上层） | 0V | |

3)"三菱"主机的 I/O 分配及端子接线表见表 8-11~表 8-14。

表 8-11 供料单元 PLC (FX2N-16MR) 的 I/O 分配及端子接线表

| 端子号 | 输 入 | | 端子号 | 输 出 | |
|---|---|---|---|---|---|
| 4（下层） | 物料不够检测 | X000 | 9（下层） | 推料电磁阀 | Y000 |
| 5（下层） | 物料有无检测 | X001 | 11（上层） | 输出公共端 | Y000 |
| 6（下层） | 物料台物料检测 | X002 | 1~3（上层）、1~3（下层） | 24V | |
| 7（下层） | 推出到位检测 | X003 | | | |
| 8（下层） | 推出复位检测 | X004 | | | |
| 1（上层） | 输入公共端 | COM | 4~11（上层） | 0V | |

表 8-12 加工单元 PLC（FX2N-32MT）的 I/O 分配及端子接线表

| 端子号 | 输 | 入 | 端子号 | 输 | 出 |
|---|---|---|---|---|---|
| 5（下层） | 物料台物料检测 | X000 | 11（下层） | X 轴脉冲 PUL | Y000 |
| 6（下层） | X 轴原点检测 | X001 | 12（下层） | Y 轴脉冲 PUL | Y001 |
| 7（下层） | Y 轴原点检测 | X002 | 13（下层） | X 轴方向 DIR | Y002 |
| 8（下层） | 气夹夹紧检测 | X003 | 14（下层） | Y 轴方向 DIR | Y003 |
| 9（下层） | 主轴上限 | X004 | 15（下层） | 夹紧电磁阀 | Y004 |
| 10（下层） | 主轴下限 | X005 | 16（下层） | 主轴升降电磁阀 | Y005 |
|  |  |  | 17（下层） | 主轴电动机 | Y006 |
|  |  |  | 18（上层） | 输出公共端 | COM1 |
| 1（上层） | 输入公共端 | COM | 19（上层） | 输出公共端 | COM2 |
| 1~4（上层）、1~4（下层） | 24V |  | 5~19（上层） | 0V 端子 |  |

表 8-13 装配单元 PLC（FX2N-32MT）的 I/O 分配及端子接线表

| 端子号 | 输 | 入 | 端子号 | 输 | 出 |
|---|---|---|---|---|---|
| 5（下层） | 旋转台原点 | X000 | 17（下层） | 伺服脉冲信号 | Y000 |
| 6（下层） | 物料不够检测 | X001 | 18（下层） | 伺服方向信号 | Y001 |
| 7（下层） | 物料有无检测 | X002 | 19（下层） | 顶料电磁阀 | Y002 |
| 8（下层） | 入料区物料检测 | X003 | 20（下层） | 落料电磁阀 | Y003 |
| 9（下层） | 装配区物料检测 | X004 | 21（下层） | 冲压电磁阀 | Y004 |
| 10（下层） | 冲压区物料检测 | X005 | 22（下层） | 警告灯红 | Y005 |
| 11（下层） | 顶料到位检测 | X006 | 23（下层） | 警告灯绿 | Y006 |
| 12（下层） | 顶料复位检测 | X007 | 24（下层） | 警告灯黄 | Y007 |
| 13（下层） | 挡料状态检测 | X010 |  |  |  |
| 14（下层） | 落料状态检测 | X011 |  |  |  |
| 15（下层） | 冲压上限 | X012 |  |  |  |
| 16（下层） | 冲压下限 | X013 | 25（上层） | 输出公共端 | COM1 |
| 1（上层） | 输入公共端 | COM | 26（上层） | 输出公共端 | COM2 |
| 1~4（上层）、1~4（下层） | 24V |  | 5~26（上层） | 0V 端子 |  |

表 8-14 分拣单元 PLC（FX2N-16MR）的 I/O 分配及端子接线表

| 端子号 | 输 | 入 | 端子号 | 输 | 出 |
|---|---|---|---|---|---|
| 4（下层） | 入料口检测 | X0 | 11（下层） | 推料电磁阀 | Y000 |
| 5（下层） | 白色物料检测 | X1 | 12（下层） | 旋转电磁阀 | Y001 |
| 6（下层） | 黑色物料检测 | X2 | 13（下层） | 变频器控制端子 | Y003 |
| 7（下层） | 入库检测 | X3 | 14（下层） |  | Y003 |
| 8（下层） | 推料伸出到位 | X4 | 15（下层） | 输出公共端 | Y000 |
| 9（下层） | 旋转到位 | X5 | 16（下层） | 输出公共端 | Y001 |
| 10（下层） | 旋转复位 | X6 | 1~3（上层）、1~3（下层） | 24V |  |
| 1（上层） | 输入公共端 | COM |  |  |  |
|  |  |  | 4~16（上层） | 0V |  |

(5) 各单元 PLC 网络连接　系统的控制方式应采用分布式网络控制。系统主令工作信号由连接到搬运单元的按钮/指示灯模块提供，安装在工作桌面上的警告灯应能显示整个系统的主要工作状态，如启动、停止、报警等。并且应提供搬运单元的按钮/指示灯模块的两个指示灯用于指示网络的正常和故障状态。

对不同厂家 PLC 的系统，指定的网络通信方式如下。

1) 采用西门子 S7—200 系列时，指定为 PPI 方式。

2) 采用松下 FP-X 系列时，指定为 PC-Link 方式。

3) 采用三菱 FX 系列时，指定为 N:N 方式。

(6) 系统正常的自动运行模式测试

1) 系统复位、启动、停止及急停。系统在通电后，红色警告灯常亮，首先按下"复位"按钮，绿色警告灯以 1Hz 的频率闪烁，系统执行复位操作，搬运单元机械手回到原点位置；加工单元 X 轴、Y 轴均回到原点位置；装配单元工作台旋转到基准位置。复位完成，绿色警告灯熄灭。如果供料单元和装配单元的料仓均有工件，黄色警告灯熄灭，表示允许启动系统。按下"启动"按钮，系统启动，红色警告灯熄灭，绿色警告灯常亮，按下"停止"按钮，系统在一个周期完成后停止，红色警告灯常亮，绿色警告灯熄灭，按下"急停"按钮，红色警告灯以 1Hz 的频率闪烁，绿色警告灯熄灭。

2) 供料单元的运行。系统启动后，若供料单元的物料台上有工件，则应把工件推到物料台上，并向系统发出物料台上有工件信号。若供料单元的工件库内没有工件或工件不足，则向系统发出报警信号。物料台上的工件被搬运单元机械手取出后，若系统启动信号仍然为"ON"，则进行下一次推出工件操作。供料单元各部件的具体工作顺序，可自行设计，但应保证推料过程的可靠性。

3) 搬运单元运行 1。当工件推到供料单元物料台后，搬运单元机械手应执行抓取供料单元工件的操作。抓取工件的具体操作顺序，可自行设计。

抓取动作完成后，步进电动机驱动机械手装置移动到加工单元物料台的正前方。然后把工件放到加工单元物料台上，其动作顺序可自行设计。

4) 加工单元运行。加工单元物料台的物料检测传感器检测到工件后，机械手指夹紧工件，二维运动装置丝杠开始动作，主轴电动机起动，切削加工完成后，主轴电动机停止，二维运动装置丝杠带动主轴回零点，物料台重新伸出。操作结束，向系统发出加工完成信号。

5) 搬运单元运行 2。系统接收到加工完成信号后，搬运单元机械手应执行抓取已加工工件的操作。抓取动作完成后，步进电动机驱动机械手装置移动到装配单元物料台的正前方。然后把工件放到装配单元物料台上，其动作顺序可自行设计。

6) 装配单元运行。装配单元旋转工作台的传感器检测到工件到来后，旋转工作台顺时针旋转，将工件旋转到井式供料单元下方，井式供料单元顶料气缸伸出顶住倒数第二个工件；挡料气缸缩回，工件库中底层的工件落到待装配工件上，挡料气缸伸出到位，顶料气缸缩回物料落到工件库底层，同时旋转工作台顺时针旋转，将工件旋转到冲压装配单元下方，冲压气缸下压，完成工件紧合装配后，气缸回到原位，旋转工作台顺时针旋转到待搬运位置，操作结束，向系统发出装配完成信号。如果装配单元的工件库没有小工件或工件不足，应向系统发出报警信号。

7) 搬运单元运行 3。系统接收到装配完成信号后，搬运单元机械手应执行抓取已装配的工件的操作。然后该机械手装置逆时针旋转90°，步进电动机驱动机械手装置从装配单元向分拣单元运送工件，到达分拣单元传送带上方入料口后把工件对放下，然后执行返回原点的操作。返回到原点的操作顺序，可自行设计。

8) 分拣单元运行。搬运单元机械手装置放下工件、缩回到位后，分拣单元的变频器即启动，驱动传动电动机以频率为35Hz的速度，把工件带入分拣区。如果工件为白色，则该工件到达1号物料槽中间，传送带停止，工件被推到1号物料槽中；如果为黑色，旋转气缸导出，传送带停止，工件对被导入到2号物料槽中。当分拣槽对射传感器检测到有工件输入时，应向系统发出分拣完成信号。

说明：

1) 仅当分拣单元分拣工作完成，并且搬运单元机械手装置回到原点，系统的一个工作周期才认为结束。

2) 为保证生产线的工作效率和工作精度，要求每一工作周期不超过30s，步进电动机每转的驱动步数为10000步。

(7) 异常工作状态测试

1) 工件供给状态的信号警示。如果发生来自供料单元或装配单元的"工件不足够"的预报警信号或"工件没有"的报警信号，则系统动作如下。

① 如果发生"工件不足够"的预报警信号警告灯中黄色灯以1Hz的频率闪烁，绿色保持常亮，系统继续工作。

② 如果发生"工件没有"的报警信号，警告灯中黄色灯常亮，绿色灯保持常亮，红色指示灯熄灭。若"工件没有"的报警信号来自供料单元，且供料单元物料台上已推出工件，系统继续运行，直至完成该工作周期尚未完成的工作。当该工作周期工作结束，系统将停止工作，"工件没有"的报警信号消失，系统自动启动继续运行。若"工件没有"的报警信号来自装配单元，且装配单元回转台上已落下小工件，系统继续运行，直至完成该工作周期尚未完成的工作。当该工作周期工作结束，系统将停止工作，"工件没有"的报警信号消失，系统自动启动继续运行。

2) 急停与复位。系统工作过程中按下搬运单元的"急停"按钮，则系统立即全线停车。在急停复位后，应从急停前的断点开始继续运行。但下述情况例外。

若"急停"按钮按下时，搬运单元机械手装置正在向某一目标点移动，则急停复位后搬运单元机械手装置应首先返回原点位置，然后再向原目标点运动。

# 附录 注意事项

**1. 安全须知**

1）在进行安装、接线等操作时，务必在切断电源后进行，以避免发生事故。

2）在进行配线时，勿将配线屑或导电物落入可编程序控制器或变频器内。

3）不要将异常电压接入 PLC 或变频器电源输入端，以避免损坏 PLC 或变频器。

4）不要将交流电源接于 PLC 或变频器输入/输出端子上，以避免烧坏 PLC 或变频器，需仔细检查接线是否有误。

5）在变频器输出端子（U、V、W）处不要连接交流电源，以避免触电及发生火灾，需仔细检查接线是否有误。

6）伺服系统需在关闭电源至少 15min 后才能进行配线或检查，否则可能导致触电。

7）当变频器通电或正在运行时，不要打开变频器前盖板，否则危险。

8）在插拔通信电缆时，务必确认 PLC 输入电源处于断开状态。

**2. 实训模块**（附图-1）

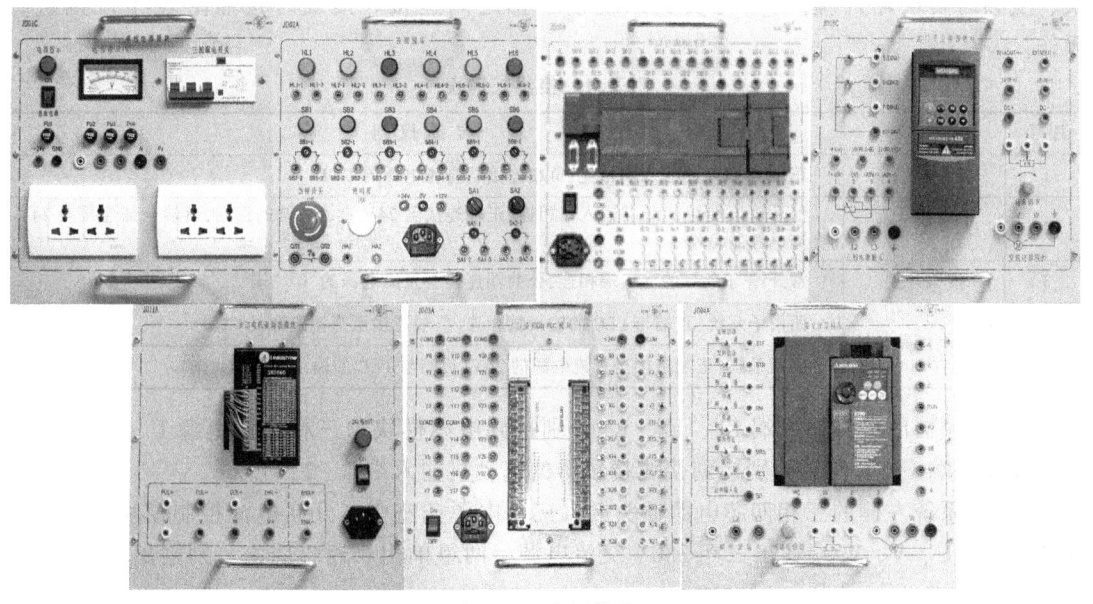

附图-1 实训模块

（1）电源模块 三相四线交流 380V 电源经三相电源总开关后给系统供电，设有熔断器，具有漏电和短路保护功能，提供两组单相双联暗插座，可以给外部设备、模块供电，并提供单、三相交流电源，同时配有安全连接导线。

（2）按钮模块 提供红、黄、绿三种指示灯（DC 24V），复位、自锁按钮，急停开关，转换开关、蜂鸣器。提供 24V/6A、12V/5A 直流电源，为外部设备提供直流电源。

（3）变频器模块 西门子系统采用 MM420 系列高性能变频器，三相交流 380V 电源供电，输出功率 0.75kW。具有八段速控制制动功能、再试功能以及根据外部 SW 调整频率增件和记忆功能。具备电流控制保护、跳闸（停止）保护、防止过电流失控保护、防止过电压失控保护。

三菱系统采用 E740 系列高性能变频器，三相交流 380V 电源供电，输出功率 0.75kW。具有八段速控制制动功能、再试功能以及根据外部 SW 调整频率增件和记忆功能。具备电流控制保护、跳闸（停止）保护、防止过电流失控保护、防止过电压失控保护。

（4）PLC 模块　西门子系统采用 CPU226（DC/DC/DC）主机，内置数字量 I/O（24 路数字量输入/16 路数字量输出），具有两轴脉冲输出功能。每个 PLC 的输入端均设有输入开关，PLC 的输入/输出接口均已连接到面板上，方便用户使用。

三菱系统采用 FX2N-48MT（AC/DC/DC）主机，内置数字量 I/O（24 路数字量输入/24 路数字量输出），具有两轴脉冲输出功能。每个 PLC 的输入端均设有输入开关，PLC 的输入/输出接口均已连接到面板上，方便用户使用。

（5）步进电动机驱动器模块　采用工业级步进电动机驱动器，直流 24V 供电，安全可靠，且脉冲信号端、方向控制端、紧急制动端、电动机输出端等均已引致面板上，开放式设计，符合实训安装要求。

### 3. 自动生产线安装与调试实训装置运行及操作

1）按照搬运单元的 PLC 控制原理图和端子接线图用安全导线完成按钮模块、PLC 模块、变频器模块输入/输出端与实训系统端子排之间连接。接线时按照附表-1 规则进行操作。

附表-1　接线规则表

| 序号 | 器件名称 | 接　线　规　则 |
|---|---|---|
| 1 | 磁性传感器 | 正端与 PLC 的输入端相连，负端连接至直流电源的 GND |
| 2 | 光电传感器 | 信号输出端与 PLC 的输入端相连，正端连接至 24V 直流电源的正端，负端全部连接至 24V 直流电源的负端 |
| 3 | 按钮开关 | 常开端与 PLC 的输入端相连，公共端连接至直流电源的"0V"端 |
| 4 | 电磁阀 | 西门子系统：正端与 PLC 的输出端相连，负端连接至直流电源的 GND |
|   |   | 三菱系统：正端连接至直流电源的 24V，负端与 PLC 的输出端相连 |

2）变频器的电源输入端 L1、L2、L3 分别接到电源模块中三相交流电源 U、V、W 端；变频器输出端 U、V、W 分别接到接线端子排的电动机输入端 1、2、3。

3）将系统左侧的三相四芯电源插头插入三相电源插座中，开启电源控制模块中三相电源总开关，U、V、W 端输出三相 380V 交流电源，两组单相双连暗插座分别输出 220V 交流电源。

4）用三芯电源线分别从单相双连暗插座引出交流 220V 电源到 PLC 模块、按钮模块和步进电动机驱动器模块的电源插座上。

5）在编程软件中打开样例程序或由用户编写控制程序，进行编译，当程序有错误时根据提示信息进行相应的修改，直至编译无误为止，编译完成后，用通信编程电缆连接计算机串口与 PLC 通信口，打开 PLC 模块电源开关，将五个程序分别下载到各自对应的 PLC 中，下载完毕后将 PLC 的"RUN/PROG"开关拨至"RUN"状态，运行 PLC。

6）按下按钮模块中的 SB4"复位"按钮，系统进入复位状态，所有参数清零。同时警告灯黄灯常亮。如果复位完成绿灯闪烁，可以启动。此时如果工件库有物料，黄灯灭，否则黄灯闪烁。

7）当绿灯闪烁时按下 SB5 "启动"按钮，系统启动，执行工件搬运、加工、装配、分捡工程。

8）按下 SB6 "停止"按钮后，系统运行完一个周期后停止，同时红灯闪烁。按"启动"按钮可继续运行。按下"急停"按钮后，系统立即停止。拿掉没有完成的工件，按"复位"按钮，等系统复位后，才能重新运行。

# 参 考 文 献

[1] 刘增辉. 模块化生产加工系统应用技术 [M]. 北京：电子工业出版社，2005.
[2] 丁加军，盛靖琪. 自动机与自动线 [M]. 北京：机械工业出版社，2005.
[3] 张万忠. 可编程控制器应用技术 [M]. 北京：化学工业出版社，2005.
[4] 吕景泉. 自动化生产线安装与调试 [M]. 北京：中国铁道出版社，2008.
[5] 邱国庆. 液压技术与应用 [M]. 北京：人民邮电出版社，2008.
[6] 张延，陈永平，等. 机电类专业英语 [M]. 北京：机械工业出版社，2009.
[7] 陈志文. 组态控制实用技术 [M]. 北京：机械工业出版社，2009.
[8] 张伟林. 电气控制与PLC综合应用技术 [M]. 北京：人民邮电出版社，2009.